Hochgenaue wellenfrontbasierte Justage kleinaperturiger optischer Systeme

Highly Precise Wavefront-Based Alignment of Small Aperture Optical Systems

Von der Fakultät für Maschinenwesen
der Rheinisch-Westfälischen Technischen Hochschule Aachen
zur Erlangung des akademischen Grades eines
D o k t o r s d e r I n g e n i e u r w i s s e n s c h a f t e n
genehmigte Dissertation

vorgelegt von

Reik Krappig

Berichter:

Univ.-Prof. Dr.-Ing. Robert Heinrich Schmitt
Univ.-Prof. Dr. rer. nat. Peter Loosen

Tag der mündlichen Prüfung: 14. Februar 2018

ERGEBNISSE AUS DER PRODUKTIONSTECHNIK

Reik Krappig

Hochgenaue wellenfrontbasierte Justage kleinaperturiger optischer Systeme

Herausgeber:
Prof. Dr.-Ing. Dr.-Ing. E. h. Dr. h. c. Dr. h. c. F. Klocke
Prof. Dr.-Ing. Dipl.-Wirt. Ing. G. Schuh
Prof. Dr.-Ing. C. Brecher
Prof. Dr.-Ing. R. H. Schmitt

Band 15/2018

WZL | RWTH AACHEN UNIVERSITY

Fraunhofer IPT

Bibliografische Information der Deutschen Nationalbibliothek
Die Deutsche Nationalbibliothek verzeichnet diese Publikation in der Deutschen Nationalbibliografie; detaillierte bibliografische Daten sind im Internet über http://dnb.ddb.de abrufbar.

Reik Krappig:

Hochgenaue wellenfrontbasierte Justage kleinaperturiger optischer Systeme

1. Auflage, 2018

Gedruckt auf holz- und säurefreiem Papier, 100% chlorfrei gebleicht.

Apprimus Verlag, Aachen, 2018
Wissenschaftsverlag des Instituts für Industriekommunikation und Fachmedien an der RWTH Aachen
Steinbachstr. 25, 52074 Aachen
Internet: www.apprimus-verlag.de, E-Mail: info@apprimus-verlag.de

Druck: KN Digital Printforce GmbH, Stuttgart

ISBN 978-3-86359-617-0

D 82 (Diss. RWTH Aachen University, 2018)

Vorwort

Die vorliegende Arbeit entstand neben meiner Tätigkeit als wissenschaftlicher Mitarbeiter, Gruppen- und Geschäftsfeldleiter am Fraunhofer-Institut für Produktionstechnologie IPT. Sie ist das Produkt ungezählter Abendstunden, arbeitsreicher Wochenenden und vieler Urlaubstage in Labor und Büro.

Danken möchte ich zuerst meinem Doktorvater Prof. Robert Schmitt, der mich schon als Student in seinen Vorlesungen begeistert hat und mir die Rahmenbedingungen am Institut ermöglichte, die eine solche Arbeit erfordert. Großer Dank gebührt in besonderer Weise meinem Abteilungsleiter Niels König, der mich im Rahmen der Dissertation und darüber hinaus stets gefördert hat. Meine berufliche Entwicklung in den vergangenen Jahren wäre ohne seine Hilfe, sein Vertrauen und die Unterstützung nicht möglich gewesen. Ferner möchte ich auch meinen studentischen Mitarbeitern Robert Schädlich und Tobias Waschmann von Herzen danken. Durch ihren hohen persönlichen Einsatz, auch zu ungewöhnlichen Arbeitszeiten, haben sie zum Gelingen dieser Arbeit und deren Ergebnissen beigetragen. Ich vermisse beinahe unsere gemeinsamen Wochenenden und das Ritual, extravagante Pizzavarianten zu bestellen.

Daneben sind auch meine lieben Kollegen des Bereichs 300 und des gesamten IPT Teil dieser Arbeit. Über viele Jahre habe ich mich mit ihnen nicht nur inhaltlich, sondern oft auch ganz grundsätzlich über den Dissertationsprozess ausgetauscht. Die gegenseitige Bestärkung und Motivation hat dabei über manchen Knick hinweggeholfen. Das nicht nur kollegiale, sondern auch häufig freundschaftliche Verhältnis habe ich gerade in arbeitsreichen Phasen sehr zu schätzen gelernt.

Nicht zuletzt möchte ich insbesondere meiner Mutter, meiner ganzen Familie und meinen Freunden für ihr Verständnis in den letzten Jahren danken. Hier nun ist der Grund für meine Angestrengtheit und Unausgeglichenheit, für verpasste Urlaube und Geburtstage, für vorzeitige Abreisen und abgesagte Wochenenden. Tragt es mir nicht nach, ich mach´s wieder gut ;)!

Aachen, Februar 2018

Zusammenfassung

Die Herstellung optischer Systeme stellt nicht nur hinsichtlich der Fertigung der einzelnen Komponenten eine große Herausforderung für die Produktionstechnik dar, auch die Montage und Ausrichtung der einzelnen Komponenten ist von besonderer Bedeutung. Die wellenfrontbasierte Justage bietet hierzu einen potenziell umfassenden Ansatz, die Komponenten eines optischen Systems so auszurichten, dass die bestmögliche optische Funktion gewährleistet ist. Allerdings ist dieses Verfahren in der Fertigung anspruchsvoller optischer Systeme bislang wenig verbreitet, weshalb in vorliegender Arbeit unter produktionstechnischen Gesichtspunkten untersucht werden soll, was die Möglichkeiten und Grenzen des praktischen Einsatzes der wellenfrontbasierten Justage sind, welche Parameter die entscheidende Rolle spielen und was für Wertebereiche geeignet sind, um einen stärkeren Einsatz der wellenfrontbasierten Justage in der Montage optischer Systeme zu befördern.

Im Rahmen dieser Arbeit konnten mit der Weiterentwicklung der zugehörigen Berechnungsweisen deutliche Verbesserungen in Effizienz und Präzision der Korrekturanweisungen erzielt und an unterschiedlich komplexen Demonstratorsystemen nachgewiesen werden. Teil dieser Entwicklungsarbeit ist ein ebenso robustes wie exaktes Vorgehen zur Auswahl geeigneter Koeffizienten als Repräsentanten der Wellenfront. Dies gilt vor allem unter Berücksichtigung realer Sensoren und ihres rauschbehafteten Verhaltens, wodurch sich die Güte der Korrekturanweisungen z. T. deutlich steigern lässt. Im Anschluss daran folgte die detaillierte Analyse zahlreicher Parameter der Korrekturberechnung sowie eine Gegenüberstellung geeigneter Wertebereiche und ihrer Einflüsse auf den Prozess der Korrekturberechnung. In diesem Zusammenhang liefert die vorliegende Arbeit erstmals genau die wechselseitigen Abhängigkeiten und Rahmenbedingungen, die es in der Auslegung entsprechender Anlagen zur wellenfrontbasierten Ausrichtung optischer Systeme zu berücksichtigen gilt. Ergänzt werden diese originären Betrachtungen durch Analysen zum Einfluss des Rauschverhaltens realer Sensoren und ihrer Daten.

Im Zusammenspiel der Informationen zu den theoretischen Fähigkeiten der Korrekturberechnung und den praktischen Eigenschaften realer Wellenfrontsensoren konnte abschließend ein prototypischer Labordemonstrator konzeptioniert und aufgebaut werden. Seine Konfiguration wurde gezielt nach den gewonnenen Erkenntnissen entworfen, um einen optimalen Transfer der Ergebnisse sicherzustellen. Trotz praktischer Limitierungen der Aktuatoren, z. B. hinsichtlich der Wiederholpräzision und des maximalen Feldwinkels, waren damit hochgenaue Justagen des Demonstratorsystems und eine Charakterisierung des Aufbaus zur Überprüfung der wechselseitigen Abhängigkeiten möglich. In weniger komplexen Systemzuständen konnten Korrekturen bis in den sub-µm-Bereich erfolgreich durchgeführt werden.

In Summe aller Abschnitte illustriert diese Arbeit damit, welche weitreichenden Möglichkeiten die wellenfrontbasierte Justage für die Ausrichtung komplexer optischer Systeme bietet. Dabei zeigt sich eine Abstufung zwischen den außerordentlichen Justageeigenschaften auf Basis simulierter Daten und den sehr guten bis moderaten Ergebnissen unter Nutzung konventioneller Geräte für reale Applikationen.

Summary

The fabrication of optical systems is not only demanding concerning the involved manufacturing techniques of the individual components, it is also highly challenging in terms of the assembly and alignment of the components to functional systems. The wavefront-based alignment approach offers a potent and comprehensive method to align the components of an optical system in a way, that the best possible optical functionality can be achieved. However, this procedure is quite uncommon in the manufacturing of complex optical systems, which is why the presented thesis analysis the possibilities and limitations of this method from a specific view focused on productional aspects. This includes a detailed investigation on the parameters and their impact on the alignment as well as suitable values in order to promote the technical capabilities of the wavefront-based alignment and its use in the manufacturing of optical systems.

Within this thesis, the calculation procedures and algorithms have been further developed and significantly enhanced in their precision and efficiency with which correction assignments can be computed for optical systems of varying complexity. Part of this development is an equally robust and precise method for choosing suitable Zernike coefficients as representatives of the wavefront. This applies especially if real sensor configurations and their signal to noise ratio are taken into account, for which the excellence of the alignment assignment can be increased considerable.

Subsequently, a detailed examination of numerous parameters of the correction procedure was performed, including a comparison of suitable values and their influence on the process of alignment. In this context, the presented analysis delivers the very first disquisition on the mutual dependencies and boundary conditions, which need to be considered in the design and layout of devices incorporating the wavefront-based alignment approach. These originary considerations are completed by the analysis on the behavior and influence due to real sensor properties.

In combination of the information on the theoretical capabilities of the alignment process and the practical properties of real wavefront sensors, this thesis comprised the conception and implementation of a laboratory prototype. Its configuration was designed to meet the requirements specified above, in order to ensure the optimal transfer of results from theory to practice. Despite practical restrictions of the actuators used, e.g. the repeatability of their movement or the maximal achievable field angle, it was possible to analyze the interdependencies, to characterize the entire setup and to achieve alignment results at a very high precision. At less complex configurations corrections down to the sub-µm-range have been realized successfully.

In summary of all sections, this thesis illustrates the extensive possibilities of the wavefront-based alignment approach for the manufacturing of complex optical systems. It is shown and explained where the remarkable theoretical properties of this procedure based on simulated data differ from the very good to moderate results in real setups and applications.

I Inhaltsverzeichnis

I Inhaltsverzeichnis ix

II Formelzeichen und Abkürzungen xiii

1 Einführung 1

1.1 Hintergrund und Kontext des Forschungsansatzes 2

1.2 Konzept und Aufbau der Untersuchung 3

2 Physikalische Grundlagen 7

2.1 Dualismus der Lichttheorie 7

2.2 Wellenoptik 8

2.2.1 Dekomposition von Wellenfronten 9

2.2.2 Messtechnische Erfassung von Wellenfronten 15

2.3 Optische Simulation mittels Ray Tracing 19

3 Stand der Technik zur Justage optischer Systeme 21

3.1 Passive Justage 21

3.1.1 Kantendetektion und Alignmentmarkierungen 22

3.1.2 Autokollimationsmessung 23

3.2 Aktive Justage 27

3.2.1 Modulations-Übertragungsfunktion (MTF) 27

3.2.2 Intensitätsbasierte Justage 29

3.3 Zwischenfazit und Herleitung des Forschungsbedarfs 30

4 Algorithmik zur wellenfrontbasierten Optikjustage 33

4.1 Grundlagen der Matrizen- und Koeffizientenoperationen 34

4.2 Ablauf der Korrekturberechnung 38

4.2.1 Aufbau und Erfassung der Sensitivitätsmatrix 39

4.2.2 Durchführung der Berechnungsschritte 42

4.3 Weiterentwicklung und Anpassungen der Berechnungsweise 51

4.3.1 Optimierung des Aperturdurchmessers 51

4.3.2 Automatisierte Auswahl geeigneter Koeffizienten 54

5 Analyse und Optimierung der Eigenschaften der Korrekturberechnung 61

5.1 Demonstratorsystem 65

5.1.1 Parameter der wellenfrontbasierten Justage 67

5.1.1.1 Eigenschaften des Feldpunktenetzes ... 70
5.1.1.2 Anzahl der Zernike Koeffizienten ... 75
5.1.1.3 Größe der induzierten Perturbation zur Erfassung der Sensitivitätsmatrix . 77
5.1.1.4 Größe der zu korrigierenden Perturbation ... 79
5.1.1.5 Anzahl der Freiheitsgrade im System ... 81
5.1.1.6 Zwischenfazit und Gegenüberstellung der einzelnen Effekte ... 83
5.1.2 Erweiterung um reale Systemkomponenten ... 84
5.1.2.1 Verteilung und zulässige Größe der Perturbationen ... 87
5.1.2.2 Eigenschaften des Feldpunktenetzes ... 88
5.2 Praxisbeispiel Euclid Teleskop ... 89
5.2.1 Eigenschaften der wellenfrontbasierten Justage am Euclid Teleskop ... 93
5.2.2 Umkehr der Berechnungsmethode ... 97
5.2.3 Eineindeutigkeit zwischen Systemzuständen und Wellenfront ... 104
5.2.4 Verrauschen der Wellenfrontinformationen ... 107
6 Charakteristische Eigenschaften realer Wellenfrontsensoren ... 113
6.1 Untersuchung zur Wiederholpräzision ... 113
6.1.1 Vorbetrachtungen und statistischer Hintergrund ... 114
6.1.2 Design of Experiments zur gezielten Analyse der Sensoreigenschaften ... 118
6.2 Wellenfrontsensoren und ihre Spezifika ... 122
7 Messtechnische Überprüfung und Verifizierung der simulierten Ergebnisse ... 127
7.1 Grundzüge des Labordemonstrators ... 127
7.1.1 Komponenten, Mechanik und Aktuatorik ... 128
7.1.1.1 Kollimation und Positionierung der Beleuchtung ... 128
7.1.1.2 Aktuatoren für die zu justierenden Elemente ... 129
7.1.1.3 Positionierung des Wellenfrontsensors ... 131
7.1.2 Software und Ansteuerung ... 131
7.2 Charakterisierung des Prüfstands ... 136
7.2.1 Betrachtungen zur Effizienz des realen Justageprozesses ... 136
7.2.2 Vorjustage des Aufbaus ... 138
7.2.3 Untersuchungen zur praktischen Fähigkeit des Labordemonstrators ... 140
7.2.4 Charakterisierung der Parameter des Labordemonstrators ... 143
8 Zusammenfassung, kritische Reflexion und Ausblick ... 149

8.1 Zusammenfassung der Ergebnisse ... 149

8.2 Kritische Reflexion und Beantwortung der Forschungsfrage ... 151

8.3 Ausblick ... 152

III Literaturverzeichnis ... xix

IV Abbildungsverzeichnis ... xxvii

V Tabellenverzeichnis ... xxxiii

VI Eigene Publikationen ... xxxv

VII Studentische Arbeiten ... xxxvii

VIII Anhang ... xxxix

II Formelzeichen und Abkürzungen

Formel-zeichen	Einheit	Beschreibung
A	[-]	Auftreffpunkt eines Strahls auf eine Funktionsfläche
$\vec{B}$	$kg \cdot A^{-1} \cdot s^{-2}$	Magnetische Flussdichte
C_1	[-]	Krümmungsmittelpunkt der sphärischen Funktionsfläche 1
C^1	λ, m	Zernike Koeffizient des Zernike Polynoms 1 für den ortsaufgelösten Höhenwert einer Wellenfront $W_{1\|1}$
$\vec{D}$	$A \cdot s \cdot m^{-2}$	Elektrische Flussdichte
$\vec{E}$	$kg \cdot m \cdot A^{-1} \cdot s^{-3}$	Elektrische Feldstärke
$\vec{H}$	$A \cdot m^{-1}$, m	Magnetische Feldstärke **bzw.** Vektor in der Bildebene
L	m	Optische Weglänge
M(f)	%	Modulationsübertragungsfunktion in Abhängigkeit der Ortsfrequenz f
P	[-]	Bildpunkt
P(x)	[-]	Polynom 3. Grades zur Beurteilung der Linearität des Verlaufs von Zernike Koeffizienten
R	m	Krümmungsradius einer sphärischen Funktionsfläche
S	[-]	Objektpunkt **bzw.** m x m Matrix aus der Singulärwertzerlegung der Sensitivitätsmatrix **bzw.** Dominanz des linearen Koeffizienten in der Beurteilung der Linearität des Verlaufs von Zernike Koeffizienten **bzw.** Steigung einer Ausgleichsgeraden
T	m	Räumliche Periodenlänge
U	[-]	n x m Matrix aus der Singulärwertzerlegung der Sensitivitätsmatrix
V	[-]	Phasengrenze entlang der optischen Achse **bzw.** m x m Matrix aus der Singulärwertzerlegung der Sensitivitätsmatrix
W	m	Wellenfront
W(h,ρ,Φ)	m	Wellenfront in Abhängigkeit von Längen- und Winkelparametern in Austrittspupille und Bildebene

Formel-zeichen	Einheit	Beschreibung
W_{klm}	m	Wellenfront mit Indizes für die Parameter h, ρ und Φ in Austrittspupille und Bildebene
$W_{1\|1}$	m	Ortsaufgelöster Höhenwert einer Wellenfront an der Stelle 1|1
Zi	λ, m	Zernike Koeffizient i
$Z_{1\|1}^{1}$	λ, m	Zernike Polynom 1 an der ortsaufgelösten Stelle 1|1
$Z_n^m(\rho,\varphi)$, $Z_n^{-m}(\rho,\varphi)$	[-]	Zernike Polynom der m. meridionalen und n. radialen Ordnung in Abhängigkeit von Radius ρ und Winkel φ
a (a´)	m	Objektweite als Abstand zwischen Objektpunkt S und Phasengrenze V entlang der optischen Achse (Bildweite als Abstand zwischen Phasengrenze V und Bildpunkt P entlang der optischen Achse)
a_i	[-]	Koeffizient der i-ten Potenz des Polynoms 3. Grades zur Beurteilung der Linearität des Verlaufs von Zernike Koeffizienten
c (c_0, c_{Med})	$m \cdot s^{-1}$	Lichtgeschwindigkeit (im Vakuum, im Medium)
c_i	λ, m	Zernike Koeffizient i im perfekt ausgerichteten System
d	m	Dicke einer Linse als Abstand der Punkte zweier Phasengrenzen V_1 und V_2
f (f´, f_{ML})	$lp \cdot mm^{-1}$, m	Ortsfrequenz der Modulation **bzw.** (Objekt-)Brennweite ((Bild-)Brennweite, Brennweite Mikrolinsen)
$\vec{j}$	$A \cdot m^{-2}$	Stromdichte
k	[-]	Index der Zernike Polynomentwicklung **bzw.** des Abstands eines Strahls von der optischen Achse in der Bildebene **bzw.** der Taylorreihenentwicklung
l (l´)	m	Geometrische Weglänge (im Medium) **bzw.** Index für den Vektor in der Austrittspupille
m	[-]	Index der meridionalen Ordnung der Zernike Polynome **bzw.** des Winkels vom Vektor in der Austrittspupille **bzw.** der Anzahl der Freiheitsgrade im optischen System
n	[-]	Index der radialen Ordnung der Zernike Polynome **bzw.** Index der Anzahl an Zernike Koeffizienten **bzw.** Brechungsindex eines Materials **bzw.** Anzahl der Einzelmessungen einer Messwertreihe

Formel-zeichen	Einheit	Beschreibung
$r_n^m(\rho)$	m	Radialer Anteil des Zernike Polynoms der m. meridionalen und n. radialen Ordnung in Abhängigkeit vom Radius ρ
t	s	Zeit
v^2	[-]	Anzahl der Feldpunkte eines quadratischen Feldpunktenetzes
w	[-]	Anzahl max. Iterationen im Laufe einer Korrekturberechnung
x_i	λ, m	Einzelmesswert i einer Messwertreihe
$\bar{x}$	λ, m	Mittelwert einer Messwertreihe
Δ	[-]	Laplace-Operator
α_x, α_y	°	Lokale Neigung einer (auf einen Wellenfrontsensor eintreffenden) Wellenfront
ε	$A^2 \cdot s^4 \cdot m^{-3} \cdot kg^{-1}$	Permittivität bzw. elektrische Leitfähigkeit
θ	°	Winkel des Vektors in Bildebene
θ_1, θ_2	°	Einfallswinkel, Ausfallswinkel
λ	m	Wellenlänge
μ	$kg \cdot m \cdot A^{-2} \cdot s^{-2}$	Permeabilität als Verhältnis zwischen magnetischer Flussdichte $\vec{B}$ und magnetischer Feldstärke $\vec{H}$
ρ	m	Radius zur Berechnung der Zernike Polynome
$\vec{\rho}$	m	Vektor in der Austrittspupille
σ	λ, m	Standardabweichung einer Messwertreihe
$\bar{\sigma}$	λ, m	Standardabweichung einer Messwertreihe gemittelter Messwerte
σ_x, σ_y	m	Lateraler Versatz des Bildpunkts bei der Messung einer Wellenfront in Abhängigkeit ihrer lokalen Neigung
φ	°	Winkel zur Berechnung der Zernike Polynome **bzw.** Ortsvariable zur Bestimmung der Höhe eintreffender Strahlen auf eine Funktionsfläche
Φ	°	Winkel des Vektors in Austrittspupille
∇	[-]	Differentialoperator

Abkürzung	Beschreibung
CB	engl. coordinate break = Umbruch des Koordinatensystems in Optics Studio
CCD	engl. charge coupled device = elektronisches Bauelement zur digitalen Bildaufnahme mit einer Ausgangsleitung nach dem Eimerkettenprinzip
CMOS	engl. complementary metal oxide semidonductor = elektronisches Bauelement zur digitalen Bildaufnahme mit vertikalem und horizontalem Ausleseregister
DMD	engl. digital mirror device = digitale Spiegelmatrix
DOE	engl. design of experiments = statistische Versuchsplanung
DOF	engl. degree of freedom= Freiheitsgrad in einem optischen System
DSTP	Data Socket Transfer Protokoll
FAC	engl. fast axis collimation = spezielle Kollimationslinse für den Einsatz zur Strahlformung von Laserdioden
FAI	engl. fast axis imaging = FAC mit abbildenden Eigenschaften
FOV	engl. field of view = Sichtfeld eines optischen Systems
FFF	Freiformflächen
GCRS	engl. global coordinate reference surface = globale Koordinatenreferenz in Optics Studio
MTF	engl. modular transer function = Modulationsübertragungsfunktion
LDE	engl. lens data editor = Eingabemaske für alle Flächen und ihre Eigenschaften in Optics Studio
LSF	engl. line spread function = Linienspreizfunktion
NA	numerische Apertur
NIR	Nahinfraroter Wellenlängenbereich zwischen 780 nm und 3 µm
OPT	engl. optical path difference = optischer Gangunterschied
OTF	engl. optical transfer function = optische Übertragungsfunktion

Abkürzung	Beschreibung
PSF	engl. point spread function = Punktspreizfunktion
PV	engl. peak to valley = Abweichung zwischen geringstem und höchstem Wert einer Fläche
RMS	engl. root mean square = quadratisches Mittel
RSS	engl. residual sum square = Residuenquadratsumme
ROC	engl. radius of curvature = Krümmungsradius
SAG	engl. für Senkung, Durchbiegung = Pfeilhöhe
SHS	Shack-Hartmann-Sensor (bzw. historisch korrekt Hartmann-Shack-Sensor)
SLM	engl. spatial light modulator = räumlicher Lichtmodulator
SM1/SM0.5	Zöllige Spezialgewinde mit einem Nenndurchmesser von 1.035"/0.535" und einer Steigung von 40 Gängen pro Zoll
SMF	engl. single mode fiber = Monomodefaser
VI	engl. virtual instrument = Virtuelles Instrument als Unterprogramm in LabVIEW
lp	Linienpaare

1 Einführung

Optische Technologien sind wesentliche Schlüsselkomponenten und Garant für funktionale Innovationen in allen Bereichen unseres täglichen Lebens. Sie bieten Lösungen für die globalen Herausforderungen unserer Zeit und verfügen zugleich über ein enormes wirtschaftliches Potenzial [SPOP15, S. 1]. Hintergrund dieser positiven Kombination von Eigenschaften ist die Doppelfunktion als einerseits eigenständige innovative Technologie und andererseits als wichtiger Befähiger für umfassende Systemlösungen in einer Vielzahl von Industriebereichen [SVBZ13, S. 10]. Daher ergeben sich durch die geschickte Verknüpfung mit optischen Technologien häufig wegweisende Lösungsmöglichkeiten komplexer technischer Anforderungen, die nicht nur im produktionstechnischen Umfeld eingesetzt werden, sondern auch im täglichen Leben allgegenwärtig sind.

Als Beispiele sei hier auf Head-Up-Displays im Automobilbau [WINN12, S. 334 ff.], kleinste scannende oder bildgebende Optikkomponenten in Mobiltelefonen [KAST10, S. 34; MMJP09, S. 54] oder Mikrooptiken zur Strahlformung, etwa in der Medizintechnik, verwiesen [WEBE13, S. 54 ff.]. Besonders augenfällig ist in diesem Zusammenhang der hohe Deckungsgrad der betreffenden Branchen mit den andauernden Megatrends wie Mobilität und Kommunikation, aber auch den Bereichen Sicherheit, Energie und Gesundheit. In Summe erzielt die Photonik so eine beträchtliche Hebelwirkung mit enormer Strahlkraft über individuelle Branchengrenzen hinaus.

Wesentlicher Treiber für die auch künftig positive Entwicklung der Photonik ist die zunehmende Funktionsintegration und der damit verbundene Schulterschluss zwischen den optischen Technologien und der Elektronik [BMBF11, S. 24]. Durch die Entwicklung derartig integrierter Systeme erfahren die bisherigen Fertigungs- und Montageprozesse eine erhebliche Vergrößerung ihrer Komplexität, bei gleichzeitig höchsten Ansprüchen an klassische Produktionseigenschaften wie Qualität und Wirtschaftlichkeit. Wird darüber hinaus der ungebrochene und für zahlreiche Applikationen notwendige Trend zur Miniaturisierung berücksichtigt, kann diesem ebenso vielschichtigen wie dichotomen Anforderungsprofil nur durch adäquate Produktionstechnologien begegnet werden.

Dies trifft in besonderer Weise auf mehrkomponentige optische Systeme zu, da Verbesserungen ihrer optischen Eigenschaften oder neuartige Funktionalitäten oft durch eine größere Anzahl an Elementen oder eine höhere Komplexität der geometrischen Funktionsflächen erzielt wird. Beide Möglichkeiten stellen für die Justage- und Montagetechnik eine große Herausforderung dar. Die messtechnische Erfassung der Relativposition der Elemente und Funktionsflächen zueinander ist einerseits bei einer großen Anzahl an Elementen sehr anspruchsvoll, da z. B. das bis zur gerade gemessenen Funktionsfläche durchdrungene optische System berücksichtigt werden muss. Andererseits trägt auch die Geometrie der Funktionsfläche zur Komplexität bei, weil die Orientierung asphärischer Komponenten nur mit aufwendiger Zusatzsensorik und die freigeformter Flächen oft gar nicht erfasst werden kann.

Für diese Herausforderungen bietet die wellenfrontbasierte Justage optischer Systeme einen vielversprechenden Ansatz. Sie stellt die attraktive Möglichkeit bereit, die funktionellen und geometrischen Eigenschaften auch komplexer optischer Systeme effizient und hochpräzise beurteilen zu können und adressiert damit die skizzierten Limitationen in der Fertigung innovativer optischer Systeme. Die Effektivität dieser Methode basiert u. a. auf der Möglichkeit, die von zahlreichen Einflussfaktoren abhängige optische Funktionalität eines Systems in nur einer Messung zu prüfen, wodurch das Messergebnis direkt mit der Qualitätsprüfung des Systems verbunden ist. Auf diese Weise kann nicht nur ein unmittelbarer Beitrag der Messtechnik zur Wertschöpfung geleistet, sondern auch die aufwendige und damit kostenintensive Einhaltung unnötiger Fertigungstoleranzen in vorgelagerten Prozessschritten verhindert werden. Schlüsselfaktor hierfür sind maßgeschneiderte und beherrschte messtechnische Systeme und Sensoren für zuverlässige Aussagen über die Fähigkeit der (Prüf-)Prozesse, die erreichte Qualität, sowie deren Steuerung innerhalb entsprechender Regelkreise [DISH07, S. 80 ff.; PFEI01, S. 357 ff.; SCPF10, S. 528 ff.].

Gerade der Aspekt eines geschickten Toleranzmanagements erhält vor dem Hintergrund zunehmend vernetzter Wertschöpfungsketten auch im Umfeld der Optik einen immer stärkeren Fokus. Das Paradigma *einer* Fertigungstoleranz für *einen* Prozessschritt muss zu Gunsten variabler Prozessparameter und Fertigungstoleranzen auf Basis der Komponentenhistorie und den Einflussmöglichkeiten in verbleibenden Prozessschritten geändert werden. Nur durch ein derartig effektives Toleranzmanagement erhalten Fertigungsketten die notwendige Adaptivität, um auch künftige Produktgenerationen optischer Systeme effizient fertigen zu können. Der Ansatz der aktiven wellenfrontbasierten Justage kann hierfür einen entscheidenden Hebel bereitstellen.

Mit der vorliegenden Arbeit soll daher ein Beitrag geleistet werden, die theoretischen Potenziale der wellenfrontbasierten Justage als einen Teilaspekt vernetzter adaptiver Produktion zu erforschen und in die konkrete Anwendung zu übertragen. Ergänzt um entsprechende Untersuchungen zu den praktisch erzielbaren Messunsicherheiten und dem Messsystemverhalten kann damit der effektive Nutzen dieses Ansatzes im produktionstechnischen Umfeld umfassend bewertet werden.

1.1 Hintergrund und Kontext des Forschungsansatzes

Traditionell werden optische Elemente und Komponenten durch Verfahren der direkten (Schleifen und Polieren) und replikativen Fertigung (Spritzgießen, Blankpressen etc.) hergestellt [HUKR12, S. 4]. Entsprechend der gewünschten optischen Funktion gilt es anschließend, die Einzelkomponenten mit hoher Präzision zueinander auszurichten. Im heutigen produktionstechnischen Umfeld erfolgt dies in der Regel anhand unterschiedlicher Verfahren der passiven und aktiven Justage. Ein Beispiel hierfür ist die autokollimationsbasierte Erfassung der optischen Achse einer Komponente und die nachfolgende Bearbeitung ihrer Fassung, damit optische und mechanische Achse übereinstimmen und die Montage mehrerer Elemente in einem Tubus ermöglicht wird.

Nicht nur die Präzision und Effizienz solcher Verfahren ist limitiert, es gibt auch grundsätzliche technische Restriktionen, z. B. in der Charakterisierung stark gekrümmter Asphären oder frei geformter Funktionsflächen, wie sie typisch für innovative optische Systeme sind. Dies gilt umso mehr, als dass bereits geringe Unsicherheiten im Bereich weniger µm ausreichend sind, um die optische Funktion eines Gesamtsystems wesentlich zu beeinträchtigen. Dabei ist ferner zu berücksichtigen, dass der negative Einfluss von Positionierunsicherheiten in der Justage mit der Brechkraft der optischen Elemente steigt, durch die insbesondere die kompakten Systeme der Mikrooptik gekennzeichnet sind.

Dieser Herausforderung kann durch die Erfassung der optischen Funktion des Systems begegnet werden, aus deren Parametern im Vergleich mit der Sollfunktion geeignete Korrekturanweisungen ableitbar sind. Ein solches Vorgehen wird dadurch möglich, dass sich im Gegensatz zur Erfassung jeder einzelnen Funktionsfläche das mehrelementige optische Gesamtsystem über die Ermittlung der Wellenfront in nur einer Messung vollständig charakterisieren lässt.

Als geeignetes Werkzeug zur Funktionsprüfung bietet sich die Shack-Hartmann-Sensorik an, die mehrere wesentliche Vorteile miteinander verknüpft, da sie dreidimensionale Informationen der Wellenfront mit einer hohen Dynamik quasi in Echtzeit bereitstellt. Die für andere Applikationen zu geringe laterale Auflösung stellt aufgrund der eher niedrigen Anzahl an genutzten Koeffizienten als Repräsentanten der Wellenfront für den Anwendungsfall der wellenfrontbasierten Justage keinen begrenzenden Faktor dar. Vielmehr kommt es auf eine möglichst (wiederhol-)präzise Erfassung der Wellenfront an, die durch bestimmte Sensorkonfigurationen, z. B. durch lange Brennweiten der beteiligten Mikrolinsen, erreicht werden kann.

Auf Basis einer polynomialen Zerlegung der Wellenfront sind hiernach ihre charakteristischen Eigenschaften gezielt bestimmbar, weil Aberrationen individuellen Koeffizienten zugeordnet werden können, wie sie beispielsweise von den Seidel-Aberrationen bekannt sind. Allerdings ist diese Zuordnung nicht eineindeutig, wodurch komplexe wechselseitige Abhängigkeiten entstehen, deren Auflösung die gleichzeitige Berücksichtigung einer Vielzahl von Koeffizienten und Freiheitsgrade des Betrachtungsraums erfordert. Dabei lässt sich über eine geschickte Wahl der Parameter der zugehörigen Algorithmik wesentlicher Einfluss auf die Güte und Effizienz der Berechnung nehmen, wodurch sich das Verfahren in Abhängigkeit des zu justierenden Systems individuell auslegen lässt. Die so gewonnenen Informationen bergen einen doppelten Nutzen: einerseits im Abgleich mit dem optischen Design zur hochgenauen sowie effizienten Justage des Systems und andererseits als Instrument der gleichzeitigen Inline-Qualitätssicherung.

1.2 Konzept und Aufbau der Untersuchung

Die vorliegende Arbeit folgt in Struktur und Aufbau der Vorgehensweise für angewandte Forschung und erörtert ein allgemeines Lösungsverfahren für konkrete Problemstellungen in der Praxis [ULLR81, S. 11]. Insofern orientieren sich die Abschnitte dieser Arbeit an den jeweiligen Phasen der angewandten Forschung als Bezugsrahmen und können diesen zugeordnet werden [ULLR81, S. 20].

Abschnitt 1 der Arbeit führt an den Themenbereich der Justage optischer Systeme heran und erläutert Herausforderungen und Randbedingungen für entsprechende Verfahren. Mit der wellenfrontbasierten Justage wird zudem ein vielversprechender Ansatz skizziert, um den vielschichtigen Aufgaben komplexer Ausrichtevorgänge gerecht zu werden.

Die erforderlichen Grundlagen zu den Eigenschaften des Lichts, seiner Darstellung als Wellenfront und seiner messtechnische Erfassung werden in Abschnitt 2 behandelt. Hierzu zählt vor allem die polynomiale Zerlegung der Wellenfront in Form zugehöriger Koeffizienten zur ihrer Darstellung und verbesserten Handhabung als komplexe, dreidimensionale Fläche.

In Abschnitt 3 werden die derzeit in der Praxis genutzten Verfahren zur Ausrichtung optischer Systeme erläutert. Ein Zwischenfazit stellt die bestehenden Möglichkeiten den produktionstechnischen Herausforderungen gegenüber und zeigt vorhandene Limitationen auf.

Ausgehend von diesen Einschränkungen und dem aufgedeckten Forschungsbedarf erläutert Abschnitt 4 das Konzept der wellenfrontbasierten Ausrichtung mit Hilfe einer Korrekturmatrix zur parameterindividuellen Steuerung des Justagevorgangs. Die charakteristischen Eigenschaften der Korrekturberechnung und die Einflüsse ihrer Parameter werden im nachfolgenden Abschnitt 5 anhand entsprechender Simulationen erörtert, durch welche die Wellenfrontfehler analysiert und ihr positionsabhängiger Anteil durch adäquate Korrekturanweisungen minimiert wird.

Die Abschnitte 6 und 7 leisten die wichtige Übertragung des theoretischen Ansatzes in einen Laboraufbau zur messtechnischen Verifizierung und Automatisierung der simulierten Ergebnisse. Das betrifft einerseits die Fähigkeiten realer Sensoren vor allem hinsichtlich ihrer Wiederholpräzision. Andererseits zählt hierzu die konstruktive als auch die softwaretechnische Umsetzung des Konzepts im Rahmen eines prototypischen Labordemonstrators. Im Abgleich zwischen Theorie und Praxis werden die real erzielten Ergebnisse den Simulationen gegenübergestellt und die Resultate miteinander verglichen. Abschließend werden in Abschnitt 8 die wesentlichen Ergebnisse zusammengefasst, kritisch reflektiert und vor dem Hintergrund der Forschungsfrage und Zielsetzung der Arbeit interpretiert.

Die genannten Abschnitte folgen in Struktur und Ablauf der Wissenschaftstheorie von Ullrich. Sie nimmt eine Gliederung in Formal- und Realwissenschaften vor, wobei Letztere wiederum in Grundlagen- und Handlungswissenschaften unterteilt werden. In der Mehrzahl der wissenschaftstheoretischen Publikationen sind die Ingenieurwissenschaften den Handlungs- bzw. angewandten Wissenschaften zugeordnet, mitunter werden auch die Begrifflichkeiten »Technologie« und »angewandte Wissenschaft« gleichgesetzt [BUNG74, S. 19]. In jedem Fall verfügen die Ingenieurwissenschaften über einen konstitutiven Praxisbezug, da sie Probleme der Praxis identifizieren und zugehörige Lösungsmöglichkeiten erarbeiten, um ein wissenschaftlich fundiertes Handeln in der Praxis zu ermöglichen [ULLR81, S. 10]. Sie verfolgen also im Gegensatz zu den Naturwissenschaften ein gestalterisches Ziel, erwünschte Zustände zu erreichen bzw. unerwünschte zu vermeiden oder ihnen entgegenzusteuern [BUNG66, S. 332]. Nach [ULLR81] werden dabei vier verschiedene Möglichkeiten praxisorientierter Aussagen angewandter Wissenschaften unterschieden [ULLR81, S. 11 f.]:

1. Inhaltliche Lösungen für konkrete Probleme der Praxis
2. Allgemeine Lösungsverfahren für konkrete Probleme der Praxis

3. Gestaltungsmodelle für die Veränderung der sozialen Wirklichkeit
4. Regeln für die Entwicklung solcher Gestaltungsmodelle in der Praxis

Vor dem Hintergrund der vorgestellten Abschnitte der Arbeit kann sie vornehmlich Ziffer 2 zugeordnet werden, da ein Lösungsverfahren für aktuelle Herausforderungen in der Ausrichtung optischer Komponenten entwickelt im Kontext produktionstechnischer Randbedingungen untersucht wird.

2 Physikalische Grundlagen

Obschon Licht in seiner Erscheinung allgegenwärtig und daher geradezu selbstverständlich zu sein scheint, ist es durchaus schwierig, die Natur des Lichts ebenso fassbar wie korrekt zu beschreiben. Das spiegelt sich nicht zuletzt auch in der langen Wissenschaftshistorie der Lichttheorie wider, die durch mehrere große Umbrüche gekennzeichnet ist und deren Entwicklung nach wie vor voranschreitet.

Die Natur des Lichts zeichnet sich durch eine Vielzahl physikalischer Eigenschaften aus, deren individuelle Ausprägung mittels adäquater Geräte beeinflusst und gemessen werden kann. Die Wirkmächtigkeit dieses Ansatzes liegt in der Tatsache, dass die jeweils genutzte Lichteigenschaft als quasi von der Natur kalibriertes Normal bereitgestellt wird. Nach Wechselwirkung mit einer Probe kann die Eigenschaftsänderung erfasst und auf diese Weise die Probe charakterisiert werden. Typische Beispiele hierfür sind die phasenmessende Interferometrie oder die Nutzung von Polarisationseffekten in der Spannungsoptik.

Die Entwicklung derartiger Verfahren zur hochpräzisen lichtbasierten Erfassung von Prüflingseigenschaften gelingt nur mit Hilfe eines fundierten theoretischen Verständnisses über das zur Messung genutzte Medium Licht. Die folgenden Abschnitte beinhalten daher neben einem kurzen Abriss über die historischen Hintergründe der Lichttheorie die für diese Arbeit wesentlichen Begriffe und Eigenschaften, deren Mechanismen die Grundlage der späteren Betrachtungen sein werden.

2.1 Dualismus der Lichttheorie

In Ermangelung geeigneter Werkzeuge und Hilfsmittel war die Theorie des Lichts bis in die Neuzeit hinein durch alltägliche Beobachtungen geprägt. Insbesondere wurde davon ausgegangen, dass Licht sich mit unendlicher Geschwindigkeit vollumfänglich ausbreitet. Erst mit der durch die Erfindung des Fernrohrs wesentlich begünstigten Entwicklung der Astronomie zu Beginn des 17. Jh. konnten jene Dimensionen erschlossen werden, in denen wissenschaftlich fundierte Kenntnisse zum Licht und seinen Eigenschaften zu erforschen sind. Hierzu zählte zunächst der Nachweis zur Endlichkeit der Lichtgeschwindigkeit sowie ihre konkrete Messung als fundamentale Naturkonstante und Grundlage unserer heutigen Längeneinheiten [WALT04, S. 14; S. 8 ff.; BESC04 S. 189 ff.].

Einen ersten umfänglichen theoretischen Ansatz zur Beschreibung des Lichts lieferte die Korpuskeltheorie, nach welcher Licht aus einer Vielzahl kleinster Körperchen bzw. Teilchen besteht. Jene Teilchen werden von leuchtenden Körpern geradlinig und mit großer Geschwindigkeit emittiert, wodurch sich Effekte wie Reflexion, Dispersion und auch Brechung erklären lassen [LEIT13, S. 5, WALT04, S. 14].

Allerdings war dieser Ansatz nicht universell, da mit ihm vor allem Beugungs- und Interferenzeffekte nicht schlüssig begründet werden konnten. Bei diesen Phänomenen half eine Analogiebetrachtung zu Wasser, nach welcher sich Licht eher wie eine Welle verhält, die dem Superpositionsprinzip gehorcht. Vor diesem Hintergrund wurde auch das Huygenssche Prinzip formuliert, nach dem „jeder Punkt einer sich ausbreitenden Wellenfront als

Ausgangspunkt von Elementarwellen betrachtet werden [kann], die sich selbst wieder mit Lichtgeschwindigkeit ausbreiten und deren Einhüllende die neue Wellenfront festlegt" [PEDR05, S. 44].

Auf Grundlage dieses Prinzips folgten im Laufe des 19. Jh. bemerkenswerte Erfolge, die die Wellentheorie sowohl theoretisch als auch experimentell stützen, von der Entdeckung der Polarisation des Lichts bis hin zu seiner theoretischen Beschreibung als elektromagnetische Welle [WALT04, S. 13 ff.]. Insofern schien sich die Wellentheorie als umfänglicher Erklärungsansatz durchgesetzt zu haben, mit welchem sich die bis dahin untersuchten Phänomene schlüssig begründen ließen. Als jedoch der Betrachtungsraum auf die atomare Ebene und die Wechselwirkung zwischen Licht und Materie gerichtet wurde, genügte das vermeintlich gefestigte Grundgerüst der Wellentheorie den Beobachtungen nicht. Dass auf Metallplatten einfallendes Licht aus der metallischen Oberfläche Elektronen unmittelbar herauslösen kann, erforderte die Betrachtung dieses Lichts als Summe einzelner endlicher Beiträge oder Quanten [WALT04, S. 15; ZEIL05, S. 17; MATT13, S. 13, HECH09, S. 12]. Die damit verbundene Wiedereinführung von Lichtteilchen bzw. Photonen schließt den Kreis zur Korpuskeltheorie und bildet neben der Wellentheorie die zweite fundamentale Säule zum Verständnis des Lichts als Quantenobjekt.

Die zunehmende Komplexität der Erklärungsansätze zur Lichttheorie tragen dem Wunsch nach einem umfassenden Konstrukt Rechnung, mit welchem sich *alle* lichtbezogenen Phänomene *exakt* beschreiben lassen. Zur theoretischen Grundlage dieser Arbeit ist es jedoch zunächst erforderlich, vor allem die wellenbedingten Eigenschaften des Lichts zu berücksichtigen, denen sich der folgende Abschnitt in Theorie und messtechnischer Praxis widmet. Für die nachfolgende Simulation der Ausbreitung von Licht durch ein optisches System wird dann auch die geometrische Optik eine Rolle spielen.

2.2 Wellenoptik

Der Begriff Wellenfront bezeichnet eine Fläche, die zu einem bestimmten Zeitpunkt alle Punkte gleicher Phase miteinander verbindet. Die Ausbreitungsgeschwindigkeit der Wellenfront entspricht dabei der Phasengeschwindigkeit [HECH09, S. 45]. Grundlage einer wellenoptischen Modellierung von Licht sind seine Eigenschaften als elektromagnetische Welle, die über die Maxwell-Gleichungen bestimmt sind. Mit ihnen lässt sich eine exakte Beschreibung der Propagation des Lichts vornehmen. Ausgehend von der 3. Maxwell-Gleichung, dem Faradayschem Induktionsgesetz, nach welchem Änderungen des magnetischen Feldes zu einem elektrischen Wirbelfeld führen

$$\nabla \times \vec{E} = -\frac{\partial \vec{B}}{\partial t} \qquad \text{(Gl. 2.1)}$$

wird auf beiden Seiten der Differentialoperator ∇ angewendet

$$\nabla \times \left(\nabla \times \vec{E}\right) = \nabla \times \left(-\frac{\partial \vec{B}}{\partial t}\right). \qquad \text{(Gl. 2.2)}$$

Mit der vektoranalytischen Beziehung (vgl. Anhang A.1)

$$\nabla \times (\nabla \times \vec{E}) = \nabla \cdot (\nabla \cdot \vec{E}) - \nabla^2 \vec{E} \tag{Gl. 2.3}$$

folgt für (Gl. 2.2)

$$\nabla \cdot (\nabla \cdot \vec{E}) - \nabla^2 \vec{E} = -\frac{\partial}{\partial t}(\nabla \times \vec{B}) \tag{Gl. 2.4}$$

Unter Verwendung der 4. Maxwell-Gleichung, dem erweiterten Ampèrschen Gesetz, nach welchem elektrische Ströme zu einem magnetischen Wirbelfeld führen

$$\nabla \times \vec{B} = \mu_0 \cdot \left(\vec{j} + \varepsilon_0 \cdot \frac{\partial}{\partial t} \vec{E}\right) \tag{Gl. 2.5}$$

ergibt sich im ladungsfreien Raum mit $\vec{j} = 0$ (Gl. 2.4) zu

$$\nabla \cdot (\nabla \cdot \vec{E}) - \nabla^2 \vec{E} = -\frac{\partial}{\partial t}\left(\mu_0 \varepsilon_0 \frac{\partial}{\partial t} \vec{E}\right). \tag{Gl. 2.6}$$

Die linke Seite vereinfacht sich unter Verwendung der 1. Maxwell-Gleichung, dem Gaußschen Gesetz, nach dem die Ladung die Quelle des elektrischen Feldes darstellt

$$\nabla \cdot \vec{E} = 0 \tag{Gl. 2.7}$$

zum Ausdruck

$$\nabla^2 \vec{E} = \frac{\partial}{\partial t}\left(\mu_0 \varepsilon_0 \frac{\partial}{\partial t} \vec{E}\right). \tag{Gl. 2.8}$$

Da der quadrierte Differentialoperator ∇^2 dem Laplace-Operator Δ entspricht, folgt

$$\Delta \vec{E} = \frac{\partial}{\partial t}\left(\mu_0 \varepsilon_0 \frac{\partial}{\partial t} \vec{E}\right). \tag{Gl. 2.9}$$

Mit der Ausbreitungsgeschwindigkeit elektromagnetischer Wellen von

$$c^2 = \frac{1}{\mu_0 \varepsilon_0} \tag{Gl. 2.10}$$

ergibt sich nach Umformen abschließend die Wellengleichung

$$\left(\frac{1}{c^2}\frac{\partial^2}{\partial t^2} - \Delta\right)\vec{E} = 0. \tag{Gl. 2.11}$$

Mit (Gl. 2.11) kann die Ausbreitung des Lichts als Welle beschrieben werden, zunächst begrenzt auf das Vakuum. Durch entsprechende Änderungen der Dielektrizitätskonstante ε und der Permeabilität μ ist auch die Modellierung der Ausbreitung des Lichts in unterschiedlichen Medien möglich. Aus dem Verhältnis der Ausbreitungsgeschwindigkeiten bzw. dem der Materialkonstanten ergibt sich dann der auch für die geometrische Optik bedeutende Brechungsindex, wie in (Gl. A.2.8) dargestellt.

2.2.1 Dekomposition von Wellenfronten

Um Wellenfronten trotz ihrer oft komplexen dreidimensionalen Erscheinung einer mathematischen Verarbeitung und Auswertung zugänglich zu machen, werden sie meist durch eine Polynomialzerlegung in handhabbare Teile gegliedert. Diese Zerlegung stellt eine

Reihenentwicklung dar, deren einzelne Glieder in ihrer Summe eine immer feinere Repräsentation der nachzubildenden Wellenfront ergeben.

Ein Beispiel solcher Polynome sind die sog. Zernike Polynome. Sie sind ein Satz orthogonaler Polynome, die vom Physiker Frits Zernike entwickelt wurden. Ihre Besonderheit liegt u. a. darin, dass jeder Term einen bestimmten Aberrationstyp in der Beurteilung der Güte optischer Systeme beschreibt [DIET08, S. 135]. Sie sind auf dem Einheitskreis definiert und werden in Abhängigkeit von Radius ρ und Winkel φ berechnet mit

$$Z_n^m(\rho,\varphi) = r_n^m(\rho)\cos(m\varphi) \qquad \text{(Gl. 2.12)}$$

bzw.

$$Z_n^{-m}(\rho,\varphi) = r_n^m(\rho)\sin(m\varphi). \qquad \text{(Gl. 2.13)}$$

Hierin sind m die winkelabhängige (meridionale) und n die radiusabhängige (radiale) Ordnung des jeweiligen Polynoms. Beide Werte sind Element der natürlichen Zahlen n und m ∈ ℤ. Der radiale Anteil r_n^m ist beschrieben durch

$$r_n^m(\rho) = \sum_{k=0}^{\frac{1}{2}(n-m)} \frac{(-1)^k (n-k)!}{k!\left(\frac{1}{2}(n+m)-k\right)!\left(\frac{1}{2}(n-m)-k\right)!}\rho^{n-mk}. \qquad \text{(Gl. 2.14)}$$

Zur übersichtlichen Visualisierung der Polynome und ihrer individuellen Ordnung bietet sich eine pyramidenförmige Darstellung an. In ihr können die aufsteigenden radialen Ordnungen von oben nach unten und die aufsteigenden meridionalen Ordnungen von der Mitte nach links bzw. rechts erfolgen (vgl. Abbildung 2.1). Am Beispiel des Defokus genannten, rotationssymmetrischen Terms Z_2^0 ergibt sich seine Formel zu

$$\begin{aligned} r_2^0(\rho) &= \sum_{k=0}^{\frac{1}{2}(2-0)} \frac{(-1)^k (2-k)!}{k!\left(\frac{1}{2}(2+0)-k\right)!\left(\frac{1}{2}(2-0)-k\right)!}\rho^{2-0k} \\ &= 1\frac{2}{1}\rho^2 + (-1)\frac{1}{1}\rho^0 = 2\rho^2 - 1 \end{aligned} \qquad \text{(Gl. 2.15)}$$

und damit

$$Z_2^0(r,\varphi) = (2\rho^2 - 1)\cos(0\varphi) = 2\rho^2 - 1. \qquad \text{(Gl. 2.16)}$$

Im Gegensatz dazu berechnet sich am Beispiel des horizontales Koma genannten, nicht rotationssymmetrischen Terms Z_3^1 die Formel zu

$$\begin{aligned} r_3^1(\rho) &= \sum_{k=0}^{\frac{1}{2}(3-1)} \frac{(-1)^k (3-k)!}{k!\left(\frac{1}{2}(3+1)-k\right)!\left(\frac{1}{2}(3-1)-k\right)!}\rho^{3-2k} \\ &= 1\frac{6}{2}\rho^3 + (-1)\frac{2}{1}\rho^1 = 3\rho^3 - 2\rho \end{aligned} \qquad \text{(Gl. 2.17)}$$

und damit

$$Z_3^1(r,\varphi) = (3\rho^3 - 2\rho)\cos(1\varphi) = (3\rho^3 - 2\rho)\cos(\varphi). \qquad \text{(Gl. 2.18)}$$

Auf diese Weise können alle Formeln der Polynome bis zu einem quasi beliebigen Detaillierungsgrad ermittelt werden. Bspw. stehen im in dieser Arbeit genutzten optischen Simulationsprogramm OpticStudio 15.5 die Zernike Polynome bis zur 20. radialen Ordnung zur Verfügung, in Summe also 231 Werte. Allerdings nimmt Anteil und Bedeutung der höheren Ordnungen schnell ab, sodass meist nur die ersten Ordnungen von praktischer Relevanz sind.

Abbildung 2.1: Übersicht der Zernike Koeffizienten in pyramidenförmiger Darstellung bis zur 6. radialen Ordnung

Die eindeutige Notation der doppelten Indizes Z_n^m muss zur softwareseitigen Verarbeitung in eine Kennzeichnung mit nur noch einem Index umgewandelt werden. Je nach Zählweise kommt es dabei zu unterschiedlichen Bezeichnungen der einzelnen Koeffizienten, die bei Auswertung und Vergleich von (Mess-)Daten berücksichtigt werden müssen. Zu den meist genutzten Zählweisen gehören die nach [ANSI10] und [NOLL76], wobei letztere auch der im Rahmen dieser Arbeit genutzten Notation entspricht. In beiden Fällen wird mit Blick auf die pyramidenförmige Darstellung von oben nach unten gezählt. In jeder Ebene allerdings nimmt

[NOLL76] die Nummerierung von innen nach außen vor, während nach [ANSI10] streng von ganz rechts nach ganz links durchgezählt wird. Folgende Tabelle verdeutlicht den sich daraus ergebenden Unterschied, der sich auch mit Blick auf den verschiedenen Beginn der Zählung für die Koeffizienten bis zur 5. radialen Ordnung ergibt. Zur Orientierung sind die rotationssymmetrischen Polynome der 0. meridionalen Ordnung grün hervorgehoben.

Tabelle 2.1: Beispiele zur unterschiedlichen Nomenklatur von Zernike Polynomen nach [NOLL76] und [ANSI10]

Nr.	Sortierung nach [NOLL76]		Sortierung nach [ANSI10]	
	Name	**Formel**	**Name**	**Formel**
0	[-]	[-]	Piston	1
1	Piston	1	Tip	$\rho\cos(\varphi)$
2	Tip	$\rho\cos(\varphi)$	Tilt	$\rho\sin(\varphi)$
3	Tilt	$\rho\sin(\varphi)$	Astigmatismus	$\rho^2\cos(2\varphi)$
4	Defokus	$2\rho^2-1$	Defokus	$2\rho^2-1$
5	Astigmatismus	$\rho^2\cos(2\varphi)$	Astigmatismus	$\rho^2\sin(2\varphi)$
6	Astigmatismus	$\rho^2\sin(2\varphi)$	Trefoil	$\rho^3\cos(3\varphi)$
7	Coma	$(3\rho^2-2)\rho\cos(\varphi)$	Coma	$(3\rho^2-2)\rho\cos(\varphi)$
8	Coma	$(3\rho^2-2)\rho\sin(\varphi)$	Coma	$(3\rho^2-2)\rho\sin(\varphi)$
9	Trefoil	$\rho^3\cos(3\varphi)$	Trefoil	$\rho^3\sin(3\varphi)$
10	Trefoil	$\rho^3\sin(3\varphi)$	Tetrafoil	$(10\rho^4-12\rho^2+3)\rho\cos(\varphi)$
11	Sphärische Aberration	$6\rho^4-6\rho^2+1$	Sek. Astigmatismus	$(4\rho^2-3)\rho^2\cos(2\varphi)$
12	Sek. Astigmatismus	$(4\rho^2-3)\rho^2\cos(2\varphi)$	Sphärische Aberration	$6\rho^4-6\rho^2+1$
13	Sek. Astigmatismus	$(4\rho^2-3)\rho^2\sin(2\varphi)$	Sek. Astigmatismus	$(4\rho^2-3)\rho^2\sin(2\varphi)$
14	Tetrafoil	$(10\rho^4-12\rho^2+3)\rho\cos(\varphi)$	Tetrafoil	$(10\rho^4-12\rho^2+3)\rho\sin(\varphi)$
15	Tetrafoil	$(10\rho^4-12\rho^2+3)\rho\sin(\varphi)$	[-]	[-]

Zur Modellierung der Wellenfront aus gemessenen oder simulierten Daten werden nun in Abhängigkeit ihrer individuellen Form bestimmte Anteile der Zernike Polynome Z benötigt, die sog. Zernike Koeffizienten C. Grundlage dieser Modellierung bildet ein kartesischer Datensatz, welcher die nachzubildende Wellenfront durch Angabe von Höhenwerten W in einem typischerweise quadratischen Netz von n gleichmäßigen lateralen Abständen aufträgt. In einem Gleichungssystem wird nun für jeden dieser lateralen Punkte die Kombination aus geeigneten Koeffizienten gesucht. In nachfolgender Gleichung ist ein Beispiel gezeigt für eine an 31x31 lateralen Stellen gesampelte Wellenfront und 15 Polynome bzw. Koeffizienten. Die aufgeführten Indizes enthalten dabei oben die nur noch mit einem Index markierte Kennzeichnung des Polynoms bzw. Koeffizienten der Nummerierung aus Tabelle 2.1 links und unten die Kennzeichnung der jeweils betrachteten lateralen Stelle anhand zweier Koordinaten:

$$\begin{pmatrix} Z_{1|1}^{1} & Z_{1|1}^{2} & Z_{1|1}^{3} & \cdots & Z_{1|1}^{15} \\ Z_{1|2}^{1} & Z_{1|2}^{2} & Z_{1|2}^{3} & \cdots & Z_{1|2}^{15} \\ Z_{1|3}^{1} & Z_{1|3}^{2} & Z_{1|3}^{3} & \cdots & Z_{1|3}^{15} \\ \cdots & \vdots & \cdots & \ddots & \vdots \\ Z_{31|31}^{1} & Z_{31|31}^{2} & Z_{31|31}^{3} & \cdots & Z_{31|31}^{15} \end{pmatrix} \begin{pmatrix} C^1 \\ C^2 \\ C^3 \\ \vdots \\ C^{15} \end{pmatrix} = \begin{pmatrix} W_{1|1} \\ W_{1|2} \\ W_{1|3} \\ \vdots \\ W_{31|31} \end{pmatrix} \qquad \text{(Gl. 2.19)}$$

bzw. in verkürzter Schreibweise

$$Z \cdot C = W. \qquad \text{(Gl. 2.20)}$$

Als Kriterium des Polynomfits wird typischerweise der Fehler der kleinsten Quadratsummen genutzt, dessen Forderung zur Lösung von (Gl. 2.20) auf ein lineares Normalgleichungssystem führt, indem von links mit Z^T multipliziert wird [KSTI83, S. 132 f.]

$$Z^T \cdot Z \cdot C = Z^T \cdot W. \qquad \text{(Gl. 2.21)}$$

Schließlich ergibt sich der Lösungsvektor C durch eine weitere Multiplikation von links mit der Inversen der Normalgleichungsmatrix Z^TZ

$$(Z^T \cdot Z)^{-1} \cdot Z^T \cdot Z \cdot C = C = (Z^T \cdot Z)^{-1} Z^T \cdot W = G \cdot W. \qquad \text{(Gl. 2.22)}$$

Die jeweiligen Polynome können über (Gl. 2.12) bis (Gl. 2.14) berechnet werden. Jeder der im Beispiel 31x31 Positionen sind bestimmte Werte für den Radius ρ sowie den Winkel φ zugeordnet. Der Radius wird an den insgesamt 4 Stellen zu exakt 1 normiert, die dem Radius des Pferchkreises innerhalb des quadratischen Netzes an Stützstellen entsprechen. Im Beispiel einer Wellenfront mit der lateralen Auflösung von 31 x 31 Punkten aus Abbildung 2.2 entspricht der Radius also einer Distanz von 15 Punktabständen. Die maximalen Werte sind im Auszug der Stützstellen orange hinterlegt gekennzeichnet. Auf Basis dieser Normierung berechnen sich die Werte der 4 Eckpunkte des quadratischen Netzes zu einem Radius von $\sqrt{2}$. Diese Werte sind in Abbildung 2.2 grau hinterlegt dargestellt. Die Verteilung der Winkel erfolgt in mathematisch positivem Drehsinn durch die Quadranten I bis IV.

Wie zu Beginn des Abschnitts beschrieben, sind die Zernike Polynome auf dem Einheitskreis definiert, sodass zur Berechnung lediglich diejenigen Stützstellen der Wellenfront genutzt werden, deren Wert für den Radius ≤ 1 ist. Zur Übersicht aller betreffenden Stützstellen, für die diese Bedingung erfüllt ist, sind die nutzbaren Einträge in Abbildung 2.2 grün hervorgehoben, wohingegen die nicht nutzbaren Einträge grau gekennzeichnet sind. Auf diese Weise ergibt sich die kreisrunde Basis der Zernike Polynome, wobei von den 31x31 = 961 Einträgen nur 709 der Berechnung zugeführt werden.

Hieraus resultiert auch die Größe der nach [KSTI83] »Gewichtsmatrix« genannten Matrix G. Im Beispiel besitzt sie 709 Zeilen für die Anzahl der Stützstellen und 15 Spalten für die Anzahl der gewählten Zernike Polynome. Sie kann ohne Kenntnis der eigentlichen Messwerte bzw. simulierten Werte der Wellenfront berechnet werden, wodurch eine schnelle Ermittlung der Zernike Koeffizienten ermöglicht wird [KSTI83, S. 133].

Im Ergebnis zeigen sich die in Abbildung 2.2 unten dargestellten Werte für C1 bis C15. In verkürzter bzw. vereinfachter Form, so auch in den weiteren Abschnitten dieser Arbeit, wird häufig von Z1 bis Z15 gesprochen, womit dann nicht die Polynome Z nach (Gl. 2.12) bis (Gl. 2.14), sondern die zugehörigen Koeffizienten C gemeint sind. Entsprechend der dem Berechnungsbeispiel zu Grunde liegenden Wellenfront sind in den Ergebnissen der Kooffizienten lediglich die rotationssymmetrischen Koeffizienten enthalten. Da die Wellenfront selbst rotationssymmetrisch ist, haben sich alle winkelabhängigen Koeffizienten erwartungsgemäß zu 0 ergeben. Das betrifft mit C2, C3, C5, C6 usw. gemäß Abbildung 2.1, S. 11 alle Koeffizienten der Polynome, die nicht der 0. meridionalen Ordnung entsprechen.

Beispielhafte Wellenfront mit lateraler Auflösung von 31 x 31 Punkten = 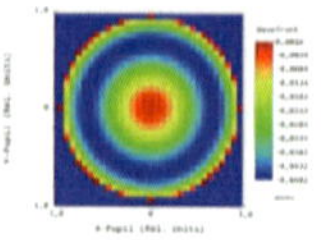 = $\begin{pmatrix} W_{1|1} \\ W_{1|2} \\ W_{1|3} \\ \vdots \\ W_{31|31} \end{pmatrix}$

Wellenfrontdaten W

0	…	0	0	1.56E-03	0	0	…	0
⋮	⋱	⋮	⋮	⋮	⋮	⋮	⋰	⋮
0	…	-6.40E-03	-4.04E-03	-3.25E-03	-4.04E-03	-6.40E-03	…	0
0	…	-4.04E-03	-1.64E-03	-8.24E-04	-1.64E-03	-4.04E-03	…	0
1.56E-03	…	-3.25E-03	-8.24E-04	0	-8.24E-04	-3.25E-03	…	1.56E-03
0	…	-4.04E-03	-1.64E-03	-8.24E-04	-1.64E-03	-4.04E-03	…	0
0	…	-6.40E-03	-4.04E-03	-3.25E-03	-4.04E-03	-6.40E-03	…	0
⋮	⋰	⋮	⋮	⋮	⋮	⋮	⋱	⋮
0	…	0	0	1.56E-03	0	0	…	0

Radius ρ

1.414	…	1.009	1.002	1	1.002	1.009	…	1.414
⋮	⋱	⋮	⋮	⋮	⋮	⋮	⋰	⋮
1.009	…	0.189	0.149	0.133	0.149	0.189	…	1.009
1.002	…	0.149	0.094	0.067	0.094	0.149	…	1.002
1	…	0.133	0.067	0	0.067	0.133	…	1
1.002	…	0.149	0.094	0.067	0.094	0.149	…	1.002
1.009	…	0.189	0.149	0.133	0.149	0.189	…	1.009
⋮	⋰	⋮	⋮	⋮	⋮	⋮	⋱	⋮
1.414	…	1.009	1.002	1	1.002	1.009	…	1.414

Winkel φ

135°	…	97.595°	93.814°	90°	86.186°	82.405°	…	45°
⋮	⋱	⋮	⋮	⋮	⋮	⋮	⋰	⋮
172.405°	…	135°	153.435°	90°	63.435°	45°	…	7.595°
176.186°	…	116.565°	135°	90°	45°	26.565°	…	3.814°
180°	…	180°	180°	0°	0°	0°	…	0°
183.814°	…	206.565°	225°	270°	315°	296.565°	…	356.186°
187.595	…	225°	243.435°	270°	333.435°	315°	…	352.405°
⋮	⋰	⋮	⋮	⋮	⋮	⋮	⋱	⋮
225°	…	262.405°	266.186°	270°	273.814°	277.595°	…	315°

Koeffizienten

C1 = -0.03185	C2 = 0	C3 = 0	C4 = -0.00002	C5 = 0
C6 = 0	C7 = 0	C8 = 0	C9 = 0	C10 = 0
C11 = 0.01459	C12 = 0	C13 = 0	C14 = 0	C15 = 0

Abbildung 2.2: Berechnung der Zernike Koeffizienten aus Höhe, Winkel und Radius der Wellenfrontdaten

Jenseits des erläuterten grundsätzlichen Vorgehens gibt es zahlreiche Besonderheiten und Details in der Berechnung der Zernike Koeffizienten. Diese betreffen z. B. die

Rechengenauigkeit in Abhängigkeit des numerischen Lösungsverfahrens mit durchaus nennenswerten Einflüssen auf die konkreten Werte der Zernike Koeffizienten. Detaillierte Analysen hierzu waren schon zu Beginn des breitenwirksamen Einsatzes adäquater Rechentechnik Inhalt zahlreicher Untersuchungen, z. B. in [MAHA78], [RIMM72] und [GULI78], sind aber für die Betrachtungen dieser Arbeit von untergeordneter Bedeutung.

2.2.2 Messtechnische Erfassung von Wellenfronten

Die Erfassung der Wellenfront eines optischen Systems bietet die effektive Möglichkeit, in nur einer Messung alle Systemkomponenten zu charakterisieren, die an der optischen Funktion beteiligt sind [BEPD05, S. 1]. Der Vorteil, mit beiden Funktionsflächen und dem über den Brechungsindex beteiligten Werkstoff alle lichtformenden Komponenten einer Linse auf einmal erfassen zu können, bietet zusätzliche Möglichkeiten der Auswertung, z. B. in Kenntnis der Funktionsflächen auf prozessbedingte lokale Schwankungen des Brechungsindexes zurückzuschließen. Auf diese Weise kann die Performanz des Systems charakterisiert werden, häufig im Rahmen einer abschließenden Qualitätskontrolle. Dies gilt auch für sehr stark gekrümmte Funktionsflächen, bei denen sonstige taktile oder optische Verfahren schnell an ihre Grenzen stoßen [DOPF15, S. 30].

Zur Messung der Wellenfront werden in der Regel Shack-Hartmann-Sensoren, im Folgenden SHS genannt, eingesetzt. Die Auswertung ihrer Messdaten kann sehr schnell anhand nur eines Kamerabildes erfolgen [PFUN17, S. 6], sodass konventionelle SHS z. T. sehr viele Messungen in der Sekunde durchführen können. In Spezialkonfigurationen, z. B. mit stark reduzierter lateraler Auflösung, sind auch Messraten von mehr als 1000 Hz möglich [OPTO15, S.1]. Neben dieser schnellen Messung und der ganzheitlichen Charakterisierung der optischen Komponente oder des gesamten optischen Systems liegt ein wesentlicher Vorteil der SHS darin, dass keine externe Referenz benötigt wird. Dadurch ist der Sensorkopf weitgehend unempfindlich gegenüber Vibrationen und kann leichter produktionsnah oder fertigungsintegriert eingesetzt werden [DOPF15, S. 30].

Zeitschrift für Instrumentenkunde.

Geh. Reg.-Rat Prof. Dr. H. Landolt, Vorsitzender, Prof. Dr. A. Westphal,

Prof. Dr. E. Abbe, Dr. H. Krüss.

Redaktion: Prof. Dr. St. Lindeck

XXIV. Jahrgang. Januar 1904. Erstes Heft.

Objektivuntersuchungen.

Von

J. Hartmann in Potsdam

Abbildung 2.3: Johannes Hartmann [SCHW05, S 1] und erste Veröffentlichungen zum Hartmann Test für die Justage optischer Instrumente [HART04, S.97 & 110]

SHS haben ihren Ursprung in astronomischen Anwendungen und gehen auf den dt. Physiker und Astronomen Johannes Hartmann zurück. Seit dem Wechsel vom 19. zum 20. Jh. nutzte er eine Lochplatte im Strahlengang optischer Instrumente, um Informationen über die Performanz des Systems und geeignete Korrekturen abzuleiten. Erste Veröffentlichungen zum Funktionsprinzip für den Anwendungsfall eines Spektrographen folgten 1900 und 1904 in der Zeitschrift für Instrumentenkunde [HART00, S. 17 ff; HART04, S. 257 ff.].

Im nachgelagerten Strahlengang zum Lochmuster wurde eine photographische Platte vor bzw. nach dem Fokus angebracht, auf der die Strahlen kleine Bildpunkte erzeugten. In Kenntnis der Distanz zwischen beiden Aufnahmen können dann die Strahlen durch das optische System verfolgt werden [SCHW05, S. 1].

Im Zuge der Raumfahrtprogramme der USA und SU ab Mitte des 20. Jh. entstand der zunächst militärisch geprägte Bedarf, nicht mehr nur Sterne, sondern auch Satelliten durch teleskopische Aufnahmen beobachten zu können. Vor diesem Hintergrund beauftragte die US Luftwaffe das Optical Science Center OSC der Universität Arizona, die Bildqualität, mit der Objekte von der Erde aus beobachtet werden können, deren Güte aber durch die Erdatmosphäre begrenzt ist, zu verbessern [SCHW05, S. 2].

Die hierzu umgesetzte Idee bestand darin, mittels eines Strahlteilers die Einflüsse der Atmosphäre in einer zeitgleichen zweiten Aufnahme zu erfassen und damit die Aufnahme des Satelliten zu korrigieren. Gründe für die Störungen können z. B. unterschiedlich konditionierte Luftschichten sein, die in der Atmosphäre für eine zeitliche und räumliche Variation des Brechungsindexes sorgen und damit über unterschiedliche optische Weglängen die Abbildung stören [WKGB07, S. 72]. Zur Aufnahme zweier Bilder musste die ohnehin nur geringe zur Verfügung stehende Lichtmenge optimal ausgenutzt werden, was mit dem klassischen Hartmann Test nicht möglich war, da durch das Lochmuster ein Großteil des Lichts ausgeblendet wurde. Der in diese Studien involvierte Roland Shack kam daher auf die Idee, die Lochplatte durch eine Anordnung aus Linsen zu ersetzen. Damit ließ sich für den Hartmann Test eine ausreichende Lichtmenge zur Verfügung stellen, ohne die eigentliche Aufnahme des Satelliten zu beeinträchtigen [PLAT01, S. 573].

In der nunmehr ergänzten Konfiguration zeichnen sich SHS durch ein (Mikro-)Linsen-Array aus, welches sich im Abstand der Brennweite der Mikrolinsen f_{ML} vor einer Detektorebene befindet. Nach den ursprünglich eingesetzten Photoplatten kamen hierzu Bildaufnahmeröhren (sog. Vidikone) zum Einsatz, die in aktuellen Geräten durch CCD oder CMOS Sensoren ersetzt wurden [HAUS06, S. 135]. Die insgesamt zur Verfügung stehenden Pixel werden dabei in Pixelfelder gegliedert, die je einer (Mikro-)Linse zugeordnet sind [STUE15, S. 5].

In dieser Sensoranordnung wird die eintreffende Wellenfront in so viele Subaperturen zerlegt, wie es Linsen gibt. In Abhängigkeit der mittleren Steigung der Wellenfront in jeder Subapertur und der Brennweite der Mikrolinsen weist der zugehörige Bildpunkt auf dem Sensor einen bestimmten lateralen Versatz auf. Die genaue Position des Bildpunkts wird dabei durch die Schwerpunktsbildung der beteiligten Pixelwerte auf der Sensorebene in beiden Richtungen x und y erfasst. Die Komponenten des sich über den gesamten Sensor ergebenden Gradientenvektors berechnen sich nach (Gl. 2.23) [BEPD05, S. 65]:

$$\begin{pmatrix} \alpha_x \\ \alpha_y \end{pmatrix} = \frac{1}{\sqrt{\sigma_x^2 + \sigma_y^2 + f_{ML}^2}} \begin{pmatrix} \sigma_x \\ \sigma_y \end{pmatrix} \qquad \text{(Gl. 2.23)}$$

Per Integration lässt sich abschließend die Wellenfront aus dem Gradientenfeld rekonstruieren [PFDB15, S. 42]. Diese Rekonstruktion erfolgt meist durch die Berechnung eines Polynoms, dessen Passfähigkeit über eine Gütefunktion evaluiert wird, deren Wert durch die Berechnung zu minimieren ist. Dazu werden die partiellen Ableitungen der Gütefunktion zu 0 gesetzt, woraus sich ein nicht-singuläres lineares Gleichungssystem ergibt, dessen Lösung die gesuchte Wellenfront beschreibt (vgl. [OTPO16] Abschnitt 1.2.3 S. 13 bis 17 zur Herleitung).

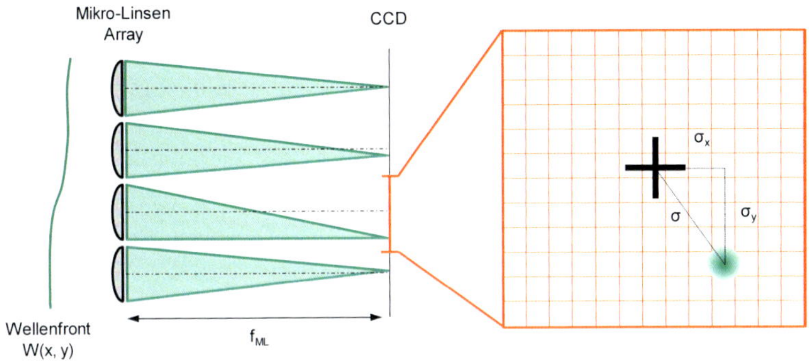

Abbildung 2.4: Detektorprinzip des Shack-Hartmann-Wellenfrontsensors [PFDB, S. 42]

SHS verfügen über messtechnische Eigenschaften, die für viele Anwendungen vorteilhaft genutzt werden können. Im Gegensatz zu interferometrischen Verfahren bestimmen sie Wellenfronten ohne Überlagerung mit einer Referenzwelle, durch die Erfassung lokaler Steigungen. Insofern ist die Generierung einer hochgenauen Referenzwelle nicht erforderlich, was der Stabilität der Messung zuträglich ist [OPTO16, S. 5].

Jenseits dieser positiven Eigenschaften geht die Nutzung von SHS jedoch auch mit zwei wesentlichen Nachteilen einher, die sich aus der Sensorkonfiguration ergeben. Erstens ist die laterale Auflösung der Sensoren begrenzt auf die Anzahl der Mikrolinsen. Sie liegt typischerweise zwischen 10^2 und 10^3 und ist daher um einige Größenordnungen niedriger als die erzielbare Auflösung z. B. in der Interferometrie [OPTO16, S. 5]. Bei kleinaperturigen Prüflingen mit schwach gekrümmten Wellenfronten stellt dieser Punkt i. d. R. eine nur geringe bis keine Einschränkung dar, wohingegen für größere Prüflingsdurchmesser und/oder Wellenfronten mit hoher Dynamik dieser Aspekt durch eine geeignete Auslegung der Sensorkomponenten berücksichtigt werden muss. Bspw. kann über die Brennweite f_{ML} der Einfluss der Wellenfrontneigung auf die laterale Verschiebung des Spots und damit die Sensitivität des Sensors eingestellt werden. Über das Rayleigh-Kriterium zum Auflösungsvermögen optischer Systeme kann überschlägig in Abhängigkeit der verwendeten Wellenlänge und des Mikrolinsendurchmessers die max. Brennweite der Mikrolinsen berechnet werden, mit der sich trotz Beugungseffekte 2 Bildpunkte noch voneinander unterscheiden lassen. Bei typischen und im weiteren Verlauf der Arbeit auch genutzten Werten von z. B. 659 nm für die Wellenlänge und 150 µm Mikrolinsendurchmesser ergibt sich eine vglw. große Brennweite von ca. 14 mm. Allerdings ist die Brennweite der Mikrolinsen realer Sensoren für eine Minimierung der Beugungseffekte meist deutlich kleiner (vgl. Tabelle 6.2). Demgegenüber ist die minimale Brennweite durch die Bestimmung der Spotpositionen gegeben. Für die Positionserfassung mit Subpixelgenauigkeit sollten der Schwerpunktberechnung mind. 5 Pixel zur Verfügung stehen [PFBE02, S. 7].

Der zweite Nachteil ergibt sich infolge sehr großer Steigungen der Wellenfront, die zu einem Zuordnungsproblem führen können, da der Bildpunkt den Bereich derjenigen Sensorpixel verlässt, die eigentlich der betreffenden Mikrolinse zugewiesen sind [HETT04, S. 60 f.]. In diesem Fall kann nicht mehr zweifelsfrei zugeordnet werden, welcher Bildpunkt von welcher Mikrolinse stammt, wodurch eine korrekte Bestimmung des Gradientenfelds und der Wellenfront erschwert wird [DOPF15, S. 31]. Eine Minimierung der Brennweite f_{ML} würde nur bedingt Abhilfe schaffen, da damit zwar stark gekrümmte Wellenfronten messbar werden, gleichzeitig aber auch die Sensitivität des Sensors herabgesetzt wird. Eine weitere, nur eingeschränkt hilfreiche Möglichkeit besteht darin, die Bildpunkte ausgehend von einer moderaten Wellenfront zu verfolgen und so die Zuordnung zu ermöglichen [DOPF15, S. 31].

Ein umfassenderer Lösungsansatz zur Messung größerer Dynamikbereiche mit SHS kann über eine blinde Linse erreicht werden. Meist wird die zentrale Linse des Arrays dafür mit einer lichtundurchlässigen Beschichtung versehen, sodass eine gezielte Leerstelle in den Bildpunkten auf dem Sensor erzeugt wird, die als bekannter Ankerpunkt die Zuordnung der anderen Spots erleichtert [DOPF15, S. 31]. Dieses Vorgehen kann auch variabel und für mehrere Linsen durch den Einsatz eines räumlichen Lichtmodulators (SLM für Spatial Light Modulator) umgesetzt werden [DIET03, S. 10].

Unabhängig von den beiden genannten Hauptnachteilen gibt es über diese, mit der Konfiguration des Sensors verbundenen Ansätze zahlreiche algorithmus- und ablaufbezogenen Aspekte, über die die Präzision und Stabilität der Sensoren verbessert werden können. Beispielhaft sei hier eine sog. Leer- oder Dunkel-Messung erwähnt, mit welcher konstante Störungen auf dem Sensor vor der Auswertung der eigentlichen Messung eliminiert werden. Mit ihr lässt sich das Grundniveau des Signals unter den gegebenen Bedingungen der Messung berücksichtigen und damit die Subpixelgenauigkeit der Positionsbestimmung absichern [OPTO16, S. 12].

SHS mit Mikrolinsen entsprechen der verbreitetsten Art von Detektoren, weshalb diese Konfiguration auch zur praktischen Evaluation des wellenfrontbasierten Justageansatzes in dieser Arbeit eingesetzt wird. Insofern konzentrierten sich die bisherigen Ausführungen zur messtechnischen Erfassung von Wellenfronten auf die Eigenschaften dieses Sensortyps.

Sobald die Hauptkomponenten des SHS zur Disposition gestellt werden, existieren eine Reihe von Sensorvarianten, mit denen sich weitere positive Effekte erzielen lassen. So kann bspw. das Linsenarray durch eine Mikrospiegelmatrix (DMD für Digital Mirror Device) ausgetauscht werden, durch deren kippbare Spiegel sich die Wellenfront abtasten lässt. Die deutlich größere Anzahl an Mikrospiegeln in konventionell erhältlichen DMD gegenüber Mikrolinsenarrays ermöglicht eine höhere laterale Auflösung der Messung. Ferner stellt die sukzessive Erfassung der Wellenfront sicher, dass auch bei starken Wellenfrontkrümmungen zu jedem Zeitpunkt genau bekannt ist, mit welchem Mikrospiegel das Signal korreliert. Diese Sensorkonfiguration wurde intensiv in den Arbeiten [VIEL11] und [STUE15] untersucht. Weitere Beispiele, die Prismen oder Axikone nutzen, sind in [CAST16] und [VOCR11] beschrieben.

2.3 Optische Simulation mittels Ray Tracing

Werden bei der Analyse des Verhaltens und der Ausbreitung von Licht gegenüber der wellenoptischen Modellierung Vereinfachungen in Betracht gezogen, können mit Hilfe von nur wenigen grundlegenden Gesetzmäßigkeiten viele Erscheinungen schlüssig begründet werden. Vor diesem Hintergrund lassen sich in der geometrischen Optik die Ausbreitungseigenschaften des Lichts durch ein Strahlenmodell für den Grenzfall verschwindender Wellenlängen abstrahieren [HAFE03, S. 35]. Hierdurch kann auf Basis einfacher Gesetzmäßigkeiten der Verlauf von Strahlenbündeln auch durch komplexe optische Systeme sehr effizient nachvollzogen werden, was zur Auslegung derartiger Systeme im Rahmen der computergestützten Strahlverfolgung (engl. Ray Tracing) von großer Bedeutung ist.

Als theoretisches Fundament der geometrischen Optik wird dabei von folgenden Axiomen ausgegangen [HAFE03, S. 37]:

1. In homogenen isotropen Medien breiten sich Lichtstrahlen geradlinig aus.
2. An der Grenzfläche zweier Medien wird der Lichtstrahl nach dem Reflexionsgesetz reflektiert bzw. nach dem Brechungsgesetz gebrochen.
3. Der Strahlengang ist umkehrbar, d. h. die Lichtrichtung auf einem Strahl ist irrelevant.
4. Lichtbündel durchkreuzen einander, ohne sich gegenseitig zu beeinflussen.

Die hierin festgelegten Gesetzmäßigkeiten bilden die Grundlage für die Ausbreitung des Lichts im Rahmen der geometrischen Optik und damit auch für die Prinzipien, die eben diese Ausbreitung im Zusammenhang zu dem vom Licht durchschrittenen Medium mathematisch beschreibbar machen. Beispiele für diese Grundregeln sind das Fermatsche Prinzip und das aus ihm ableitbare Snelliussche Brechungsgesetz (vgl. Anhang A.2). Mit Hilfe dieser Rechenvorschriften kann der Verlauf von Strahlen an jeder Grenzfläche berechnet und so innerhalb eines optischen Systems mit hoher Genauigkeit bestimmt werden.

Dazu muss im dreidimensionalen Raum, ausgehend von der Lage und Geometrie der Funktionsfläche, zunächst der Auftreffpunkt und der Normalenvektor der Grenzfläche in diesem Punkt ermittelt werden. Dies ist sehr effizient im sog. sequentiellen Ray Tracing durchführbar. In diesem Modus wird die definierte Abfolge optischer Funktionsflächen, durch die sich abbildende Systeme i. d. R. auszeichnen, nacheinander durchlaufen und die jeweilige Änderung des Strahlverlaufs unter strikter Einhaltung der Sequenz berechnet. Jeder Strahl trifft also genau 1 Mal in der definierten Reihenfolge auf jede der Oberflächen. Das macht den sequentiellen Modus vglw. einfach und rechentechnisch schnell [OPST15, 139]. Die hohe Effizienz dieser Methode geht aber auch mit einigen Nachteilen einher, zu denen bspw. Schwierigkeiten in der Modellierung komplexer optischer (Beleuchtungs-)Systeme gehören, bei denen Funktionsflächen mehrfach getroffen oder durchlaufen werden oder es zu Streulichtanteilen kommt etc. [KOER15, S. 31, OPST15, S. 138].

Derartige Herausforderungen können im zweiten Modus, dem nicht-sequentiellen Ray Tracing, deutlich besser adressiert werden. Anstelle der vorgegebenen, strengen Abfolge optischer Funktionsflächen wird der Strahlverlauf entsprechend der eigentlichen physikalischen Reihenfolge modelliert, mit der Objekte und Funktionsflächen getroffen bzw. durchschritten werden. Diese Reihenfolge ist meist nicht identisch mit der Definition des optischen Systems, da die Strahlen in diesem Modus auch z. B. zurückgeworfen und mit manchen Funktionsflächen mehrfach, mit anderen gar nicht interagieren können. Damit sind alle möglichen Strahlwege denkbar. Zu den optischen Systemelementen, die vorzugsweise in diesem Modus modelliert werden, gehören Prismen, Wellenleiter, Linsenarrays oder Reflektoren [OPST15, S. 138]. Darüber hinaus können bestimmte Analysen, z. B. der Effekte von Streulicht, sinnvoll nur in diesem Modus durchgeführt werden.

Vor dem Hintergrund der im Rahmen dieser Arbeit untersuchten abbildenden optischen Systeme wurde der sequentielle Modus des kommerziellen Programms OpticStudio 15.5 genutzt. Unabhängig von der konkreten Software müssen zur Modellierung des optischen Systems einerseits ein virtuelles Abbild aller Funktionsflächen, ihre Anordnung und Relativpositionen inkl. der jeweiligen optischen Dichten beschrieben werden. Andererseits gilt es, die Randbedingungen des Systems zu definieren, zu denen z. B. die Wellenlänge oder die Art der Apertur gehören [VIEL11, S. 21].

Über die Berechnung und Visualisierung des Strahlverlaufs lässt sich mit Hilfe von Ray Tracing Programmen auch eine Tolerierung des Systems und seiner Spezifikationen durchführen. Die Auswirkungen von z. B. Fertigungs- und Montagetoleranzen können damit unmittelbar anhand des Strahlverlaufs beurteilt werden. Dazu steht eine Reihe unterschiedlicher, standardisierter Auswertungen zur Verfügung (z. B. Spotdiagramme, MTF etc.), für welche sich aus den durch das System verfolgten Strahlen auch Wellenfronten berechnen lassen. In Abhängigkeit dieser Auswertungen können mit Hilfe leistungsstarker Optimierungsalgorithmen als variabel definierte Parameter des Systems hinsichtlich bestimmter Leistungskriterien bestmöglich gestaltet werden.

3 Stand der Technik zur Justage optischer Systeme

Die Güte der Funktion komplexer optischer Systeme ergibt sich im Zusammenspiel zwischen der Qualität der einzelnen Komponenten und ihrer Position im Gesamtsystem. Insofern gilt es einerseits, trotz aller fertigungstechnischen Herausforderungen in der direkten oder replikativen Fertigung optischer Komponenten eine bestmögliche Präzision der gefertigten Teile zu gewährleisten. Das betrifft nicht nur Form und Rauheit der optischen Funktionsflächen, sondern mit z. B. lokalen Verläufen des Brechungsindexes oder der Spannungsdoppelbrechung auch werkstoffseitige Eigenschaften. Andererseits kann die Summe der Komponenten als optisches System nur dann seine volle Funktionsfähigkeit entfalten, wenn alle einzelnen Systemteile exakt an der korrekten Stelle sitzen. Bereits kleinste Abweichungen im Bereich weniger µm genügen, um die optische Funktion des Gesamtsystems stark zu beeinträchtigen und die großen Aufwände in der Herstellung der einzelnen Komponenten zunichtezumachen.

Hieraus resultieren hohe Anforderungen an die Präzision von Justageverfahren. Die Güte, mit der einzelne Komponenten positioniert werden müssen, ist zwar abhängig von der Applikation und dem optischen Design, typischerweise wird aber eine Präzision beginnend im niedrigen zweistelligen µm-Bereich, über den einstelligen µm-Bereich hinweg, bis zum sub-µm-Bereich gefordert [ASPH16, S. 3; BOUD97, S. 180; MTMN09, S. 2].

Entsprechend der Bedeutung geeigneter Justagevorgänge für die Funktionsfähigkeit optischer Systeme gibt es eine Reihe von Verfahren, die hierzu im Stand der Technik eingesetzt werden. Grundsätzlich kann bei diesen Verfahren unterschieden werden zwischen:

- **Passive Justage:** Nutzen von Hilfselementen, die nur in indirektem Zusammenhang mit der optischen Funktion des Bauteils stehen
- **Aktive Justage:** Nutzen von Charakteristika, die in einem unmittelbaren Zusammenhang mit der optischen Funktion des Bauteils stehen

Beide Verfahren werden in zahlreichen Produktionsprozessen zur Fertigung optischer Systeme in unterschiedlichsten Stückzahlen eingesetzt und werden bisweilen auch miteinander kombiniert. Eine Auswahl der wichtigsten Technologien wird entsprechend der gerade vorgenommenen Einteilung in den folgenden Abschnitten anhand ihrer typischen Verfahrensvarianten vorgestellt.

3.1 Passive Justage

Verfahren der passiven Justage orientieren sich an Hilfselementen, über die eine indirekte Aussage zur optischen Funktion getroffen werden kann. In Systemen mit moderater Komplexität sind mit ihnen durchaus zügig präzise Ergebnisse erzielbar, sodass sie sich als Justagetechnologie in preissensitiven Bereichen etabliert haben [BOUD05, S. 1]. Passive Justage kann grundsätzlich in mechanische und visuelle passive Justage untergliedert werden. Im ersten Fall sind die beteiligten Komponenten so präzise gefertigt, dass sich über die mechanischen Passungen eine hinreichend genaue Ausrichtung auch der optischen Funktionsflächen zueinander ergibt. Das einfachste Beispiel hierzu sind Fassungen von

Linsen, die in einem entsprechenden Tubus montiert werden und aufgrund der Toleranzen zwischen den Teilen, z. B. die Zentrierung und der Abstand der optischen Funktionsflächen in der Größenordnung der Fertigungstoleranz, zueinander sichergestellt sind.

Für den Anwendungsfall abbildender optischer Systeme reicht diese Art der Justage allein oft nicht aus (vgl. Zwischenschritt der Unrundbearbeitung von Fassungen in Abschnitt 3.1.2), weshalb die visuelle passive Justage der meist relevantere Verfahrenszweig ist. Bei ihr kommen Kamera- bzw. Sensorsysteme zum Einsatz, über die sich bestimmte Merkmale erkennen und ausrichten lassen. Diese Merkmale können entweder ohnehin vorhandene Bauteileigenschaften, wie geeignete Oberflächen, Kanten etc. sein, oder aber speziell angefertigte Features, die allein zum Zweck der Justage am Bauteil an- bzw. ins Bauteil eingebracht werden.

3.1.1 Kantendetektion und Alignmentmarkierungen

Bei der kamerabasierten Detektion von Features werden über Bildverarbeitung mechanische Merkmale der zu justierenden Komponente analysiert, wodurch die Position der Komponente bestimmt und gesteuert werden kann (vgl. Abbildung 3.1 links). Dafür sind häufig mehrere Kameras in verschiedenen Sichtachsen notwendig. Eingesetzt werden dabei meist telezentrische Objektive, die über das gesamte Sichtfeld der Kamera eine geometrische Auswertung des Bildes ermöglichen. Ein automatisierter Ablauf des Positioniervorgangs kann über eine entsprechende Bildverarbeitung vorgenommen werden. Oftmals erschweren die Oberflächeneigenschaften der Komponenten, z. B. durch spiegelnde oder extrem transparente Flächen, ihre zuverlässige Detektion. Daher ist meist die Kombination aus einem angepassten Beleuchtungskonzept und umfangreichen Kalibriervorgängen erforderlich, damit eine zuverlässige Automatisierung gewährleistet werden kann [SURO14, S. 3 f.].

Wesentlicher Nachteil dieser Verfahren ist die Zugänglichkeit, da nur Elemente justiert werden können, deren Features sich durch eine Kamera identifizieren lassen. Damit können kaum Montagevorgänge z. B. innerhalb der häufig eingesetzten Tuben durchgeführt werden [YODE08, S. 127 ff.]. Überdies fehlt bei diesen Verfahren naturgemäß die direkte Verbindung zur optischen Funktion des montierten Bauteils, die selbst bei erfolgreicher passiver Justage aus vielerlei Gründen (z. B. Fertigungstoleranzen der Funktionsfläche, Schwund des Klebers etc.) nicht zwangsläufig gewährleistet sein muss.

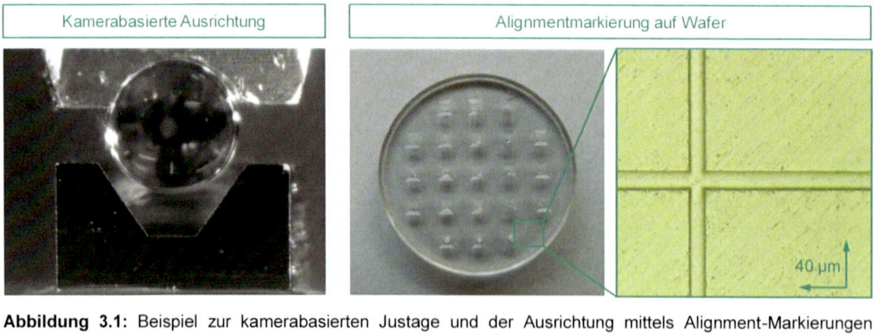

Abbildung 3.1: Beispiel zur kamerabasierten Justage und der Ausrichtung mittels Alignment-Markierungen (Quelle: eigene Darstellung)

In der Verfahrensvariante mit speziellen Alignmentmarkierungen, wie sie auf einem Wafer in Abbildung 3.1 rechts dargestellt sind, ergeben diese in unterschiedlichen Ausführungen bei Überlagerung ein Alignmentmuster, anhand dessen die Position zweier Komponenten zueinander beurteilt werden kann. Das können z. B. sich ergänzende Kreise oder Kreuze sein. Die Präzision der Positionsinformation ist bei diesem Vorgehen höchstens so gut wie die Fertigungstoleranz der Alignmentmarkierungen, wobei auch eine optimale Übereinstimmung der Markierungen keine bestmögliche Funktion garantiert. Darüber hinaus ist auch hier ein freier Blick auf die Alignmentmarkierungen erforderlich, der aber häufig durch Maskierungen und kleine Aperturen eingeschränkt ist.

3.1.2 Autokollimationsmessung

Über die optische Achse einer rotationssymmetrischen optischen Funktionsfläche lässt sich die Orientierung der Fläche im Raum beschreiben, sodass die relevanten geometrischen Randbedingungen des Justageprozesses adressiert werden können. Grundlage dieses Verfahrens sind Autokollimatoren, welche zur Ausrichtung mechanischer und optischer Aufbauten eingesetzt werden [DEUM80, S. 157] und so die Möglichkeit bieten, kleinste Winkelfehler zu erfassen [OGUN16, S. 551]. Autokollimatoren projizieren im Allgemeinen das Bild einer Strichmarke ins Unendliche, wodurch sich eine Reihe von unterschiedlichen Prüfaufgaben zur Bestimmung von Winkelfehlern in Keilen und Prismen realisieren lassen [KAHM06, S. 135]. Die Kombination von Kollimator- und Fernrohrstrahlengang lässt sich durch physikalische oder geometrische Strahlteilung realisieren [MWOP16, S. 42]. Im ersten Fall bleibt der Strahlquerschnitt durch z. B. eine teildurchlässige Spiegelfläche erhalten (klassischer Strahlteiler), während er im zweiten Fall mit Teilerprismen oder facettierten Spiegeln aufgeteilt wird. Mittels einer Vorsatzoptik, z. B. einem hochkorrigierten Achromaten, kann ferner der unendliche in einen endlichen Strahlengang umgewandelt werden [MWOP13, S. 3].

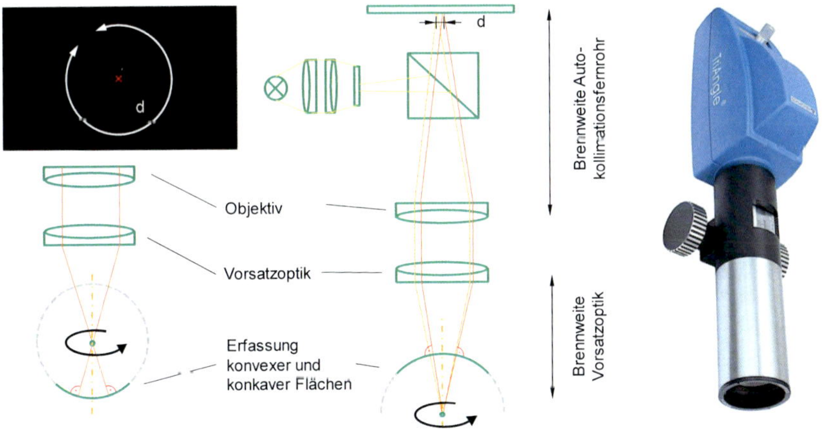

Abbildung 3.2: Geometrische Verhältnisse (links & Mitte) an einem elektronischen Autokollimationsfernrohr zur Erfassung der optischen Achse von gekrümmten Oberflächen [KREY10, S. 11] und gerätetechnische Umsetzung (rechts) der Fa. Trioptics [TRTR16, S. 1]

In dieser Konfiguration lässt sich ein Reflex erzielen (vgl. Abbildung 3.2 links oben), wenn durch Verschiebung des Autokollimators entlang der optischen Achse auf eine Fläche oder deren Krümmungsmittelpunkt fokussiert wird [KOHL96, S. 105]. Die reflektierte Strahlung wird dabei unter dem doppelten Neigungswinkel der erfassten Funktionsoberfläche des Prüflings zurückgeworfen [SIKO91, S. 204] und erzeugt auf dem Detektor ein entsprechend der Neigung der optischen Achse verschobenes (Reflex-)Bild. Wird in dieser Prüfkonfiguration die Änderung der Relativposition zwischen Autokollimator und Prüfling aufgezeichnet, so ist die Erfassung des Krümmungsradius sphärischer Flächen (engl. ROC radius of curvature) möglich [TRSP06, S. 8].

Für die Justage optischer Komponenten ist jedoch der Winkelfehler der einzelnen Funktionsflächen im Vergleich zur mechanischen Achse der (gefassten) Linse nach DIN ISO 10110 Teil 6 entscheidend [DIN16a, S. 9]. Zur Detektion dieses Flächenkippwinkels wird der Autokollimator auf den Krümmungsmittelpunkt der zu prüfenden sphärischen Funktionsfläche fokussiert (vgl. Abbildung 3.2). Bei einer anschließenden Rotation des Prüflings beschreibt das Autokollimationsbild einen Kreis, dessen Durchmesser dem Abstand des Krümmungsmittelpunktes der untersuchten Fläche zur Rotationsachse entspricht und im geometrischen Verhältnis zur Größe des Flächenkippfehlers steht [BEIE12, S. 17]. Für die zweite optische Funktionsfläche kann dieser Vorgang ebenfalls durchgeführt werden, wobei entweder in Transmission für die untere Funktionsfläche der Maßstab der Abbildung der oberen Fläche zu berücksichtigen ist [MWOP13, S. 19], oder ein zweiter Autokollimator von der Unterseite eingesetzt werden kann [TRCE16, S. 21]. Im Ergebnis sind nach der Messung die Fehlstellungen der durch die beiden Krümmungsmittelpunkte beschriebenen optischen Achse des Prüflings in Relation zur mechanischen Achse des Systems durch zwei Kreise beschrieben [GEBH10, S. 19].

Zur gerätetechnischen Umsetzung ist zwischen Verfahren mit beweglicher Prüflingsaufnahme und Verfahren mit dynamisch zustellbarem Werkzeug zu unterscheiden. Für die Ausrichtung der optischen Achse des Prüflings zu einer mechanischen Achse vor der Bearbeitung werden z. B. kalottenförmige Spannelemente eingesetzt, deren Ursprung auf den vom VEB Carl Zeiss bereits Ende der 1960iger entwickelten Kugelfuttern beruhen [KREY10, S. 15]. Diese können aus einer Kalotten- und einer Verschiebe-Einheit [BGET12, S. 443] oder aus einer Doppel-Kalotten-Einheit [GEBH10, S. 13] bestehen. Wird nur ein Autokollimator genutzt, muss die Mittelpunktsbedingung erfüllt sein. D. h., dass der Krümmungsmittelpunkt jeder Linsenfläche mit dem Krümmungsmittelpunkt einer Kalotte zusammenfallen können muss. Nur so kann in diesem Fall eine Korrektur des Flächenkippfehlers der optischen Achse systematisch durchgeführt werden. Sichergestellt wird diese Bedingung durch die Möglichkeit einer vertikalen Positionierung der auszurichtenden Linse. Danach kann ein typischer Justageablauf in folgende Abschnitte gegliedert werden, wie sie in [GEBH10, S. 14 ff.] beschrieben sind:

1. Der Krümmungsmittelpunkt der oberen Linsenfläche wird in den Krümmungsmittelpunkt der unteren Justierkalotte geschlagen, die die mechanische Achse des Systems darstellt.
2. Der Krümmungsmittelpunkt der unteren Linsenfläche wird ebenfalls in den Krümmungsmittelpunkt der unteren Justierkalotte geschlagen. Aufgrund der

Mittelpunktsbedingung verschiebt sich der obere Scheitelpunkt (obere Linsenfläche) nicht bzw. nicht wesentlich.

Bei zwei Sensoren vereinfacht sich dieser Prozess, da die Mittelpunktsbedingung nicht notwendig ist und die Reflexe beider Funktionsflächen kontinuierlich erfasst werden können. Durch ein gezieltes Verkippen der optischen Achse kann dann der Unterschied im Durchmesser beider Kreise minimiert werden, um danach durch einen lateralen Versatz der Komponente die Dezentrierung auszurichten [GEBH10, S. 19]. Anschließend können mittels eines Drehprozesses die Fassung der Komponenten abgedreht und darüber hinaus auch Flanschmaße gefertigt werden [SWBM15, S. 67].

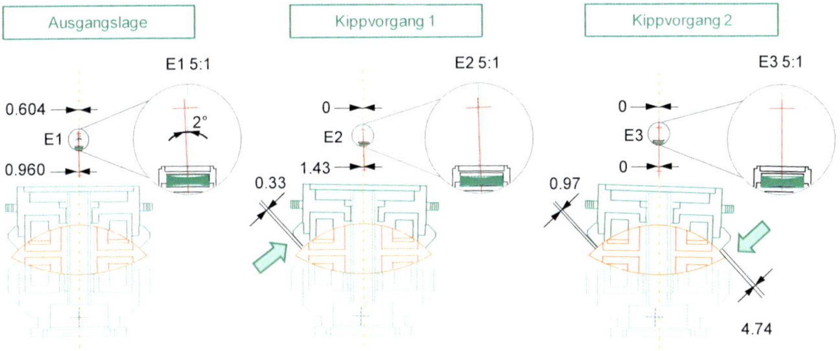

Abbildung 3.3: Beispielhafter Justageablauf an einem Doppel-Kalotten-Werkzeug [GEBH10, S. 13-15]

Die erforderlichen Freiheitsgrade der Justage können jenseits der Prüflingsaufnahme auch über das Werkzeug bereitgestellt werden. Hierbei sind für die Prüflingsaufnahme keine Einstellmöglichkeiten durch Verkippen oder Versetzen notwendig, da sie durch eine dynamische Zustellung des Werkzeugs übernommen werden [GEST07, S. 229 ff.]. Die dazu notwendige Bewegung des Werkzeugs in Abhängigkeit der Rotation des Prüflings wird aus der Lage der optischen Achse berechnet, die ebenfalls mit Autokollimatoren nach dem oben erläuterten Prinzip bestimmt wird [GEBH10, S. 20]. Hieraus ergeben sich auch die für dieses Verfahren üblichen Beschreibungen wie Unrundbearbeitung [WEBU12, S. 2] oder Schiefdrehen [BEIE12, S. 8] bzw. Alignment Turning [LHBW14, S. 43]. Das Patent für dieses Verfahren wird von der Fraunhofer-Gesellschaft nach einer Entwicklung des Fraunhofer-Instituts für Optik und Feinmechanik IOF gehalten [GDGS04].

In beiden Fällen beschränkt sich das beschriebene Vorgehen jedoch auf die Charakterisierung sphärischer Funktionsflächen. Asphärische Funktionsflächen hingegen definieren für ihre Fläche *eine* bestimmte Rotationsachse und lassen sich nicht mehr ohne Auswirkung auf die optische Funktion um ihren Krümmungsmittelpunkt kippen [BEIE12, S. 16]. Mit Hilfe des Autokollimators können aufgrund der Asphärizität nur Informationen über den lateralen Versatz des paraxialen und näherungsweise sphärischen Krümmungsbereichs der Asphäre in der Nähe des Scheitels gewonnen werden [BGET12, S. 443]. Daher ist ein weiterer Sensor erforderlich, um den Abstand der asphärischen Fläche an ihrem Rand und damit den Schlag der Fläche zu erfassen. Messresultat des Sensors ist ein sinusförmiges Signal, dessen

Amplitude proportional zum Schlag der Prüflingsfläche ist [KREY10, S. 17]. Zur Auswertung dieses Wertes ist neben dem reinen Abstandssignal auch die Information über die Asphärizität der Fläche nach DIN ISO 10110 Teil 12 erforderlich [DIN16b, S.8 ff.].

Über einzelne optische Elemente hinaus können mit Hilfe der Autokollimationsmessung auch mehrkomponentige optische Systeme mit einer Vielzahl an Linsen adressiert werden. Hierbei handelt es sich um einen iterativen Prozess, bei dem sich Fehler wie Verschiebung/Kippung aber auch Luftabstände und Mittendicken charakterisieren lassen [TRKB16]. Der einleitend in diesem Abschnitt erwähnte Effekt, dass die Abbildung des für die Messung jeweils bereits durchdrungenen Teils des optischen Systems zur Erfassung der darunterliegenden Oberfläche berücksichtigt werden muss, verstärkt sich entsprechend der Anzahl der Flächen und trägt zur Komplexität der Messung bei [TRCE16, S. 35]. Dieser Herausforderung wird durch entsprechendes Ray Tracing begegnet (vgl. Abschnitt 2.3), in welchem die optische Funktion des durchdrungenen Systemteils simuliert und damit die relevante vertikale Position des Autokollimators ermittelt wird. Hierzu sind die Daten wie Mittendicke und Brechzahl erforderlich [HEIN08, S. 47], mit denen sich die Ausrichtung einzelner Linsen oder Linsengruppen berechnen lässt [BUSS15, S. 4]. Auf diese Weise können je Autokollimator Systeme mit bis zu 20 Funktionsflächen justiert werden [TRCE16, S. 7].

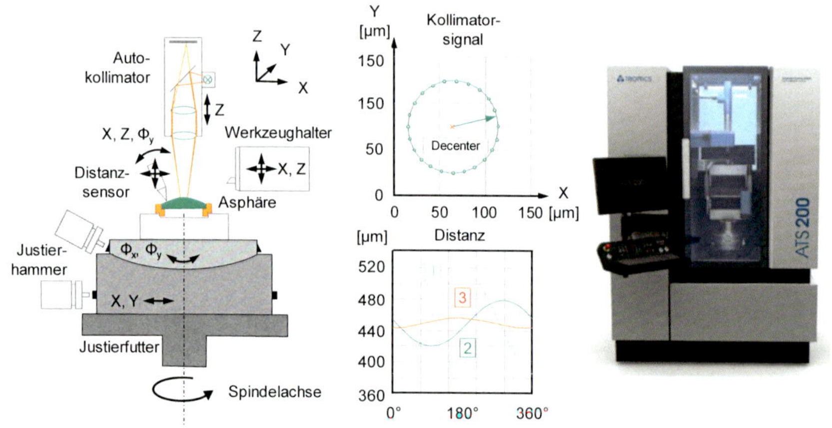

Abbildung 3.4: Konfiguration (links) [BEIE12, S. 18], Messdaten (Mitte) [BEGT12, S. 444] und gerätetechnische Umsetzung (rechts) [BUSS15, S. 10] der autokollimationsbasierten Justage asphärischer Komponenten

Ungeachtet der konkreten Verfahrensvariante ist das Grundprinzip in zahlreichen kommerziell erhältlichen Geräten integriert und wird in der Serienproduktion unterschiedlicher optischer Systeme eingesetzt. Beispiele zur Fertigung von Komponenten sind der Maschinenanbieter Optotech mit der Justierdrehmaschine JDM 200 [OPTE15], die ATS-Serie des Wedeler Unternehmens Trioptics [TRAT14] oder die Anlage ILCENTRIC der Firma Innolite [WENZ15]. In jedem Fall ist für das Verfahren die Präzision der Rotationsachse als Referenz für den Prozess entscheidend. Hierbei handelt es sich meist um hochgenaue luftgelagerte Achsen [TRKB16]. Diese zeichnen sich durch optimale Rundlaufeigenschaften aus mit radialen Fehlerbewegungen von wenigen 100 nm [AERO16, S. 310]. Beispiele für die Nutzung solcher

Maschinen sind in der Herstellung von Okularen, Objektiven etc. zu finden und reichen von Firmen wie Leica Microsystems bis zu Präzisionsoptik Gera [SWBM15, S. 66].

Trotz ihres breiten Einsatzes als relevanteste Alternative zur wellenfrontbasierten Justage gibt es bei der Ausrichtung mittels Autokollimationsmessung eine Reihe von Nachteilen:

- Es können nur Sphären und (unter Zuhilfenahme weiterer Sensortechnik) Asphären justiert werden; Freiformflächen sind nicht möglich.
- Etwaige Formfehler der einzelnen Elemente werden in der Justage nicht berücksichtigt.
- Es handelt sich um einen iterativen Prozess für jede einzelne Funktionsfläche mit aufwendiger Berücksichtigung des durchdrungenen Systems und Prozesszeiten von ca. 5 Minuten je Funktionsfläche [WILD16, S. 46].
- Auch die nach dem Prozess ideal gefassten Linsen haben eine Passung zur Montage im Tubus, die häufig größer ist als die Zentriertoleranz der bearbeiteten Linse, d. h. das eigentliche Problem wird nur bedingt adressiert und z. T. verlagert.

3.2 Aktive Justage

Die aktive Justage nutzt die Strahlformung und Abbildungseigenschaften der auszurichtenden optischen Elemente, um geeignete Korrektur- und Positionieranweisungen ableiten zu können. Je nach konkretem optischen System können dabei unterschiedliche Aspekte der optischen Funktion verwendet werden, wobei die beiden nachfolgend erläuterten Beispiele zu den meist genutzten gehören.

3.2.1 Modulations-Übertragungsfunktion (MTF)

Kontrast und Schärfe sind wesentliche Gütekriterien zur Bewertung der Abbildungsleistung optischer Systeme [GERH16, S. 145]. Sie kann geprüft werden, indem ein Muster aus hellen und dunklen Linien mit veränderlicher Periodenlänge T abgebildet wird. Auch bei idealen optischen Systemen wird das aufgrund der Wellennatur des Lichts und den damit verbundenen Beugungserscheinungen nicht identisch mit dem Objekt sein [NSLM14, S. 387]. Als Modulation M wird dabei nach (Gl. 3.1) das Verhältnis zwischen dem Kontrast im Bildraum und dem Kontrast im Objektraum bezeichnet [DIN15, S. 14]:

$$M(f) = \frac{Bildkontrast(f)}{Objektkontrast(f)} \qquad \text{(Gl. 3.1)}$$

Die Variable der Modulation M ist die Ortsfrequenz f als Kehrwert der räumlichen Periodenlänge T. Sie wird in Linienpaaren lp pro mm angegeben und ist bei einer Ortsfrequenz von f = 0 auf 1 bzw. 100 % normiert [LITF05, S. 84]. Die für das zu prüfende System charakteristische Intensitätsänderung im Ortsraum zwischen Objekt und Bild wird durch die individuelle Punktspreizfunktion PSF angegeben. Sie beschreibt Größe und Form der Abbildung eines unendlich kleinen Punktes durch das optische System in Abhängigkeit lokaler Bildfeldkoordinaten [GEAR93, S. 25].

Mathematisch ergibt sich daher aus einer Faltung der räumlichen Intensitätsverteilung des Objekts mit der PSF des optischen Systems die räumliche Intensitätsverteilung des Bildes. Für den gesuchten Frequenzbereich kann über eine Fouriertransformation FT die PSF (Ortsbereich) in die optische Übertragungsfunktion OTF (Frequenzbereich) überführt werden. Wird diese mit dem Intensitätsspektrum des Objekts multipliziert, ergibt sich das gesuchte Intensitätsspektrum des Bildes [NSLM14, S. 394]. Für die praktische Qualifikation optischer Systeme mittels MTF ist in der Regel die Kenntnis der eindimensionalen OTF ausreichend. Sie entspricht der Fouriertransformierten der Linienspreizfunktion LSF [NSLM14, S. 395], die orthogonal zur abgebildeten Linie im Bild ermittelt wird [WEIN07, S. 51].

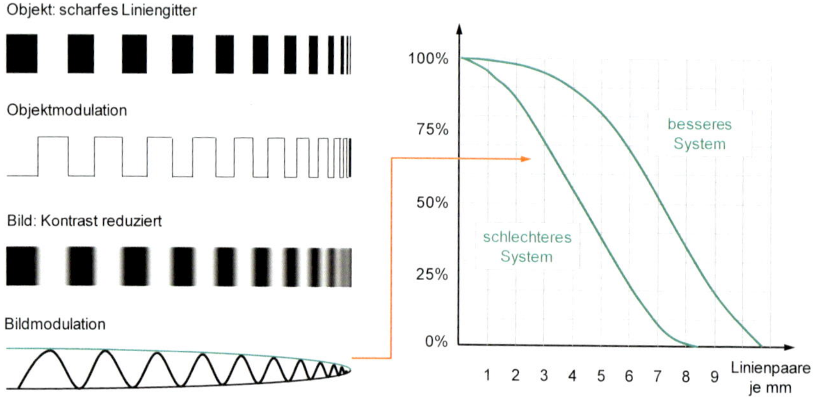

Abbildung 3.5: Herleitung der MTF aus der Abbildung eines Hell-Dunkel-Musters [KREY10, S. 24]

Die MTF eines aberrationsbehafteten Systems sinkt rasch mit steigender Ortsfrequenz [YOUN97, S. 203]. Entsprechend den möglichen Auswirkungen solcher Aberrationen im Feld wird zur vollständigen Beschreibung der Güte des optischen Systems die MTF häufig nicht nur in einer axialen Messung erfasst, sondern bei unterschiedlichen Feldwinkeln charakterisiert [NSLM14, S. 391]. Hierzu können einerseits Testcharts eingesetzt werden, deren laterale Ausdehnung mit der Auslegung des optischen Systems korreliert, also z. B. bei Weitwinkelobjektiven sehr groß sein müssen [WINT14a, S. 27].

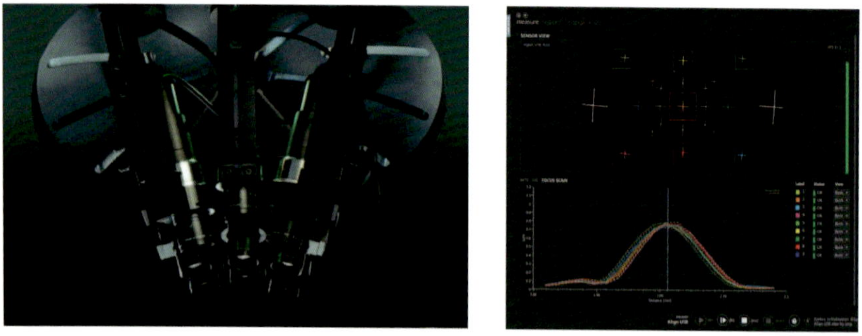

Abbildung 3.6: Gerätetechnische (links) [WINT14b, S. 67] und softwareseitige (rechts) [TRPC14, S. 2] Umsetzung eines Prüfstands zur automatisierten MTF Prüfung bzw. Justage

Im Gegensatz dazu können auch ein oder mehrere Kollimator(en) als Zielprojektor(en) eingesetzt werden, die das Testmuster unter verschiedenen Feldwinkeln durch das optische System projizieren. Wie in Abbildung 3.6 gezeigt, lassen sie sich so anordnen, dass sich die optischen Achsen an der Eintrittsöffnung des Prüflings in einem Punkt treffen [WINT14b, S. 28]. Auch wenn damit ein komplexeres Setup verbunden ist, können in einer solchen Anordnung zeitgleich bis zu 25 Feldpositionen berücksichtigt und die optimale Ausrichtung der Komponenten ermittelt werden [WINT14a, S. 28]. Dabei lassen sich Ortsfrequenzen von bis zu 600 lp/mm in Messzeiten von bis zu 1.5 Sekunden prüfen [TRIM13, S. 3]. Aus der MTF aller Feldpositionen können dann Korrekturanweisungen zur Justage des getesteten optischen Systems abgeleitet werden. Das betrifft jedoch lediglich abbildende optische Systeme, z. B. zur Prüfung von Kameramodulen von Mobiltelefonen und Digitalkameras. Geräte dieses Verfahrenstyps sind zur Justage zwischen Optik und Kamerasensor ausgelegt, werden also nicht zur Ausrichtung der Funktionsflächen bzw. Komponenten des optischen Systems selbst genutzt. Ferner ist im Vergleich zur Wellenfrontsensorik, bei der immer die Austrittspupille abgebildet wird, wodurch Defekte auf oder Partikel am Prüfling direkt sichtbar werden, eine derartige Kontrolle des getesteten Systems mit der MTF nicht möglich.

3.2.2 Intensitätsbasierte Justage

Bei nicht abbildenden Systemen können die Strahlformungseigenschaften auch anhand der Intensitätsverteilung beurteilt werden. Dieses Vorgehen ist z. B. typisch für die Laserdiodenmontage von sog. FAC (engl. fast axis collimation) oder FAI (engl. fast axis imaging) Linsen. Hier ist es von Interesse, wohin das optische System welche Intensitäten verteilt, wobei die Position der FAC und FAI diese Verteilung maßgeblich beeinflusst [MTMN09, S. 2]. Die zu erreichende Größenordnung der Positionsabweichung ist sehr anspruchsvoll und beträgt mitunter weniger als ± 0.25 µm [PLGD11, S. 2].

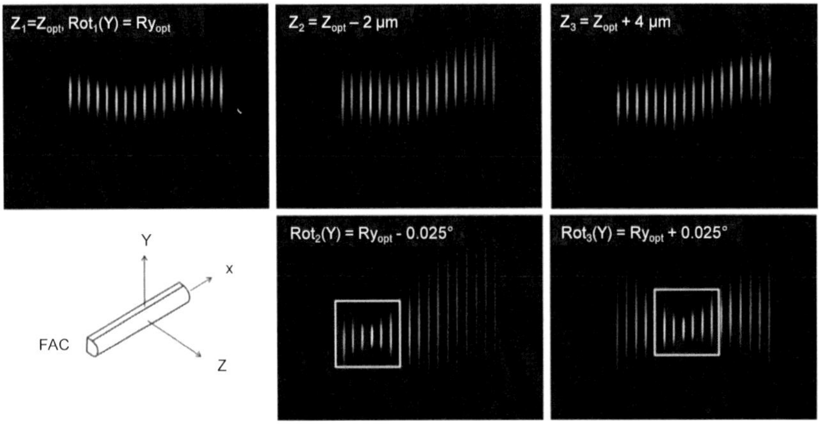

Abbildung 3.7: Intensitätsbasierte Ausrichtung von Strahlformungselementen für Laserdioden [LBSH17, S. 71]

In Abhängigkeit unterschiedlicher Parameter kann eine Gütefunktion bestimmt werden, um mit Strahlform (Radius, Elliptizität) und Intensität beide entscheidenden Charakteristika miteinander zu verbinden. Über entsprechende Gewichtungs- und Qualitätsfaktoren können die Einflüsse gezielt parametrisiert werden [HSGS15, S. 6]. Die Umsetzung der Positionsanweisungen erfolgt mittels geeigneter Mikromanipulatoren in meist 4 Freiheitsgraden, da die Rotation um Y typischerweise in einem Schritt der Vorausrichtung festgelegt wird und die Translation entlang X keinen Einfluss auf die Intensitätsverteilung hat [LBSH17, S. 79]. Ein derartiger Justageprozess ist in Auszügen in Abbildung 3.7 anhand der charakteristischen Intensitätsmuster gezeigt.

Im Teilbild oben links ist die FAC-Komponente optimal ausgerichtet, sodass jeder Emitter der Laserdiode einen langgestreckten Lichtfleck zeigt. Die unterschiedlichen Höhen, häufig als »smile Effekt« bezeichnet, resultieren aus der thermischen Unausgeglichenheit zwischen der Wärmesenke und dem auf ihr z. B. durch Löten aufgebrachten Laserchip. Die anderen Teilbilder zeigen die jeweiligen Strahlbilder infolge bestimmter Dejustagen. Wie im Vergleich des jeweils mittleren mit dem rechten Teilbild deutlich wird, ist eine Zuordnung des dejustierten Freiheitsgrades allein auf Basis der Teilbilder nur schwer bis gar nicht möglich [LBSH17, S. 71]. Dieser auch für die wellenfrontbasierte Justage relevanten Herausforderung (vgl. Abbildung 4.17) kann durch mehrere Aufnahmen unter kleinen Positionsänderungen begegnet werden, durch welche die Strahlprofile in multidimensionelle Datensätze überführt werden. Aus diesen Datensätzen lassen sich mittels evolutionärer Algorithmen automatisiert solche Merkmale extrahieren, die in einem individuellen Zusammenhang mit bestimmten Freiheitsgraden des Systems stehen [LBSH17, S. 74 f.].

Dabei kann der Einsatz evolutionärer Algorithmen über verschiedene Parameter, wie die Anzahl zu berücksichtigender Generationen, gesteuert werden. Er ist aber in jedem Fall mit einem erheblichen Rechenaufwand verbunden, der mit konventioneller Rechentechnik schnell mehrere Tage betragen kann. Zwar ist dieser Vorgang nur einmal zu Beginn erforderlich, muss allerdings bei Änderungen am oder Wechsel des optischen Systems neu durchgeführt werden. Als weiterer Nachteil dieses intensitätsbasierten Verfahrens ist zu erwähnen, dass mit ihm lediglich strahlformende Systeme adressiert werden können.

3.3 Zwischenfazit und Herleitung des Forschungsbedarfs

Ungeachtet der Vielzahl an unterschiedlichen Justageverfahren sind allen Methoden eine Reihe von Nachteilen in verschieden starker Ausprägung gemein, die weitere Steigerungen in Präzision und Effizienz des Justagevorgangs verhindern. Zusammenfassend können hierzu folgende Aspekte aufgeführt werden:

- lediglich passive Justage oder Konzentration auf Teilaspekte der optischen Funktion
- z. T. Einschränkung auf jeweils nur Beleuchtungs- oder Abbildungsoptiken
- aufwendiger, iterativer Prozess für jede einzelne optische Funktionsfläche
- Lösungsraum durch elementweise Justage eingeschränkt, da mit der abgeschlossenen Positionierung der ersten Elemente u. U. kein für das Gesamtsystem optimales Ergebnis mehr erzielt werden kann
- schwierige Handhabung asphärischer Komponenten mit zusätzlicher Sensorik
- keine Justage von Freiformflächen möglich

- keine Berücksichtigung von Formfehlern der Einzelkomponenten, die die Gesamtleistung des Systems beeinträchtigen
- begrenzte Genauigkeit

In Summe dieser Nachteile fehlt ein ganzheitlicher und effizienter Ansatz zur Justage und Qualifikation optischer Systeme in der erforderlichen Präzision. Um dem wachsenden Bedarf an hochgenauen Justageverfahren bei stetig komplexeren optischen Systemen und Funktionselementen dennoch gerecht zu werden, wird daher im Rahmen dieser Arbeit der wellenfrontbasierte Ansatz zur Justage mehrkomponentiger optischer Systeme erforscht.

Die damit verbundenen Ziele beinhalten zunächst die Entwicklung einer optimalen Berechnungsweise, mit der Korrekturen der Elementpositionen des optischen Systems aus simulierten bzw. real gemessenen Wellenfrontdaten abgeleitet werden können. Ferner sollen hiernach die wesentlichen Parameter des Verfahrens identifiziert und ihr Einfluss auf den Justageprozess quantifiziert werden. Darüber hinaus werden auch die Verfahrensparameter an den Möglichkeiten aktueller Sensortechnik gespiegelt, um etwaige Restriktionen in der messtechnischen Charakterisierung der optischen Funktion in die Ausgestaltung der Parameter zurückfließen zu lassen. In Kenntnis aller theoretischen Wirkzusammenhänge und praktischer Restriktionen soll eine (automatisierte) Optimierung ermöglicht und die real erzielbare Verfahrensgüte ermittelt werden. Erst in dieser Kombination kann der entscheidende Beitrag dazu geleistet werden, den Ansatz der wellenfrontbasierten Justage aus Nischenanwendungen, vornehmlich für sehr große reflektive Astro-Optiken, in industrielle Fertigungsprozesse zu überführen.

Für die hierzu notwendigen Untersuchungen ergibt sich vom wissenschaftlichen Standpunkt aus die handlungsleitende Frage nach den praktisch umsetzbaren Einsatzmöglichkeiten der wellenfrontbasierten Justage. Insofern wird die Forschungsfrage dieser Arbeit und ihre Teilaspekte wie folgt formuliert:

Kann die wellenfrontbasierte Justage zur hochgenauen und effizienten Montage mehrkomponentiger optischer Systeme eingesetzt werden?

- Wie ist ein mathematisch geeignetes Modell zu Lösung des inversen Justageproblems zu strukturieren und welche Optimierungen sind vor dem Hintergrund eines produktionstechnischen Einsatzes möglich? (vgl. Abschnitt 4)
- Was sind die relevanten Parameter des Justagevorgangs und welchen Einfluss haben sie auf die Korrekturberechnung? (vgl. Abschnitt 5)
- Welche Einflussfaktoren wirken sich wie auf die Charakterisierung der optischen Funktion aus und was für praktische Restriktionen ergeben sich aus der verfügbaren Sensortechnik? (vgl. Abschnitt 6)
- Was sind die mit konventioneller Sensorik und Aktuatorik praktisch erzielbaren Leistungsmerkmale der wellenfrontbasierten Justage? (vgl. Abschnitt 7)

Anhand der identifizierten Fragestellungen leiten sich die folgenden Abschnitte der vorliegenden Arbeit ab, bevor unter Berücksichtigung aller Ergebnisse der Teilaspekte im abschließenden Abschnitt 8 die Hauptforschungsfrage fundiert beantwortet werden kann.

4 Algorithmik zur wellenfrontbasierten Optikjustage

Grundsätzlich handelt es sich bei der wellenfrontbasierten Justage um ein inverses Problem, da die Wellenfront das Ergebnis eines zunächst unbekannten Justagezustands ist. In Kenntnis der optischen Funktion als Resultat der Positionseigenschaften aller beteiligten Systemkomponenten soll auf eben diesen Justagezustand zurückgerechnet werden. Ein solcher Ansatz wird seit Jahrzehnten in der Astro- und Teleskopoptik genutzt, um die Position von i. d. R. großaperturigen, reflektiven Elementen bestimmen zu können (vgl. z. B. [THOM80] bzw. die neueren Arbeiten von [KICH05], [KILI07] und [SCHM10]). Die zugehörigen Toleranzen liegen im Bereich von einigen 100 µm [MANU09, S. 44], was angesichts der Größe der Elemente zwar eine Herausforderung darstellt, aber für die im Fokus dieser Arbeit stehende Justage kleinaperturiger optischer Systeme nicht ausreicht. Hintergrund sind die hier geforderten Genauigkeiten im niedrigen einstelligen µm-Bereich oder sogar dem sub-µm-Bereich, aber auch eine möglichst weitreichende Adaptivität der gesamten Fertigungskette, z. B. um durch Tolerance Matching unterschiedliche Komponenten flexibel anhand kleinster Eigenschaftsänderungen miteinander zum bestmöglichen optischen System kombinieren zu können.

Die mit Blick auf die vorliegende Arbeit notwendigen Grundschritte zur Durchführung der wellenfrontbasierten Justage sind in Abbildung 4.1 dargestellt. Sie beinhalten die Systemcharakterisierung, die Erfassung des aktuellen und zu korrigierenden Systemzustands, die Ableitung geeigneter Korrekturanweisungen über unterschiedliche mathematische Verfahren sowie die Repositionierung der Systemelemente. Über Iterationen dieses Vorgehens kann die Präzision des Resultats gesteigert werden.

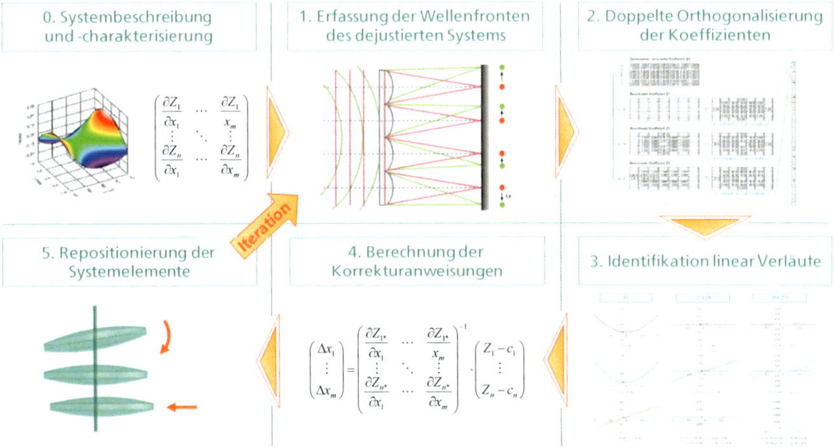

Abbildung 4.1: Verfahrensabschnitte der wellenfrontbasierten Justage

Ausgangsbasis dieser Berechnung ist eine detaillierte Charakterisierung des Systemverhaltens. Für die Korrekturberechnung muss bekannt sein, wie das optische System bzw. seine optische Funktion auf Positionsänderungen Δx_j in einzelnen Freiheitsgraden reagiert. Die Herleitung des mathematischen Modells dieses Ansatzes basiert auf der

Annahme, dass sich die gemessene(n) Wellenfronteigenschaft(en) in Form ihrer Zernike Koeffizienten Z_i aus einem Bestandteil c_i des ideal ausgerichteten optischen Systems und einem Bestandteil $\partial Z_i/\partial x_j \cdot \Delta x_j$ infolge einer Perturbation ergibt. Die Quotienten $\partial Z_i/\partial x_j$ codieren die Sensitivität des betreffenden Zernike Koeffizienten für den jeweiligen Freiheitsgrad. Wird dieser Zusammenhang um n Zernike Koeffizienten und m Freiheitsgrade erweitert, ergibt sich das in (Gl. 4.1) dargestellte Gleichungssystem. Es beinhaltet die Wirkzusammenhänge zwischen der Wellenfront eines optischen Systems und den Positionseigenschaften seiner Elemente in allen relevanten Freiheitsgraden. Kernelement des Gleichungssystems ist die sogenannte Sensitivätsmatrix, die in Multiplikation mit dem Vektor der aktuellen Elementpositionen den Vektor des aktuell perturbierten Systemzustands ergibt. Im Abgleich zur gewünschten Soll-Position, die i. d. R. durch das optimal ausgerichtete System definiert ist, kann hiernach der gesuchte Korrekturvektor ermittelt werden.

$$Z_i = c_i + \sum_j^m \frac{\partial Z_i}{\partial x_j} \cdot \Delta x_j \Rightarrow \begin{pmatrix} \frac{\partial Z_1}{\partial x_1} & \cdots & \frac{\partial Z_1}{\partial x_m} \\ \vdots & \ddots & \vdots \\ \frac{\partial Z_n}{\partial x_1} & \cdots & \frac{\partial Z_n}{\partial x_m} \end{pmatrix} \cdot \begin{pmatrix} \Delta x_1 \\ \vdots \\ \Delta x_m \end{pmatrix} = \begin{pmatrix} Z_1 - c_1 \\ \vdots \\ Z_n - c_n \end{pmatrix}. \qquad \text{(Gl. 4.1)}$$

Die besondere Herausforderung der wellenfrontbasierten Justage besteht seitens des Algorithmus darin, (Gl. 4.1) mit den richtigen Informationen im Sinne einer möglichst effizienten und präzisen Korrekturberechnung zu befüllen. Die u. U. zahlreichen Freiheitsgrade des Systems m und die Anzahl an Zernike Koeffizienten n stehen in vielschichtiger wechselseitiger Abhängigkeit zueinander, denen der Korrekturvorgang ausreichend Rechnung tragen muss, um die optimale Lösung zu erhalten. Der eineindeutige Zusammenhang zwischen der Wellenfront eines optischen Systems (im Feld) und seinem Justagezustand wird im Rahmen dieser Arbeit zwar nicht mathematisch bewiesen, aber durch die extensiven Analysen abgesichert (vgl. Abschnitt 5.2.3).

4.1 Grundlagen der Matrizen- und Koeffizientenoperationen

Hinsichtlich der erforderlichen Einzelschritte stellt die Lösung von (Gl. 4.1) bereits den Endpunkt der Korrekturberechnung dar. Über zahlreiche Zwischenschritte müssen zunächst geeignete Koeffizienten generiert, sortiert und ausgewählt werden, bevor sich das Gleichungssystem robust lösen lässt. Die dazu notwendigen Einzelschritte der numerischen linearen Algebra beinhalten als ersten wesentlichen Aspekt den zentralen Begriff der Orthogonalität, wie er bereits in Abschnitt 2.2.1 in der Einführung der Zernike Koeffizienten gefallen ist.

Orthogonalität von Funktionen und Polynomen ist insofern erstrebenswert und vorteilhaft, als dass mit ihr Berechnungen der linearen Algebra einfacher und stabiler durchgeführt werden können. Sie beinhaltet z. B. im Anwendungsfall der Zernike Koeffizienten die Unabhängigkeit der Koeffizientenwerte von der Anzahl der Koeffizienten. Als weiteres Beispiel ist Orthogonalität auch im Rahmen der statistischen Versuchsplanung von großer Bedeutung. Durch sie können Haupteffekte und ihre Wechselwirkung unabhängig voneinander betrachtet werden, womit die Interpretation der Versuchsergebnisse deutlich erleichtert wird.

Der zweite wesentliche Aspekt beinhaltet den Bezugsrahmen zur Analyse von Aberrationen der Wellenfront optischer Systeme. Die Feldabhängigkeit dieser Aberrationen wird in der klassischen Aberrationstheorie von Seidel und Petzval durch die Summe einer Potenzreihe mit radialer und azimutaler Koordinate in der Bildebene dargestellt. Um die Fehler nicht idealer optischer Systeme hinsichtlich der Form ihrer Funktionsflächen bzw. ihrer Positionierung im Rahmen der Justagetoleranzen der Montage zu berücksichtigen, muss die Feldabhängigkeit der Aberrationen allerdings in Austrittspupille *und* Bildebene des Systems beschrieben werden. Damit ergibt sich eine Abhängigkeit von nunmehr 2 Ebenen mit 4 Koordinaten (je 2 Winkel und Radien), wobei darauf zu achten ist, dass die positiven Eigenschaften der Orthogonalität in beiden Ebenen gewährleistet sind.

Derartige Ansätze zur doppelt orthogonalen Erweiterung der mathematischen Beschreibung der Aberrationen anhand von Zernike Polynomen und ihrer Koeffizienten sind in der Literatur seit Jahren in unterschiedlichen Varianten dokumentiert. Beispielhaft sei hier auf [KWBR93], [BRJA13] und die langjährigen Arbeiten der University of Arizona aus [THOM80], [TESS03] und [MANU09] verwiesen. Sie sollen als Grundlage zur Darstellung des Ablaufs der Korrekturberechnung zunächst kurz dargestellt werden.

Grundsätzlich können Aberrationen eines optischen Systems als Weglängendifferenz OPD (engl. optical path difference) der Strahlen auf ihrem Weg durch das System modelliert werden. Die Verbindung zur Wellenfront als Betrachtungsgegenstand dieser Arbeit ergibt sich aus der Tatsache, dass die Wellenfront der Fläche als Verbindung aller Strahlenden mit gleicher optischer Weglänge entspricht. Gemäß der Axiome aus Abschnitt 2.3 ist es möglich, den Weg jedes Strahls durch das optische System zu verfolgen und eindeutig durch die Angabe von Startpunkt und Richtung des Strahls zu bestimmen. Alternativ zu diesen Parametern ist ein Strahl ebenfalls durch seine Koordinaten in zwei unterschiedlichen Ebenen des optischen Systems definiert. Hierzu werden typischerweise die Austrittspupille und die Bildebene herangezogen, wie sie in Abbildung 4.2 gezeigt sind.

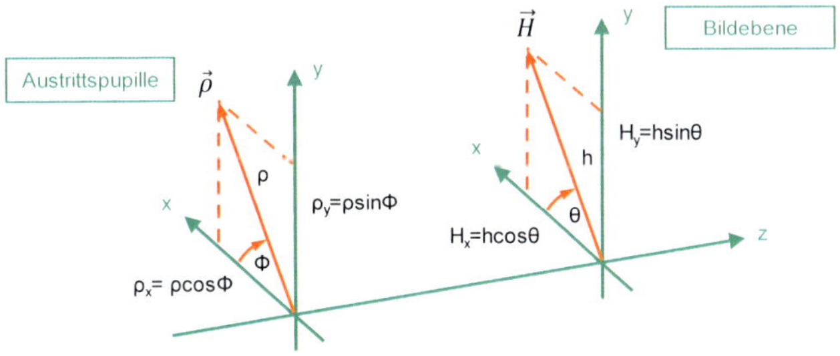

Abbildung 4.2: Austrittspupille und Bildebene in optischen Systemen [MANU09, S. 60]

Die meisten optischen Systeme verfügen über Komponenten mit rotationssymmetrischen Funktionsflächen, wodurch sich auch für das ideal ausgerichtete Gesamtsystem eine Achse der Rotationssymmetrie ergibt. In einer solchen Konfiguration sind bestimmte Anteile invariant gegenüber Rotationen des Systems. Konkret betrifft das die Länge bzw. den Betrag der Vektoren in Austrittspupille und Bildebene sowie ihre Winkeldifferenz. Die jeweilige Länge der Vektoren errechnet sich zu

$$h = |\vec{H}| = \sqrt{H_x^2 + H_y^2} \text{ bzw. } \rho = |\vec{\rho}| = \sqrt{\rho_x^2 + \rho_y^2} \quad \text{(Gl. 4.2)}$$

und ihre Winkeldifferenz ergibt sich aus

$$\vec{H} \cdot \vec{\rho} = h \cdot \rho \cdot cos(\theta - \phi) \overset{\theta=0}{\triangleq} h \cdot \rho \cdot cos(\phi). \quad \text{(Gl. 4.3)}$$

Wird von einem Bildpunkt auf der x-Achse mit θ = 0 ausgegangen, resultiert der bereits vorweggenommene rechte Teil von (Gl. 4.3) nach dem zweiten Gleichheitszeichen. Damit ist eine Beschreibung der Funktion der Wellenfrontaberrationen W(h,ρ,Φ) als Summe einer Potenzreihe in skalarer Schreibweise nach [HOPK50] möglich:

$$\begin{aligned} W(h,\rho,\phi) &= \sum_{p=0}^{\infty}\sum_{n=0}^{\infty}\sum_{m=0}^{\infty} W_{klm}(h^2)^p(\rho^2)^n(h\cdot\rho\cdot cos\phi)^m \\ &= \sum_{p=0}^{\infty}\sum_{n=0}^{\infty}\sum_{m=0}^{\infty} W_{klm}h^{2p+m}\rho^{2n+m}cos^m\phi \end{aligned} \quad \text{(Gl. 4.4)}$$

Die Ordnungen von Austrittpupille und Bildebene ergeben sich zu 2n + m bzw. 2p + m. Durch die Summe dieser Potenzen von h und ρ als 2 · (p + m + n) bestimmt sich die Ordnung der Wellenfrontaberrationen zu einem stets geraden Wert. Die Konstante W_{klm} ist darin der Gewichtungskoeffizient des Aberrationsterms und beinhaltet die Abhängigkeit der Aberration von der Bildebene k, der Austrittspupille l und der Winkeldifferenz m.

Ordnungen der Größe 2 werden typischerweise nicht berücksichtigt, da in solchen Fällen Punkte immer noch zu Punkten abgebildet werden, wie folgende Auflistung zeigt:

- $W_{200} \triangleq h^2$: Piston (kein Effekt auf die Abbildung)
- $W_{020} \triangleq \rho^2$: Fokus (beeinflusst die Position der Abbildung entlang der z-Achse)
- $W_{111} \triangleq h\rho cos\phi$: Tilt (beeinflusst die laterale Position der Abbildung orthogonal zur z-Achse)

Werden hingegen alle Terme der nachfolgenden 4. Ordnung aufgelistet, ergibt sich

$$\begin{aligned} W(h,\rho,\phi) = W_{040}\rho^4 + W_{131}h\rho^3cos\phi + W_{222}h^2\rho^2cos^2\phi \\ +W_{220}h^2\rho^2 + W_{311}h^3\rho cos\phi \end{aligned} \quad \text{(Gl. 4.5)}$$

bzw. in der Notation für einen beliebigen Punkt der Bildebene

$$\begin{aligned} W(\rho,\phi) = \alpha_{40}\rho^4 + \alpha_{31}\rho^3cos\phi + \alpha_{22}\rho^2cos^2\phi \\ +\alpha_{20}\rho^2 + \alpha_{11}\rho cos\phi \end{aligned} \quad \text{(Gl. 4.6)}$$

in welcher die Indizes der Koeffizienten α durch die Potenzen von ρ und cosΦ gekennzeichnet sind. Diese Aberrationen sind in der Analyse optischer Systeme als primäre oder Seidel Aberrationen bekannt und beinhalten mit sphärischer Aberration, Coma, Astigmatismus, Bildfeldwölbung und Verzeichnung einige charakteristische Eigenschaften optischer Systeme. Gleichwohl sind die Funktionen dieser Terme ρ^4, $h\rho^2$, $h^2\rho^2cos^2\Phi$ usw. nicht orthogonal und damit von eingeschränktem mathematischen Nutzen, da der Wert ihrer Koeffizienten von der Anzahl der Terme abhängig ist. Im Gegensatz dazu kann die Wellenfrontaberration aus (Gl. 4.6) auch mit Hilfe von Zernike Polynomen Z_j und ihrer Koeffizienten C_j ausgedrückt werden:

$$W(\rho,\phi) = \sum_{j=1}^{n} C_j Z_j(\rho,\phi). \qquad \text{(Gl. 4.7)}$$

Insofern W(ρ,Φ) einen vollständigen Kreis beschreibt, sind die Koeffizienten C_j unabhängig von der Anzahl der Terme n des Fits, da die zugehörigen Funktionen bzw. Polynome Z_j(ρ,Φ) selbst orthogonal sind. Entsprechend der Variablen von Z_j erstreckt sich diese Orthogonalität jedoch ausschließlich auf die Austrittspupille des optischen Systems und beinhaltet keine Informationen zur Bildebene bzw. dem Feld(-winkel), die zur Charakterisierung und Analyse der optischen Funktion des Systems notwendig sind. Werden diese Informationen in Form der Variablen h und θ aus Abbildung 4.2 aufgenommen, erweitert sich (Gl. 4.7) zu

$$W(\rho,\phi,h,\theta) = \sum_{j=1}^{n} C_j S_j(\rho,\phi,h,\theta). \qquad \text{(Gl. 4.8)}$$

Hierin sind die Zernike Polynome Z_j(ρ,Φ) aus (Gl. 4.7) ersetzt durch die Funktion S_j(ρ,Φ,h,θ), welche eine geeignete Kombination von Zernike Polynomen beinhaltet, die sowohl in Bezug auf die Austrittspupille wie auf die Bildebene orthogonal sind. Dazu werden feldabhängige Aberrationen durch h und θ beschrieben und der resultierende Ausdruck in Zernike Notation gemäß Abschnitt 2.2.1 umgewandelt.

Am Beispiel des Astigmatismus ergeben sich die feldabhängigen Aberrationen zu

$$\begin{aligned} C_5(H_x,H_y) &= 2\alpha_0 H_x H_y + \alpha_1 H_y + \alpha_2 H_x + \alpha_3 \\ C_6(H_x,H_y) &= \alpha_0\left(H_x^2 - H_y^2\right) + \alpha_1 H_x - \alpha_2 H_y + \alpha_4. \end{aligned} \qquad \text{(Gl. 4.9)}$$

Werden nun der Reihe nach zunächst für den Astigmatismus 4. Ordnung alle Beiträge von α_0 betrachtet

$$\begin{aligned} W_{\alpha_0\,Beiträge} &= S_4(\rho,\phi,h,\theta) \\ &= 2H_x H_y \cdot Z_5(\rho,\phi) + \left(H_x^2 - H_y^2\right) \cdot Z_6(\rho,\phi) \end{aligned} \qquad \text{(Gl. 4.10)}$$

anschließend die Abhängigkeit von H_x und H_y entsprechend der Darstellung in Abbildung 4.2 durch h und θ ersetzt

$$\begin{aligned} W_{\alpha_0\,Beiträge} &= 2 \cdot hcos\theta \cdot hsin\theta \cdot Z_5(\rho,\phi) \\ &\quad + [(hcos\theta)^2 - (hsin\theta)^2] \cdot Z_6(\rho,\phi) \end{aligned} \qquad \text{(Gl. 4.11)}$$

ergibt sich mit den entsprechenden Additionstheoremen

$$W_{\alpha_0\,Beiträge} = h^2 sin2\theta \cdot Z_5(\rho,\phi) + h^2 sin2\theta \cdot Z_6(\rho,\phi). \qquad \text{(Gl. 4.12)}$$

Abschließend kann noch die Zernike Notation gemäß Tabelle 2.1 angewendet werden, wodurch die doppelte Zernike Schreibweise entsteht

$$W_{\alpha_0\,Beiträge} = Z_5(h,\theta) \cdot Z_5(\rho,\phi) + Z_6(h,\theta) \cdot Z_6(\rho,\phi). \qquad \text{(Gl. 4.13)}$$

Auf Basis dieses Vorgehens sind die beiden Koeffizienten jedes Produkts jeweils nur von Variablen der Austrittspupille oder der Bildebene abhängig.

Angewandt auf die Beiträge der für den Astigmatismus der 3. Ordnung von α_1 ergibt sich

$$\begin{aligned} W_{\alpha_1\,Beiträge} &= S_3(\rho,\phi,h,\theta) \\ &= H_y \cdot Z_5(\rho,\phi) + H_x \cdot Z_6(\rho,\phi) \\ &= hsin\theta \cdot Z_5(\rho,\phi) + hcos\theta \cdot Z_6(\rho,\phi) \\ &= Z_3(h,\theta) \cdot Z_5(\rho,\phi) + Z_2(h,\theta) \cdot Z_6(\rho,\phi). \end{aligned} \tag{Gl. 4.14}$$

Die Gleichungen zu den Beiträgen des Astigmatismus der 2. Ordnung von α_2 lauten

$$\begin{aligned} W_{\alpha_2\,Beiträge} &= S_2(\rho,\phi,h,\theta) \\ &= H_x \cdot Z_5(\rho,\phi) - H_y \cdot Z_6(\rho,\phi) \\ &= hcos\theta \cdot Z_5(\rho,\phi) - hsin\theta \cdot Z_6(\rho,\phi) \\ &= Z_2(h,\theta) \cdot Z_5(\rho,\phi) - Z_3(h,\theta) \cdot Z_6(\rho,\phi). \end{aligned} \tag{Gl. 4.15}$$

Und schließlich berechnen sich die Beiträge des konstanten Astigmatismus der 1. Ordnung von α_3 und α_4 zu

$$\begin{aligned} W_{\alpha_3\,Beiträge} &= S_1(\rho,\phi,h,\theta) \text{ bzw. } & W_{\alpha_4\,Beiträge} &= S_0(\rho,\phi,h,\theta) \\ &= Z_1(h,\theta) \cdot Z_5(\rho,\phi) \text{ bzw. } & &= Z_1(h,\theta) \cdot Z_6(\rho,\phi) \end{aligned} \tag{Gl. 4.16}$$

Diese 5 Funktionen $S_4(\rho,\Phi,h,\theta)$ bis $S_0(\rho,\Phi,h,\theta)$ entsprechen den doppelt orthogonalen Funktionen für den Astigmatismus in perturbierten Systemen. Sie werden zusammen mit allen anderen doppelt orthogonalen Funktionen im Laufe des Algorithmus fortwährend eingesetzt und erlauben eine robuste und aussagekräftige Korrekturberechnung.

4.2 Ablauf der Korrekturberechnung

Ausgangspunkt für alle Schritte der Korrekturberechnung gemäß Abbildung 4.1 ist die vollständige Charakterisierung des Systemverhaltens in allen relevanten Freiheitsgraden und die Erfassung des aktuellen zu korrigierenden Systemzustands (Schritte 0 und 1). Das Systemverhalten beinhaltet sowohl den Nominalzustand »Nom«, also die optische Funktion des Systems bei bestmöglicher Positionierung aller Einzelelemente, als auch die Systemantwort gegenüber Störungen bekannter Größe »Msens« und wird im Folgenden als »MallData« bezeichnet. Darüber hinaus umfasst der zu korrigierende Zustand die Zernike Koeffizienten des perturbierten Systems »PertZernike«.

Gemäß den Erläuterungen zu den Grundlagen der erweiterten Aberrationstheorie aus dem vorangegangenen Abschnitt 4.1 werden die Daten von Sensitivitätsmatrix, Nominalvektor und perturbiertem Zustand einer doppelt orthogonalen Expansion zugeführt (Schritt 2). Ergebnis dieses Zwischenschritts sind die Elemente »OrthMsens«, »OrthNom« und »OrthPertZernike«. Durch Auswahl der zur Berechnung nutzbaren bzw. geeignetsten Koeffizienten verkleinert sich die doppelt orthogonalisierte Sensitivitätsmatrix zur linearisierten Matrix »LinMsens« (Schritt 3). Über eine Singulärwertzerlegung kann anschließend die invertierte Matrix »InvMsens« berechnet werden, durch welche der erste Teil zur Lösung des Gleichungssystems bereitgestellt wird. Der andere Teil ergibt sich als Vektor aus der Differenz zwischen dem nominalen und dem doppelt orthogonalisiertem perturbierten Zustand »OrthPertZernike« zu

»Diff«. Aus der Matrizenmultiplikation beider Teile geht schließlich die gesuchte Korrekturanweisung »Alignment« hervor (Schritt 4). Nach Umsetzung der berechneten Positionsänderungen im optischen System (Schritt 5) kann bei Bedarf seine Funktion erneut erfasst und eine weitere Iteration zur Verbesserung der Eigenschaften gestartet werden. In Ergänzung zur allgemeinen Übersicht aus Abbildung 4.1 ist der Verlauf aller Daten und Zwischenergebnisse in Abbildung 4.3 dargestellt.

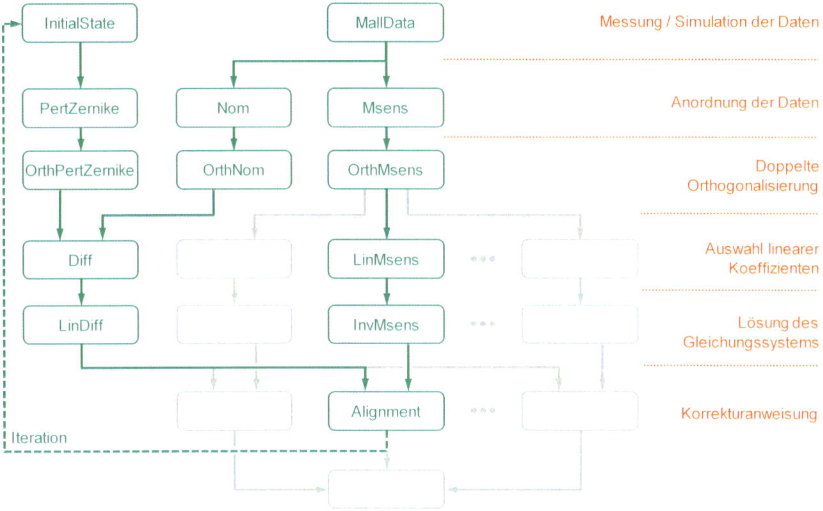

Abbildung 4.3: Struktur und Zwischenschritte der Korrekturberechnung

Die noch grau gezeichneten Felder sind Platzhalter für spätere Erweiterungen der Berechnungsweise, wie sie in komplexeren Systemen notwendig werden (vgl. Abschnitt 5.2). Allerdings soll vor dem Hintergrund der jetzt schon herrschenden Komplexität der einzelnen Berechnungsschritte der gesamte Ablauf im Folgenden anhand eines konkreten Beispiels illustriert werden. Dabei wird zunächst auf die Systemcharakterisierung eingegangen und danach die notwendigen Berechnungen erläutert.

4.2.1 Aufbau und Erfassung der Sensitivitätsmatrix

Die Sensitivitätsmatrix codiert das Systemverhalten der zu prüfenden optischen Konfiguration und stellt den Zusammenhang zwischen Änderungen einzelner Elementpositionen und damit hervorgerufenen Änderungen in der Wellenfront des optischen Systems dar. Sie entspricht damit einer Art Wörterbuch, mit Hilfe dessen zu einer bestimmten Funktion des Systems der zu Grunde liegende Systemzustand ermittelt werden kann.

Zur Erfassung der Sensitivitätsmatrix werden bewusst kleine Perturbationen Δx_j bekannter Größe in allen relevanten Freiheitsgraden sukzessive in das System eingebracht und die Reaktion des Systems in Form der hervorgerufenen Änderung seiner optischen Funktion mittels einer festgelegten Anzahl an Zernike Koeffizienten n charakterisiert. Da die optische Funktion unter bestimmten Feldwinkeln sensitiver auf viele Perturbationen reagiert und damit ausreichend Informationen für alle Freiheitsgrade vorliegen, erfolgt die Aufzeichnung dabei nicht nur für die zentrale Wellenfront, sondern unter einer Anzahl von v Feldwinkeln. Durch Rotation um die lateralen Achsen entsteht damit ein in der einfachsten Form quadratisches Feldpunktenetz von $v \times v = v^2$ Feldpunkten. Die rechteckige oder gar quadratische Auslegung des Feldpunktenetzes ist dabei keine Voraussetzung für eine funktionstüchtige wellenfrontbasierte Justage, wie die Quellplatte des späteren Praxisbeispiels aus Abbildung 5.27 zeigen wird. Bis dahin nutzen jedoch alle folgenden Betrachtungen ein solch quadratisches Feldpunktenetz.

Die mathematische Anordnung der Sensitivitätsmatrix erfolgt spaltenweise für jeden relevanten Freiheitsgrad. Die Anzahl der Freiheitsgrade, welche im System für eine Korrektur zur Verfügung stehen sollen, überträgt sich also zur Anzahl der Spalten in der Sensitivitätsmatrix. Demgegenüber ergeben sich die Zeileneinträge aus dem Produkt zwischen der Anzahl der Zernike Koeffizienten n und der Anzahl der Feldpunkte v^2.

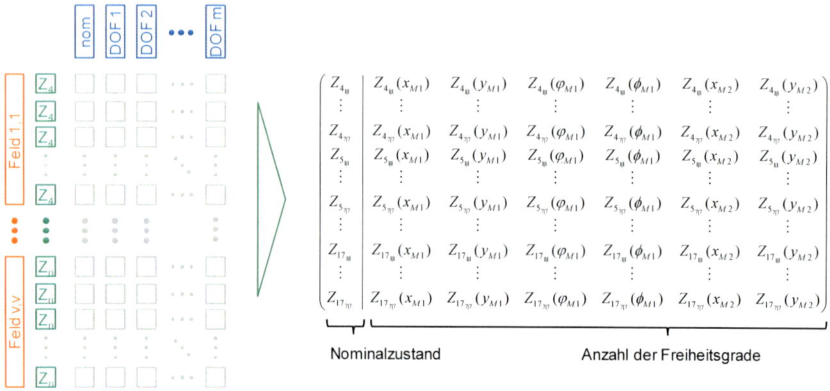

Abbildung 4.4: Schema der Anordnung und Auszug eines Beispiels zur Darstellung der Sensitivitätsmatrix

In Abbildung 4.4 ist neben der schematischen Darstellung ein Beispiel zur Anordnung der einzelnen Koeffizienten innerhalb der Sensitivitätsmatrix und des sie ergänzenden Nominalzustands gezeigt. Das Beispiel beinhaltet ein einfaches optisches System aus 2 Elementen M1 und M2, deren Auswirkung auf die Zernike Koeffizienten 4 bis 17 in lediglich 6 Freiheitsgraden für 7x7 Feldpunkte aufgezeichnet wurde. Anhand dieses Beispiels geringer Komplexität wird schnell deutlich, um welch einen umfangreichen Datensatz es sich bei der Sensitivitätsmatrix für zahlreiche Elemente, viele Feldpunkte und bei einer hohen Anzahl an Koeffizienten handeln kann. Für die erwähnten Werte ergibt sich die Anzahl an Zeilen der Sensitivitätsmatrix zu:

$$\underbrace{7 \cdot 7}_{\#Feldpunkte} \cdot \underbrace{(17-4+1)}_{\#Koeffizienten} = \underbrace{49}_{\#Feldpunkte} \cdot \underbrace{14}_{\#Koeffizienten} = \underbrace{686}_{\#Zeilen} . \quad \text{(Gl. 4.17)}$$

Die Erfassung der Sensitivitätsmatrix ist abhängig vom Entwicklungspunkt und kann sowohl in der Simulation als auch in realen Aufbauten vorgenommen werden, wobei es für beide Varianten individuelle Vor- und Nachteile zu beachten gilt, die einerseits die reine Dauer des

Prozesses betreffen. Während in der Simulation das Systemverhalten relativ schnell erfasst werden kann, ist die erforderliche Zeit in realen Aufbauten i. d. R. ungleich länger. Andererseits unterscheiden sich diese beiden Varianten aber auch in ihrer jeweiligen Fähigkeit. In der Simulation kann der optimal justierte Zustand eingestellt und die Entwicklung der Sensitivitätsmatrix um diesen Punkt herum vorgenommen werden. Da der optimal justierte Zustand meist das Ziel des Alignmentprozesses darstellt, ist dieser Umstand ein großer Vorteil der Simulation. Wie im Folgekapitel 5 zur Analyse der Eigenschaften der Korrekturberechnung noch anhand konkreter Beispiele gezeigt wird, geht mit der Übereinstimmung zwischen dem Entwicklungspunkt der Sensitivitätsmatrix und dem Optimierungsziel der Korrekturberechnung eine mitunter signifikant effizientere Justage einher, sodass deutlich weniger Iterationen notwendig sind, um zu einen bestimmten Systemzustand zu gelangen. Die Unterschiede können z. B. Größenordnungen von 50 % erreichen, was insbesondere vor dem Hintergrund industrieller Applikationen ein wichtiger Aspekt sein kann.

Die Erfassung am realen Aufbau bietet hingegen den Vorteil, das Systemverhalten am auszurichtenden System selbst charakterisieren zu können. Damit erschließt sich überhaupt erst ein wesentlicher Vorteil der wellenfrontbasierten Justage, dass es nachrangig ist, wo welche Funktionsflächen angeordnet sind und wie sie aussehen, solange die optische Funktion des Systems gewährleistet ist und den Spezifikationen entspricht. Gleiche Spezifikationen für die optische Funktion können infolge von Schwankungen der an der Lichtformung beteiligten Komponenten in unterschiedlichen Positionen der Systemelemente münden. So können beispielsweise bestimmte Formabweichungen oder lokale Änderungen des Brechungsindexes durch eine im Vergleich zu idealen Komponenten leicht andere Position kompensiert werden. Diese systemindividuelle Justage ist mit einer simulierten Sensitivitätsmatrix nicht möglich, da für alle Systeme die gleichen idealen Komponenten angenommen werden.

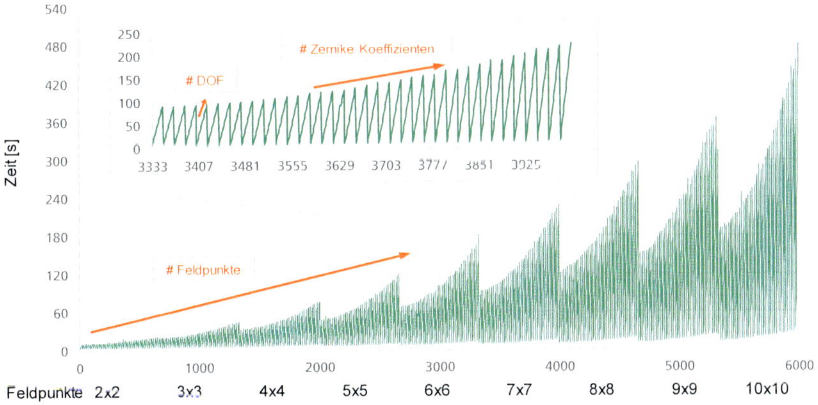

Abbildung 4.5: Einflussfaktoren auf die Ermittlungsdauer der Sensitivitätsmatrix in der Simulation

In beiden Fällen beeinflussen die drei Faktoren aus Anzahl der Freiheitsgrade, Anzahl der Zernike Koeffizienten und Anzahl der Feldpunkte die notwendige Dauer zur Erfassung der

Sensitivitätsmatrix unterschiedlich stark. Um einen Eindruck von den einzelnen Einflüssen zu bekommen, ist in obiger Darstellung die in der Simulation erforderliche Erfassungsdauer in Abhängigkeit aller 3 Faktoren aufgetragen. Mit Hilfe der Steigung der Erfassungsdauer über die Variation der einzelnen Parameter hinweg, können die verschiedenen Einflüsse gegenübergestellt werden. Die gezeigten Wertebereiche sind 1-18, 1-37 bzw. 2-9 für die Anzahl von Freiheitsgraden, Zernike Koeffizienten und Feldpunkten.

Aufgrund der Schnelligkeit der Berechnung der Zernike Polynome zu einer Wellenfront innerhalb der eingesetzten Software zur Optiksimulation ist der Einfluss der Anzahl an gewählten Koeffizienten am geringsten und liegt je zusätzlichem Koeffizient bei etwa 0.15 Sekunden. Etwa doppelt so stark ist der Einfluss der gewählten Anzahl an Freiheitsgraden, der je zusätzlichem Freiheitsgrad ca. 0.3 Sekunden beträgt. Der größte Hebel besteht dagegen in der Auswahl der Anzahl der Feldpunkte, da sich je zusätzlichem Feldpunkt die erforderliche Zeit um mehr als 1.5 Sekunden vergrößert. Wird überdies die quadratische Gestalt des Feldpunktenetzes berücksichtigt, ist eine effiziente Erfassung der Sensitivitätsmatrix in hohem Maße von der Anzahl der Feldpunkte abhängig. Dies gilt umso mehr, als dass für reale Messungen die Aktuatoren bewegt und u. U. Wiederholmessungen durchgeführt werden müssen. Hieraus erklärt sich auch die Bedeutung der Untersuchungen zur Eigenschaft des Feldpunktenetzes in den Abschnitten 5.1.1.1 und 5.1.2.2.

4.2.2 Durchführung der Berechnungsschritte

Das zur Erläuterung der notwendigen Berechnungsschritte genutzte Beispiel bezieht sich auf ein zweilinsiges System mit den Elementen M1 und M2, bei dem eine Perturbation von je 100 µm bzw. mgrad in 6 Freiheitsgraden zu korrigieren ist. Dazu werden 7x7 Feldpunkte und die Koeffizienten 4-17 aufgezeichnet. Dementsprechend enthält die das Systemverhalten charakterisierende Matrix »MallData« 6 + 1 = 7 Spalten und 7·7·14 = 686 Zeilen.

Z	Field Points	Row #	nominal	M1 Dec X	M1 Y Dec	M1 X Rot	M1 Y Rot	M2 X Dec	M2 Y Dec
	1	1	0,000288	0,042418	0,009643	0,002052	0,004833	0,016583	0,016581
	2	2	0,000200	0,042330	0,010344	0,002428	0,004746	0,016495	0,015716
	3	3	0,000148	0,042278	0,011080	0,002839	0,004693	0,016443	0,014886
	4	4	0,000131	0,042261	0,011850	0,003285	0,004676	0,016426	0,014091
	5	5	0,000148	0,042278	0,012656	0,003766	0,004693	0,016443	0,013330
	6	6	0,000200	0,042330	0,013497	0,004281	0,004746	0,016495	0,012604
	7	7	0,000288	0,042418	0,014372	0,004832	0,004833	0,016583	0,011913
	8	8	0,000200	0,043906	0,009556	0,001964	0,004282	0,015717	0,016494
	9	9	0,000113	0,043818	0,010257	0,002340	0,004195	0,015630	0,015629
	10	10	0,000061	0,043766	0,010992	0,002752	0,004143	0,015577	0,014799
	11	11	0,000043	0,043749	0,011763	0,003198	0,004125	0,015560	0,014003
	12	12	0,000061	0,043766	0,012569	0,003679	0,004143	0,015577	0,013243
	13	13	0,000113	0,043818	0,013409	0,004195	0,004194	0,015630	0,012517
4	14	14	0,000200	0,043906	0,014285	0,004746	0,004282	0,015717	0,011826
	15	15	0,000148	0,045428	0,009504	0,001912	0,003766	0,014887	0,016443
	16	16	0,000061	0,045341	0,010205	0,002288	0,003679	0,014799	0,015577
	⋮			⋮		⋮			⋮
	46	683	0,000000	0,000000	0,000786	0,000105	0,000000	0,000000	-0,000839
17	47	684	0,000000	0,000000	0,000786	0,000105	0,000000	0,000000	-0,000838
	48	685	0,000000	0,000000	0,000786	0,000106	0,000000	0,000000	-0,000837
	49	686	0,000000	0,000000	0,000783	0,000108	0,000001	0,000001	-0,000836

Abbildung 4.6: Schritt 0.1 – Systemcharakterisierung durch gemessene bzw. simulierte Zernike Koeffizienten (Sensitivitätsmatrix inkl. Nominalvektor)

Der Balken im rechten Teil von Abbildung 4.6 ist im Druckbild nur aufgrund der mangelnden Auflösung durchgehend schwarz. Dahinter verbirgt sich mit entsprechend hoher Zoomstufe die vollständige 686x7 Matrix. Die grünen Striche sollen die Zuordnung ermöglichen, welche Bereiche der gesamten Matrix in Auszügen zu sehen sind.

Zur doppelten Orthogonalisierung sind als vorbereitende Tätigkeit die Parameter des quadratischen Feldpunktenetzes der Austrittpupille zu ermitteln. Da die bereits aus Abschnitt 2.2.1 bekannten Gleichungen auf Polarkoordinaten basieren, sind hierzu zunächst die kartesischen Koordinaten des Feldes von x und y in Polarkoordinaten mit Winkel θ und Radius ρ umzurechnen. Aufgrund der Orthogonalität der Zernike Koeffizienten auf dem Einheitskreis wird ferner das quadratische Feldpunktenetz auf seinen Pferchkreisdurchmesser normiert, wodurch die Randbereiche, wie z. B. die Eckpunkte der quadratischen Anordnung, durch entsprechende Nulleinträge wegfallen. Auf diese Weise werden 4·5 = 20 Feldpunkte gestrichen, sodass von den 49 Feldpunkten nur noch 29 erhalten bleiben.

kartesisch zu polar

Feld x

-1	-0,666666667	-0,333333333	0	0,333333333	0,666666667	1
-1	-0,666666667	-0,333333333	0	0,333333333	0,666666667	1
-1	-0,666666667	-0,333333333	0	0,333333333	0,666666667	1
-1	-0,666666667	-0,333333333	0	0,333333333	0,666666667	1
-1	-0,666666667	-0,333333333	0	0,333333333	0,666666667	1
-1	-0,666666667	-0,333333333	0	0,333333333	0,666666667	1
-1	-0,666666667	-0,333333333	0	0,333333333	0,666666667	1

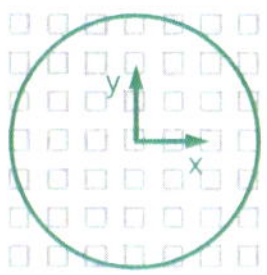

Feld y

-1	-1	-1	-1	-1	-1	-1
-0,666666667	-0,666666667	-0,666666667	-0,666666667	-0,666666667	-0,666666667	-0,666666667
-0,333333333	-0,333333333	-0,333333333	-0,333333333	-0,333333333	-0,333333333	-0,333333333
0	0	0	0	0	0	0
0,333333333	0,333333333	0,333333333	0,333333333	0,333333333	0,333333333	0,333333333
0,666666667	0,666666667	0,666666667	0,666666667	0,666666667	0,666666667	0,666666667
1	1	1	1	1	1	1

Winkel

-2,35619449	-2,15879893	-1,892546881	-1,570796327	-1,249045772	-0,982793723	-0,785398163
-2,55359005	-2,35619449	-2,034443936	-1,570796327	-1,107148718	-0,785398163	-0,588002604
-2,819842099	-2,677945045	-2,35619449	-1,570796327	-0,785398163	-0,463647609	-0,321750554
3,141592654	3,141592654	3,141592654	0	0	0	0
2,819842099	2,677945045	2,35619449	1,570796327	0,785398163	0,463647609	0,321750554
2,55359005	2,35619449	2,034443936	1,570796327	1,107148718	0,785398163	0,588002604
2,35619449	2,15879893	1,892546881	1,570796327	1,249045772	0,982793723	0,785398163

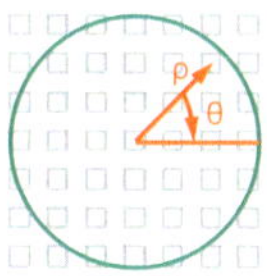

Radius

1,414213562	1,201850425	1,054092553	1	1,054092553	1,201850425	1,414213562
1,201850425	0,942809042	0,745355992	0,666666667	0,745355992	0,942809042	1,201850425
1,054092553	0,745355992	0,471404521	0,333333333	0,471404521	0,745355992	1,054092553
1	0,666666667	0,333333333	0	0,333333333	0,666666667	1
1,054092553	0,745355992	0,471404521	0,333333333	0,471404521	0,745355992	1,054092553
1,201850425	0,942809042	0,745355992	0,666666667	0,745355992	0,942809042	1,201850425
1,414213562	1,201850425	1,054092553	1	1,054092553	1,201850425	1,414213562

Maske

0	0	0	1	0	0	0
0	1	1	1	1	1	0
0	1	1	1	1	1	0
1	1	1	1	1	1	1
0	1	1	1	1	1	0
0	1	1	1	1	1	0
0	0	0	1	0	0	0

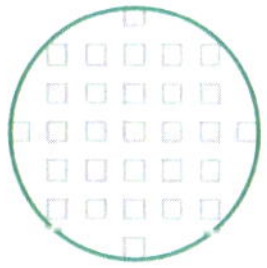

Abbildung 4.7: Schritt 0.2 – Ermittlung der Feldinformationen

Mit Hilfe der Polarkoordinaten kann mit den Gleichungen aus Tabelle 2.1 nun für jeden Feldwinkel der Wert jedes Zernike Koeffizienten errechnet werden. Auf diese Weise entsteht beginnend bei Z1 die gleiche Anzahl an Zernike Koeffizienten wie aus der Messung bzw. Simulation, also im Beispiel Z1 bis Z13. Ihre laterale Auflösung entspricht dem definierten Feldpunktenetz, was die Voraussetzung für die anschließende Verrechnung mit den gemessenen bzw. simulierten Koeffizienten ist.

Für die drei Koeffizienten Defokus Z4 und die beiden Astigmatismen Z5 und Z6 ist das in der kommenden Abbildung 4.8 inkl. einer dreidimensionalen Darstellung des Resultats in der geringen lateralen Auflösung von 7x7 gezeigt.

⋮ ⋮ ⋮ ⋮ ⋮

Defokus Z4

0	0	0	1,732050808	0	0	0
0	1,347150628	0,19245009	-0,19245009	0,19245009	1,347150628	0
0	0,19245009	-0,962250449	-1,347150628	-0,962250449	0,19245009	0
1,732050808	-0,19245009	-1,347150628	-1,732050808	-1,347150628	-0,19245009	1,732050808
0	0,19245009	-0,962250449	-1,347150628	-0,962250449	0,19245009	0
0	1,347150628	0,19245009	-0,19245009	0,19245009	1,347150628	0
0	0	0	1,732050808	0	0	0

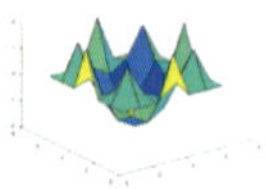

Astigmatismus Z5

0	0	0	-3,00E-16	0	0	0
0	2,177324216	1,088662108	-1,33E-16	-1,088662108	-2,177324216	0
0	1,088662108	0,544331054	-3,33E-17	-0,544331054	-1,088662108	0
-6,00E-16	-2,67E-16	-6,67E-17	0	0	0	0
0	-1,088662108	-0,544331054	3,33E-17	0,544331054	1,088662108	0
0	-2,177324216	-1,088662108	1,33E-16	1,088662108	2,177324216	0
0	0	0	3,00E-16	0	0	0

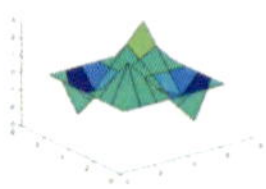

Astigmatismus Z6

0	0	0	-2,449489743	0	0	0
0	-4,00E-16	-0,816496581	-1,088662108	-0,816496581	1,33E-16	0
0	0,816496581	-1,00E-16	-0,272165527	-2,08E-16	0,816496581	0
2,449489743	1,088662108	0,272165527	0	0,272165527	1,088662108	2,449489743
0	0,816496581	-1,00E-16	-0,272165527	3,33E-17	0,816496581	0
0	-4,00E-16	-0,816496581	-1,088662108	-0,816496581	1,33E-16	0
0	0	0	-2,449489743	0	0	0

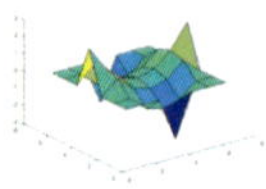

⋮ ⋮ ⋮ ⋮ ⋮

Abbildung 4.8: Schritt 0.3 – Ermittlung der berechneten Zernike Koeffizienten

Im nachfolgenden Schritt können die gemessenen oder simulierten Koeffizienten der Sensitivitätsmatrix mit den soeben berechneten Koeffizienten des Feldpunktenetzes durch elementweises Multiplizieren doppelt orthogonalisiert werden (vgl. Abschnitt 4.1 und z. B. [MANU09, S. 153 ff.] zur Herleitung). Dieser Vorgang erfolgt getrennt für die einzelnen Spalten der Sensitivitätsmatrix, deren Einträge nach Koeffizienten sortiert und nach Feldpunkten umorganisiert werden. Die für jeden gemessenen bzw. simulierten Koeffizienten zur Verfügung stehenden 49 Werte werden hierzu in eine 7x7 Matrix überführt, mit der eine elementweise Multiplikation der berechneten Koeffizienten aus Abbildung 4.8 erfolgen kann. Die resultierende Matrix ist immer noch eine 7x7 Matrix, deren Durchschnitt über die verbliebenen 29 Elemente gebildet wird, um die Korrelation zwischen doppelt orthogonalisiertem Koeffizienten und dem jeweiligen Freiheitsgrad auszudrücken.

Die zugehörige Berechnungsvorschrift wurde in (Gl. 4.9) bis (Gl. 4.13) für den Astigmatismus hergeleitet. Jenseits dieses mathematischen Formalismus muss bei der Übertragung auf alle Polynome bzw. Koeffizienten grundsätzlich zwischen den rotationssymmetrischen und den winkelabhängigen Zernike Koeffizienten unterschieden werden. Bei rotationssymmetrischen Koeffizienten ist die einfache Multiplikation ausreichend. Dabei ist es nicht von Bedeutung, ob der rotationssymmetrische Koeffizient aus der Simulation bzw. Messung oder aus der Berechnung stammt. Für das bisherige Beispiel ergeben sich folgende Werte für Z4:

- Z4·Z1, Z4·Z2, Z4·Z3, Z4·Z4, Z4·Z5, Z4·Z6 usw., da mit dem gemessenen bzw. simulierten Koeffizienten Z4 stets ein rotationssymmetrischer Koeffizient am doppelt orthogonalisierten Koeffizienten beteiligt ist

Für winkelabhängige Koeffizienten kann als Bildungsvorschrift formuliert werden, dass die 4 möglichen Summen aus der paarweisen Multiplikation zu ermitteln sind, d. h. konkret anhand des Beispiels von Z5 und Z6:

- Z5·Z1, Z6·Z1, Z5·Z4, Z6·Z4 usw. für die Kombinationen, in denen ein berechneter rotationssymmetrischer Koeffizient beteiligt ist

- Z5·Z2 + Z6·Z3, Z5·Z2 - Z6·Z3, Z5·Z3 + Z6·Z2, Z5·Z3 - Z6·Z2 usw. für die Kombinationen, in denen weder der gemessene bzw. simulierte noch der berechnete Koeffizient rotationssymmetrisch ist

Auf diese Weise ergeben sich für die rotationssymmetrischen gemessenen bzw. simulierten Koeffizienten 13 und für die winkelabhängigen gemessenen bzw. simulierten Koeffizienten 26 doppelt orthogonalisierte Koeffizienten, deren vollständige Formeln für das Beispiel in Tabelle 4.1 aufgelistet sind. Die Spalte für die Koeffizienten Z14/Z15 fehlt, da diese Koeffizienten zwar in der Sensitivitätsmatrix aufgezeichnet wurden, aber im weiteren Verlauf der Rechnung aufgrund der Linearitätsbetrachtung nicht genutzt werden (vgl. Abschnitt 4.3.2).

Tabelle 4.1: Übersicht der Berechnungen zum doppelten Orthogonalisieren der Koeffizienten

Z4	Z5/Z6	Z7/Z8	Z9/Z10	Z11	Z12/Z13	Z16/Z17
Z4·Z1	Z5·Z1	Z7·Z1	Z9·Z1	Z11·Z1	Z12·Z1	Z16·Z1
Z4·Z2	Z6·Z1	Z8·Z1	Z10·Z1	Z11·Z2	Z13·Z1	Z17·Z1
Z4·Z3	Z5·Z2+Z6·Z3	Z7·Z2+Z8·Z3	Z9·Z2+Z10·Z3	Z11·Z3	Z12·Z2+Z13·Z3	Z16·Z2+Z17·Z3
Z4·Z4	Z5·Z2-Z6·Z3	Z7·Z2-Z8·Z3	Z9·Z2-Z10·Z3	Z11·Z4	Z12·Z2-Z13·Z3	Z16·Z2-Z17·Z3
Z4·Z5	Z5·Z3+Z6·Z2	Z7·Z3+Z8·Z2	Z9·Z3+Z10·Z2	Z11·Z5	Z12·Z3+Z13·Z2	Z16·Z3+Z17·Z2
Z4·Z6	Z5·Z3-Z6·Z2	Z7·Z3-Z8·Z2	Z9·Z3-Z10·Z2	Z11·Z6	Z12·Z3-Z13·Z2	Z16·Z3-Z17·Z2
Z4·Z7	Z5·Z4	Z7·Z4	Z9·Z4	Z11·Z7	Z12·Z4	Z16·Z4
Z4·Z8	Z6·Z4	Z8·Z4	Z10·Z4	Z11·Z8	Z13·Z4	Z17·Z4
Z4·Z9	Z5·Z5+Z6·Z6	Z7·Z5+Z8·Z6	Z9·Z5+Z10·Z6	Z11·Z9	Z12·Z5+Z13·Z6	Z16·Z5+Z17·Z6
Z4·Z10	Z5·Z5-Z6·Z6	Z7·Z5-Z8·Z6	Z9·Z5-Z10·Z6	Z11·Z10	Z12·Z5-Z13·Z6	Z16·Z5-Z17·Z6
Z4·Z11	Z5·Z6+Z6·Z5	Z7·Z6+Z8·Z5	Z9·Z6+Z10·Z5	Z11·Z11	Z12·Z6+Z13·Z5	Z16·Z6+Z17·Z5
Z4·Z12	Z5·Z6-Z6·Z5	Z7·Z6-Z8·Z5	Z9·Z6-Z10·Z5	Z11·Z12	Z12·Z6-Z13·Z5	Z16·Z6-Z17·Z5
Z4·Z13	Z5·Z7+Z6·Z8	Z7·Z7+Z8·Z8	Z9·Z7+Z10·Z8	Z11·Z13	Z12·Z7+Z13·Z8	Z16·Z7+Z17·Z8
	Z5·Z7-Z6·Z8	Z7·Z7-Z8·Z8	Z9·Z7-Z10·Z8		Z12·Z7-Z13·Z8	Z16·Z7-Z17·Z8
	Z5·Z8+Z6·Z7	Z7·Z8+Z8·Z7	Z9·Z8+Z10·Z7		Z12·Z8+Z13·Z7	Z16·Z8+Z17·Z7
	Z5·Z8-Z6·Z7	Z7·Z8-Z8·Z7	Z9·Z8-Z10·Z7		Z12·Z8-Z13·Z7	Z16·Z8-Z17·Z7
	Z5·Z9+Z6·Z10	Z7·Z9+Z8·Z10	Z9·Z9+Z10·Z10		Z12·Z9+Z13·Z10	Z16·Z9+Z17·Z10
	Z5·Z9-Z6·Z10	Z7·Z9-Z8·Z10	Z9·Z9-Z10·Z10		Z12·Z9-Z13·Z10	Z16·Z9-Z17·Z10
	Z5·Z10+Z6·Z9	Z7·Z10+Z8·Z9	Z9·Z10+Z10·Z9		Z12·Z10+Z13·Z9	Z16·Z10+Z17·Z9
[-]	Z5·Z10-Z6·Z9	Z7·Z10-Z8·Z9	Z9·Z10-Z10·Z9	[-]	Z12·Z10-Z13·Z9	Z16·Z10-Z17·Z9
	Z5·Z11	Z7·Z11	Z9·Z11		Z12·Z11	Z16·Z11
	Z6·Z11	Z8·Z11	Z10·Z11		Z13·Z11	Z17·Z11
	Z5·Z12+Z6·Z13	Z7·Z12+Z8·Z13	Z9·Z12+Z10·Z13		Z12·Z12+Z13·Z13	Z16·Z12+Z17·Z13
	Z5·Z12-Z6·Z13	Z7·Z12-Z8·Z13	Z9·Z12-Z10·Z13		Z12·Z12-Z13·Z13	Z16·Z12-Z17·Z13
	Z5·Z13+Z6·Z12	Z7·Z13+Z8·Z12	Z9·Z13+Z10·Z12		Z12·Z13+Z13·Z12	Z16·Z13+Z17·Z12
	Z5·Z13-Z6·Z12	Z7·Z13-Z8·Z12	Z9·Z13-Z10·Z12		Z12·Z13-Z13·Z12	Z16·Z13-Z17·Z12
13 (3)	26 (4)	26 (3)	26 (0)	13 (3)	26 (4)	26 (0)

Bezogen auf den ersten gemessenen bzw. simulierten Koeffizienten Z4 des Nominalzustands entsteht für die Multiplikation mit dem berechneten Koeffizienten Z1 eine Summe von

0.001605 und ein Durchschnitt von $5.53 \cdot 10^{-5}$. Zur Berechnung dieser Werte werden Gleitkommazahlen mit doppelter Genauigkeit eingesetzt, die entsprechend ihrer Spezifikation für die eigentliche Zahlendarstellung 53 der 64 Bit verwenden. Das ergibt in der Umrechnung vom Dual- ins Dezimalsystem knapp 15 Nachkommastellen. Für die Unterscheidung von numerischen Fehlern nahe 0 einerseits und sehr kleinen Ergebniswerten andererseits wird daher ein Schwellwert von $1 \cdot 10^{-15}$ gewählt, der überschritten werden muss, damit der berechnete Wert auch als Ergebnis übernommen wird.

Diese Bedingung ist für Z4·Z1 erfüllt, sodass $5.53 \cdot 10^{-5}$ den ersten Wert des doppelt orthogonalisierten Vektors rechts in Abbildung 4.9 darstellt. Währenddessen sind bereits die ebenfalls in Abbildung 4.9 gezeigten Summen von Z4·Z2 und Z4·Z3 kleiner als der vorgegebene Schwellwert, weshalb diese Werte lediglich mit 0 in den doppelt orthogonalisierten Vektor einfließen. In beschriebener Weise ergeben sich insgesamt 13+26+26+26+13+26+ 26 = 156 Einträge, wobei 139 Werte davon unterhalb des genannten Schwellwerts liegen. Für den Nominalzustand verbleiben also lediglich 17 Werte größer 0, die in voriger Tabelle 4.1 grün hervorgehoben sind.

Gemessener / simulierter Koeffizient Z4 im Feld

0,00029	0,0002	0,00015	0,00013	0,00015	0,0002	0,00029
0,0002	0,00011	6,1E-05	4,3E-05	6,1E-05	0,00011	0,0002
0,00015	6,1E-05	8,0E-06	-9,0E-06	8,0E-06	6,1E-05	0,00015
0,00013	4,3E-05	-9,0E-06	-2,7E-05	-9,0E-06	4,3E-05	0,00013
0,00015	6,1E-05	8,0E-06	-9,0E-06	8,0E-06	6,1E-05	0,00015
0,0002	0,00011	6,1E-05	4,3E-05	6,1E-05	0,00011	0,0002
0,00029	0,0002	0,00015	0,00013	0,00015	0,0002	0,00029

Berechneter Koeffizient Z1 im Feld

0	0	0	1	0	0	0
0	1	1	1	1	1	0
0	1	1	1	1	1	0
1	1	1	1	1	1	1
0	1	1	1	1	1	0
0	1	1	1	1	1	0
0	0	0	1	0	0	0

0	0	0	0,0001	0	0	0
0	0,0001	6E-05	4E-05	6E-05	0,0001	0
0	6E-05	8E-06	-9E-06	8E-06	6E-05	0
0,0001	4E-05	-9E-06	-3E-05	-9E-06	4E-05	0,0001
0	6E-05	8E-06	-9E-06	8E-06	6E-05	0
0	0,0001	6E-05	4E-05	6E-05	0,0001	0
0	0	0	0,0001	0	0	0

Σ = 0.001605 ⇨ Ø = 5.5345E-05

Berechneter Koeffizient Z2 im Feld

0	0	0	1,2E-16	0	0	0
0	-1,3333	-0,6667	8,2E-17	0,66667	1,33333	0
0	-1,3333	-0,6667	4,1E-17	0,66667	1,33333	0
-2	-1,3333	-0,6667	0	0,66667	1,33333	2
0	-1,3333	-0,6667	4,1E-17	0,66667	1,33333	0
0	-1,3333	-0,6667	8,2E-17	0,66667	1,33333	0
0	0	0	1,2E-16	0	0	0

0	0	0	2E-20	0	0	0
0	-2E-04	-4E-05	4E-21	4E-05	0,0002	0
0	-8E-05	-5E-06	-4E-22	5E-06	8E-05	0
-3E-04	-6E-05	6E-06	0	-6E-06	6E-05	0,0003
0	-8E-05	-5E-06	-4E-22	5E-06	8E-05	0
0	-2E-04	-4E-05	4E-21	4E-05	0,0002	0
0	0	0	2E-20	0	0	0

Σ = 7.0253E-20 ⇨ Ø = 2.4225E-21

Berechneter Koeffizient Z3 im Feld

0	0	0	-2	0	0	0
0	-1,3333	-1,3333	-1,3333	-1,3333	-1,3333	0
0,0E+00	-6,7E-01	-6,7E-01	-0,6667	-0,6667	-0,6667	0
2,4E-16	1,6E-16	8,2E-17	0	0	0	0
0	0,66667	0,66667	0,66667	0,66667	0,66667	0
0	1,33333	1,33333	1,33333	1,33333	1,33333	0
0	0	0	2	0	0	0

0	0	0	-3E-04	0	0	0
0	-2E-04	-8E-05	-6E-05	-8E-05	-2E-04	0
0	-4E-05	-5E-06	6E-06	-5E-06	-4E-05	0
3E-20	7E-21	-7E-22	0	0	0	0
0	4E-05	5E-06	-6E-06	5E-06	4E-05	0
0	0,0002	8E-05	6E-05	8E-05	0,0002	0
0	0	0	0,0003	0	0	0

Σ = -1.6263E-19 ⇨ Ø = -5.6614E-21

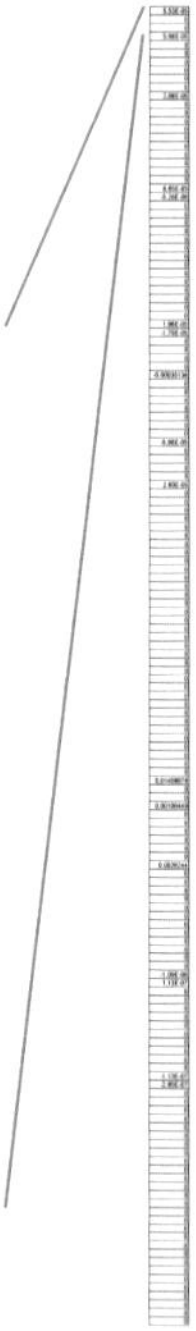

Abbildung 4.9: Schritt 2.1 – Doppeltes Orthogonalisieren der Koeffizienten des Nominalzustands

Dieser Prozess wird nicht nur für den Nominalvektor, sondern für alle Spalten der Sensitivitätsmatrix durchgeführt, woraus sich die Zwischenelemente »OrthNom« als Vektor 156x1 und »OrthMsens« als Matrix 156x6 ergeben. Für die Freiheitsgrade 1 bis 6 ist ein deutlich geringerer Anteil der Einträge oberhalb des Schwellwerts, weshalb hier mehr

Elemente für die weitere Berücksichtigung verbleiben (konkret 85, 144, 126, 131, 91 und 152). Dieser Umstand kann damit erklärt werden, dass viele Einträge bzw. hohe Beträge für starke Einflüsse zwischen dem jeweiligen Freiheitsgrad und dem Wellenfrontanteil in Form der adressierten Zernike Koeffizienten sprechen.

Von den 156 doppelt orthogonalisierten Koeffizienten werden nun möglichst lineare Koeffizienten ausgewählt. Die Anzahl linearer doppelt orthogonalisierter Koeffizienten schwankt dabei je nach Strenge der Linearitätskriterien, auf die in Abschnitt 4.3.2 detailliert eingegangen wird. Sie beträgt typischerweise eine mittlere zweistellige Anzahl. Im konkreten Beispiel werden 37 der doppelt orthogonalisierten Koeffizienten ausgesucht: 2, 3, 7, 8, 9, 10, 17, 18, ..., 138, 151 und 152. Aus der doppelt orthogonalisierten Sensitivitätsmatrix 156x6 werden nur diese 37 Zeilen extrahiert, wodurch sich die linearisierte doppelt orthogonalisierte Sensitivitätsmatrix »LinMsens« 37x6 ergibt, wie in Abbildung 4.10 zu sehen ist.

Doppelt orthogonalisierte Sensitivitätsmatrix »OrthMsens« 156x6

Index Orth	DOF 1	DOF 2	DOF 3	DOF 4	DOF 5	DOF 6
1	0,234277	0,117195	0,031546	0,031544	0,139601	0,139598
2	0,012311	-4,60E-06	0	-0,00725	-0,01217	-4,60E-06
3	0	0,01232	0,007249	-4,60E-07	0	-0,01216
4	0,017101	0,008551	0,002301	0,002301	0,01019	0,010186
5	0	0	0	7,51E-07	0	1,13E-06
6	0	-3,19E-06	-9,39E-08	9,39E-08	-1,88E-07	-2,72E-06
7	0	0,00205	0,001206	-4,33E-07	0	-0,00202
8	0,002049	-1,52E-06	0	-0,00121	-0,00202	-2,17E-06
9	0	-0,00091	-0,00054	-5,78E-07	0	0,000903
10	0,00091	1,23E-06	0	-0,00054	-0,0009	-7,22E-07
11	0,042149	0,021084	0,005673	0,005673	0,025118	0,025116
12	0	-4,58E-07	3,10E-07	-3,10E-07	-2,69E-08	-7,13E-07
13	0	0	0	5,38E-07	0	1,62E-07
14	0	0	0	0	0	3,45E-07
15	0,098734	-0,04949	-0,02102	0,021019	0,065336	-0,06533
16	0	3,91E-06	-6,90E-07	0	0	-2,99E-06
17	0	0,011406	0,008151	0	0	-0,01118
18	0,011374	5,29E-06	0	-0,00815	-0,01119	5,06E-06
19	1,23E-05	-3,91E-06	0	6,90E-07	-1,61E-06	-5,06E-06
20	0	-3,98E-07	0	0	0	5,97E-07
21	0,007207	-0,00361	-0,00153	0,001534	0,00477	-0,00477
22	-1,45E-06	1,41E-06	-1,97E-06	-1,97E-06	-6,57E-07	3,00E-06
23	3,28E-07	-6,57E-07	2,72E-06	2,72E-06	3,66E-06	-1,50E-06
24	0	1,22E-06	0	0	0	-2,82E-07
25	0	-6,57E-07	0	0	0	1,97E-06
26	0,001892	1,52E-06	0	-0,00136	-0,00186	1,73E-06
27	2,44E-06	-8,67E-07	0	-1,19E-06	3,25E-07	-1,73E-06
⋮			⋮			⋮
152	0	0,00141	0,000189	0	0	-0,00151
153	1,88E-07	1,62E-07	9,15E-07	-5,65E-07	1,88E-07	7,00E-07
154	1,88E-07	-1,62E-07	-9,15E-07	-5,65E-07	1,88E-07	-7,00E-07
155	0	-4,05E-07	2,03E-07	6,38E-07	6,38E-07	2,96E-07
156	0	4,85E-07	2,83E-07	5,38E-07	5,38E-07	-2,96E-07

Linearisierte doppelt orthogonalisierte Sensitivitätsmatrix »LinMsens« 37x6

Lin Koeff	Index Lin Orth	DOF 1	DOF 2	DOF 3	DOF 4	DOF 5	DOF 6
2	1	0,012311	-4,6E-06	0	-0,00725	-0,01217	-4,6E-06
3	2	0	0,01232	0,007249	-4,6E-07	0	-0,01216
7	3	0	0,00205	0,001206	-4,3E-07	0	-0,00202
8	4	0,002049	-1,5E-06	0	-0,00121	-0,00202	-2,2E-06
9	5	0	-0,00091	-0,00054	-5,8E-07	0	0,000903
10	6	0,00091	1,23E-06	0	-0,00054	-0,0009	-7,2E-07
17	7	0	0,011406	0,008151	0	0	-0,01118
18	8	0,011374	5,29E-06	0	-0,00815	-0,01119	5,06E-06
26	9	0,001892	1,52E-06	0	-0,00136	-0,00186	1,73E-06
29	10	0	0,001898	0,001356	0	0	-0,00186
31	11	-0,00084	1,88E-06	0	0,000605	0,000829	-1E-06
32	12	0	0,000843	0,000605	0	0	-0,00083
40	13	0	0,228108	0,017644	0	0	-0,24528
41	14	0,229829	0	0	-0,01764	-0,24528	3,45E-07
46	15	0	0,016658	0,001289	0	0	-0,01791
47	16	0,01678	0	0	-0,00129	-0,01791	-6,6E-08
48	17	3,14E-06	1,5E-06	7,51E-07	-2,8E-06	-3,8E-06	1,88E-06
60	18	0	0,041041	0,003174	0	0	-0,04413
61	19	0,04135	0	0	-0,00317	-0,04413	-3,7E-07
74	20	3,99E-06	-8,4E-07	-7,5E-07	-2,7E-06	-2,3E-06	-7,5E-07
93	21	-0,00011	-4,4E-06	0	5,75E-05	0,000114	-5,5E-06
94	22	0	-0,00011	-5,8E-05	-1,6E-06	0	0,000116
98	23	0	-2E-05	-9E-06	-9,8E-07	0	2,16E-05
99	24	-1,9E-05	-1,6E-06	-6,5E-07	9,1E-06	1,94E-05	-1,5E-06
100	25	0	8,92E-06	4,52E-06	6,86E-07	0	-5,7E-06
101	26	-7,7E-06	8,31E-07	6,5E-07	4,91E-06	8,56E-06	-1,1E-06
107	27	-0,0002	5,52E-06	6,9E-07	0,000107	0,000201	5,06E-06
110	28	1,15E-07	0,000199	0,000107	-2,1E-06	0	-0,00021
118	29	-2,7E-07	3,57E-05	1,66E-05	-1,4E-06	0	-3,7E-05
121	30	-1,8E-08	-1,4E-05	-6,6E-06	1,08E-07	0	1,07E-05
124	31	-1,6E-05	4,33E-07	-9,8E-07	5,96E-06	1,29E-05	1,66E-06
131	32	0,007824	0	0	-0,00105	-0,00836	0
132	33	0	0,007837	0,001051	0	0	-0,00836
137	34	0,000571	0	0	-7,7E-05	-0,00061	0
138	35	0	0,000577	7,72E-05	0	0	-0,00062
151	36	0,001408	0	0	-0,00019	-0,0015	0
152	37	0	0,00141	0,000189	0	0	-0,00151

Abbildung 4.10: Schritt 3 – Auswahl linearer Koeffizienten aus den doppelt orthogonalisierten Koeffizienten

Als entscheidender Schritt folgt nun die Singulärwertzerlegung, die zur Lösung des Gleichungssystems und Regularisierung des mathematischen Problems genutzt wird. Sie zerlegt dazu die mittlerweile linearisierte und doppelt orhogonalisierte Sensitivitätsmatrix »LinMsens« in die drei Untermatrizen U, S und V. Die Singulärwertzerlegung ist ein rechentechnisch aufwendigeres Verfahren, verfügt aber über exzellente numerische Eigenschaften. Die drei Matrizen enthalten im übertragenen Sinne Paare aus Ursache und Wirkung, wobei die Einträge der Diagonalmatrix S anzeigen, wie gut diese Paare im optischen System durch die vorgegebenen Freiheitsgrade beeinflusst werden können. Über ihre Werte lässt sich das inverse Problem zur Optimierung der numerischen Stabilität und Verbesserung des Korrekturverhaltens regularisieren. Dazu wird geprüft, ob es Einträge gibt, die einen bestimmten Schwellwert unterschreiten. Hintergrund ist der Umstand, dass sehr kleine Werte in S zu sehr großen Werten in der invertierten Matrix »InvS« führen und damit selbst kleinste Stellgrößen extreme Veränderungen im System hervorrufen können. Das ist ein typisches Zeichen schlecht konditionierter Probleme, wobei sich die Stabilität mit der geeigneten Wahl eines Schwellwerts zu Lasten der Effizienz und Präzision sowie der Fähigkeit der Berechnung alle Freiheitsgrade zu adressieren, verbessern lässt.

Der Vorgang der Singulärwertzerlegung ist aus vielen Anwendungen im digitalen Umfeld bekannt und kann z. B. für Verfahren der Bildkompression genutzt werden, um das Datenvolumen signifikant zu reduzieren, ohne dabei die wesentlichen Bildinformationen zu beeinträchtigen. Wie in den meisten Anwendungsfällen sind die Ausgangsmatrizen auch im Rahmen der wellenfrontbasierten Justage wegen der i. d. R. höheren Anzahl aus dem Produkt zwischen Feldpunkten und Zernike Koeffizienten (= Zeilen) im Vergleich zur Anzahl der Freiheitsgrade (= Spalten) nicht quadratisch. Deshalb wird die ökonomische Variante der Singulärwertzerlegung genutzt, bei der die Matrix U bzw. S nur so viele Spalten bzw. Zeilen hat, wie es Spalten in der Ausgangsmatrix gibt (V ist in beiden Fällen gleich). Damit folgt:

$$\underbrace{LinMsens}_{37x6} = \underbrace{U}_{37x6} \cdot \underbrace{S}_{6x6} \cdot \underbrace{V}_{6x6}. \quad \text{(Gl. 4.18)}$$

U Matrix 37x6

-0,05135814	4,75E-06	-0,02084573	-0,64186436	-0,63299804	-0,13580884
3,98E-06	0,05154565	-0,6419586	0,0209026	0,17711772	-0,70974758
6,05E-07	0,00857578	-0,10682128	0,00344214	0,03186904	-0,12619368
-0,00854651	2,29E-06	-0,0034511	-0,10685331	-0,10928518	-0,00366974
-3,92E-07	-0,00381907	0,04739546	-0,001605	-0,00753921	0,03279668
-0,00379821	4,28E-06	-0,00154458	-0,04749201	-0,03367679	-0,01732991
3,75E-06	0,0477867	-0,74008459	0,02415249	-0,15259233	0,61086716
-0,04757218	3,47E-06	-0,02420149	-0,74018212	0,51904465	0,10504579
-0,00791295	-6,10E-08	-0,00403811	-0,12310875	0,08405364	0,00205881
6,24E-07	0,00794873	-0,1230989	0,00401729	-0,02210941	0,08848167
0,00352007	5,61E-06	0,00179281	0,05489952	-0,05028707	-0,02899385
2,78E-07	0,00354097	-0,05486899	0,00179067	-0,01946521	0,0779944
7,69E-05	0,97858104	0,07112304	-0,00231822	-0,00132484	0,00533835
-0,97860798	7,67E-05	0,00230743	0,07083218	-0,00784492	-0,00472412
5,62E-06	0,07146475	0,00518007	-0,00016883	-0,00249806	0,01002353
-0,07144969	5,80E-06	0,00016781	0,00511929	0,00074017	0,00098298
-1,46E-05	-9,03E-07	-0,00011152	-0,00025095	0,0123794	-0,02655641
1,38E-05	0,17606199	0,01285901	-0,00041914	0,0012396	-0,0049688
-0,17606694	1,47E-05	0,00042217	0,01280741	-0,00703698	0,00104507
-1,33E-05	-1,93E-07	7,91E-05	-0,00026539	-0,01415551	0,00900088
0,00047285	3,06E-06	0,00024265	0,00495115	-0,02791246	0,083885
-2,93E-07	-0,00048169	0,00494893	-0,00032391	0,00573029	-0,01611327
-1,61E-07	-8,72E-05	0,00073944	-0,00012256	0,00343991	-0,00963705
8,04E-05	-9,99E-08	0,00011476	0,00077142	-0,00746329	0,02644809
1,11E-07	3,05E-05	-0,00042461	8,31E-05	0,00628233	-0,0281334
3,41E-05	4,06E-06	-4,25E-05	0,00043134	-0,00749763	-0,00018269
0,00084068	2,05E-07	0,00015306	0,00930937	0,0283685	-0,0902037
-4,89E-07	0,00085233	-0,00924167	9,25E-05	-0,01225701	0,05421809
3,27E-07	0,00015174	-0,00140254	-9,55E-05	0,00215852	0,00623075
4,90E-08	-5,17E-05	0,00060144	-8,60E-06	-0,00715253	0,0288256
5,93E-05	-2,84E-06	9,41E-05	0,00051266	0,02637382	-0,01125244
-0,03339959	2,64E-06	-0,00140088	-0,04298884	0,4863162	0,18090306
2,64E-06	0,03355853	-0,04299061	0,00140311	-0,01753566	0,07027117
-0,00243739	1,93E-07	-0,00010154	-0,00311592	0,03969592	0,01475927
1,94E-07	0,00247188	-0,00313949	0,00010247	-0,00282128	0,01131276
-0,00601115	4,76E-07	-0,00024902	-0,00764178	0,09521375	0,03540438
4,74E-07	0,00603743	-0,00771073	0,00025167	-0,00479388	0,01921813

V Matrix 6x6

-0,68287922	5,38E-05	-0,00105068	-0,03230924	-0,69829434	-0,21216974
5,32E-05	0,68014941	-0,0411974	0,00125574	0,21278364	-0,70030072
4,28E-06	0,05467967	-0,99225661	0,03237163	-0,0310295	0,10210874
0,05448293	-4,38E-06	0,03239832	0,99345646	-0,09086812	-0,02773456
0,72849679	-5,74E-05	-0,00340802	-0,10458485	-0,64777193	-0,19681043
-5,80E-05	-0,7310314	-0,11254873	0,00358956	0,19565232	-0,64392015

S Matrix 6x6 (mit Schwellwert 1E-15)

0,34394818	0	0	0	0	0
0	0,34276429	0	0	0	0
0	0	0,00986176	0	0	0
0	0	0	0,00985498	0	0
0	0	0	0	9,34E-05	0
0	0	0	0	0	7,66E-05

InvS Matrix 6x6

2,90741475	0	0	0	0	0
0	2,91745675	0	0	0	0
0	0	101,401776	0	0	0
0	0	0	101,471559	0	0
0	0	0	0	10712,3662	0
0	0	0	0	0	13058,2468

»InvMsens« Matrix 6x37

5113,54455	641,492901	111,235239	828,030094	-34,4689474	300,092392	•••	-63,5173586	-337,817226	-10,2384997	-810,28858	-17,3849922
-200,929622	6896,94009	1227,10983	-215,546968	-317,30654	81,7138434		-682,333439	-44,4855195	-109,864633	-106,730597	-186,627061
29,3149472	-940,555072	-168,094331	31,4294868	41,4611928	-11,91348	•••	103,861218	6,48451634	16,3384025	15,5577887	27,9958089
600,571984	84,6350683	14,6772403	96,9243	-4,54513166	34,2644614		-8,3800958	-44,3006239	-1,35080021	-106,276593	-2,29366477
4748,21984	595,000725	103,17339	768,89675	-31,9709458	278,723325	•••	-58,9139418	-313,360137	-9,49646539	-751,625174	-16,1250162
-184,751678	6346,335	1129,09195	-198,193405	-292,104596	75,1351909		-627,206299	-40,9041606	-101,00551	-98,1381247	-171,567321

Abbildung 4.11: Schritt 4.1 – Singulärwertzerlegung und Bestimmen der invertierten linearisierten doppelt orthogonalisierten Sensitivitätsmatrix »InvMsens«

Für das konkrete Zahlenbeispiel errechnen sich die Werte aus Abbildung 4.11. Beachtenswert ist dabei die Größenordnung der Einträge von S. Der kleinste Wert liegt in einem Bereich von 10^{-5} und damit einige Größenordnungen von typischen Schwellwerten entfernt, unterhalb derer sie ohne wesentlichen Informationsverlust vernachlässigt und zu 0 gesetzt werden können.

Darüber hinaus ist in Abbildung 4.11 die Berechnung der invertierten linearisierten Sensitivitätsmatrix gezeigt. Sie kann mit Hilfe der in der Singulärwertzerlegung berechneten Untermatrizen sehr einfach ermittelt werden und ergibt sich aus

$$V \cdot U \cdot InvS \cdot U^T = InvMsens. \qquad \text{(Gl. 4.19)}$$

Damit sind alle Schritte abgeschlossen, die die Charakterisierung des optischen Systems betreffen. Wie für die beiden Fälle zur Erfassung der Sensitivitätsmatrix weiter oben erläutert, muss im Fall der Simulation der bisherige Vorgang nur einmal durchlaufen werden. Im Gegensatz dazu kann in der realen Erfassung des Systemverhaltens dieser Ablauf zu Beginn jeder Korrektur durchgeführt werden, um systemindividuelle Fehler im Laufe der Justage zu kompensieren.

Für die Berechnung der Korrekturanweisung jeder Iteration ist nun noch der aktuelle Systemzustand aufzunehmen. Zu Beginn des Verfahrens entspricht das dem in der Übersichtsgrafik aus Abbildung 4.3 genannten initialen Status »InitialState«, der sich durch eine unbekannte Perturbation in maximal allen in der Systemcharakterisierung enthaltenen Freiheitsgraden auszeichnet. Die Verfahrensschritte bis zum Erreichen des Zwischenwertes »Diff« gleichen dem bereits erläuterten Prozess und werden insofern nur noch verkürzt dargestellt.

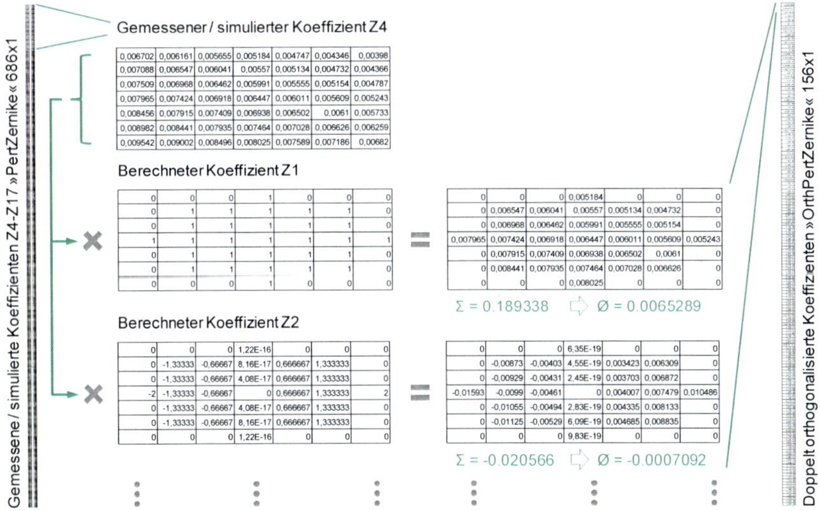

Abbildung 4.12: Schritt 2.2 – Doppeltes Orthogonalisieren der Koeffizienten des aktuellen Systemzustands

Wie auch für den Nominalvektor und die Sensitivitätsmatrix werden die gemessenen bzw. simulierten Zernike Koeffizienten des perturbierten Zustands gegliedert nach ihren

Feldpunkten aufgenommen. Dadurch entsteht ein Vektor »PertZernike« 686x1 mit gleicher Zeilenzahl wie »Nom« und »Msens«. Alle gemessenen bzw. simulierten Zernike Koeffizienten werden nun durch Multiplikation mit den bereits bekannten, berechneten Koeffizienten in den doppelt orthogonalisierten Vektor »OrthPertZernike« 156x1 überführt.

Ein vergleichender Blick auf die exemplarisch gezeigten Summen von Z4·Z1 und Z4·Z2 zeigt bereits deutlich größere Werte als noch im Beispiel des Nominalzustands aus Abbildung 4.9. Der Unterschied beträgt mehrere Größenordnungen und repräsentiert die Auswirkung der Perturbation auf die Wellenfront. Um nur die gesuchte Abweichung zu erhalten, wird im Folgeschritt vom Vektor »OrthPertZernike« der Vektor »OrthNom« abgezogen, sodass sich die verbleibende Differenz »Diff« 156x1 ergibt. Aus ihr werden die gleichen Einträge entnommen, die bereits aus der Linearisierung des Nominalvektors und der Sensitivitätsmatrix bekannt sind. Im Beispiel reduziert sich also die Anzahl an Zeilen für den linearisierten Vektor »LinDiff« 37x1 auf nur noch 37. Damit steht nach der Charakterisierung des Systems der zur Lösung von (Gl. 4.1) erforderliche zweite Bestandteil zur Verfügung. Er muss sowohl in der Simulation wie auch in der Erfassung am realen Aufbau für jedes neue System und bei jeder neuen Iteration wieder ermittelt werden.

Die letztliche Korrekturanweisung ist nun einfach über die Multiplikation zwischen »InvMsens« und »LinDiff« zu berechnen. Entsprechend der Größe der beteiligten Komponenten von 6x37 und 1x37 ergibt sich der Zielvektor »Alignment« 1x6, welcher die individuelle Korrekturanweisung für die 6 Freiheitsgrade des Beispiels beinhaltet.

»InvMsens« 37x6

5113,54455	641,492901	111,235239	828,030094	-34,4689474	300,092392	-550,998114	-810,28858	-17,3849922
-200,929622	6896,94009	1227,10983	-215,546968	-317,30654	81,7138434	-5930,82846	-106,730597	-186,627061
29,3149472	-940,555072	-168,094331	31,4294868	41,4611928	-11,91348	939,779846	15,5577887	27,9958089
600,571984	84,6350683	14,6772403	96,9243	-4,54513166	34,2644614	-72,6958523	-106,276593	-2,29366477
4748,21984	595,000725	103,17339	768,89675	-31,9709458	278,723325	-511,064529	-751,625174	-16,1250162
-184,751678	6346,335	1129,09195	-198,193405	-292,104596	75,1351909	-5447,92205	-98,1381247	-171,567321

»LinDiff« 37x1

-0,00070917
0,00074016
0,00012316
-0,00011807
-5,4773E-05
-5,244E-05
0,00083703
4,1277E-06
-2,8426E-05
9,5326E-06

»Alignment« 1x6

Status vorher	0,1	0,1	0,1	0,1	0,1	0,1
Alignment	**0,07834845**	**0,09398493**	**0,10105357**	**0,09532883**	**0,08090339**	**0,09459439**
Restfehler	0,02165155	0,00601507	-0,00105357	0,00467117	0,01909661	0,00540561

Abbildung 4.13: Schritt 4.2 – Berechnung der Korrekturanweisung

Für die eher ungewöhnliche Testkonstellation ausschließlich positiver Perturbationen in Höhe von 0.1 mm bzw. Grad (vgl. Zeile Status vorher) konnten über das erläuterte Verfahren Korrekturen berechnet werden, durch die sich die Fehlstellung innerhalb der gezeigten ersten Iteration um 78 % bis 99 % beheben lässt. Die verbleibende Perturbation (vgl. Zeile Restfehler) liegt bei maximal 21.7 µm, konnte aber für manche Freiheitsgrade nah an den Bereich der sub-µm-Präzision geführt werden. Im Verlaufe weiterer Iterationen kann nun das erzielte Ergebnis verbessert werden. Die mit dem Restfehler als neuem Systemzustand ermittelten, perturbierten Koeffizienten »PertZernike« weisen dann aufgrund der bereits erfolgten Korrektur deutlich geringere Werte auf, womit sich ein kleineres Delta im Vektor »Diff« ergibt und der perturbierte Zustand sich dem nominalen Zustand annähert. Typische Verläufe für die einzelnen Freiheitsgrade über mehrere Iterationen hinweg werden für die Simulation in Abschnitt 5 und für die Messung in Abschnitt 7 gezeigt.

4.3 Weiterentwicklung und Anpassungen der Berechnungsweise

Wie gut die skizzierte Konvergenz in der Korrekturberechnung umgesetzt werden kann, hängt von einer Vielzahl von Faktoren ab. Einerseits betrifft das eine Reihe von Parametern und ihren geeigneten Einstellungen, die nach dem Stand der Technik bislang nicht ausreichend definiert und untersucht sind. Diese Parameter und ihre Einflüsse auf die Korrekturberechnung werden ausführlich in Abschnitt 5 diskutiert.

Andererseits betrifft das aber auch Optimierungen im dargestellten Vorgehen, die mit Blick auf eine produktionstechnische Umsetzung des wellenfrontbasierten Ansatzes von entscheidender Bedeutung sind. Dazu gehört sowohl die Berücksichtigung aller Daten durch eine geeignete Normierung der berechneten Zernike Koeffizienten als auch die geeignete Auswahl linearer doppelt orthogonalisierter Koeffizienten. Beide Aspekte sollen in den folgenden Abschnitten ausgeführt werden.

4.3.1 Optimierung des Aperturdurchmessers

Die doppelte Orthogonalisierung durch Multiplikation der gemessenen bzw. simulierten Koeffizienten mit den berechneten Koeffizienten beinhaltet im beispielhaft durchgerechneten Anwendungsfall von 7x7 Feldpunkten stets 29 Einträge. Diese Anzahl resultiert aus Schritt 2 der Berechnung zur Ermittlung der Feldinformationen. An dieser Stelle wurden über eine Maske diejenigen Feldpunkte ausgeblendet, die außerhalb des Pferchkreises liegen (vgl. Abbildung 4.7). Allerdings werden damit wichtige Informationen zur optischen Funktion des Systems aus den Randbereichen vernachlässigt. Die eigentlich vollständig vorliegenden Daten aus der Simulation bzw. Messung für jeden Feldpunkt jenseits des definierten Aperturdurchmessers werden durch die Nulleinträge in den berechneten Koeffizienten verworfen. Ihr Informationsgehalt wird damit nicht in die doppelt orthogonalisierten Zwischenschritte und die Folgeberechnung übernommen.

Dieser Umstand ist auch deswegen problematisch, weil gerade in den Randbereichen unter großen Feldwinkeln die Eigenschaften des optischen Systems von großem Interesse sind. An diesen exponierten Stellen zeigen sich bestimmte Aberrationen infolge (noch) unbekannter Perturbationen besonders stark, weshalb ihre Berücksichtigung im Laufe der Korrekturberechnung von großem Nutzen sein kann. Effekte, die in der zentralen Wellenfront oder unter geringen Feldwinkeln nur wenig in Erscheinung treten, lösen im Randbereich eine ausreichend große Änderung der optischen Funktion und damit in der Steigung der gemessenen Zernike Koeffizienten aus, die sie zur Korrektur verwertbar macht. Dies ist vor allem vor dem Hintergrund der produktionstechnischen Umsetzung bei realem Sensorverhalten von nicht zu unterschätzender Bedeutung, da extrem geringe Steigungen vielleicht noch simuliert, aber aufgrund begrenzter Wiederholpräzision der Sensoren nicht an realen Aufbauten zuverlässig gemessen werden können.

Aus diesen Erwägungen heraus erscheint es notwendig, gerade die wertvollen Daten des Randbereichs ebenfalls für die Korrekturberechnung nutzbar zu machen. Die mathematische Umsetzung dieses Gedankens kann über die Berechnung der fehlenden Koeffizientenbereiche implementiert werden, welche die berechneten Koeffizienten mit runder

Apertur ergänzen. Sie verfügen über einen anhand der Eckpunkte neu normierten Radius, der an den ehemals zu 1 normierten Berührpunkten zwischen Pferchkreis und Rechteck nur noch einen Wert von $2^{-0.5} = 0.707$ erreicht.

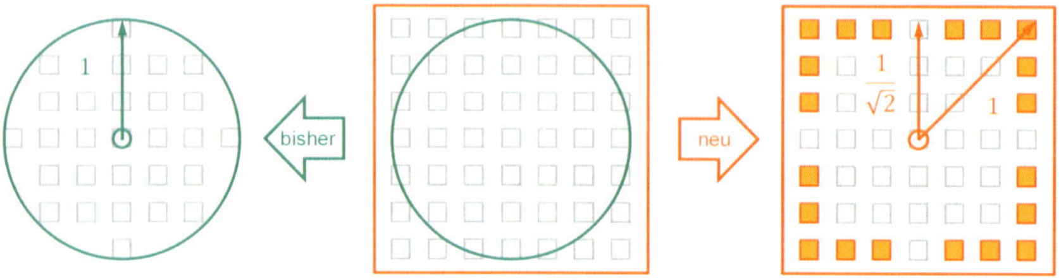

Abbildung 4.14: Umstellung zur Berechnung aller Feldpunkte

Im konkreten Beispiel werden damit 20 weitere Feldpunkte der Justage zugänglich gemacht und verbessern so die Eigenschaften der Korrekturberechnung deutlich. Damit verbunden ist keine Änderung der Größe aller doppelt orthogonaliserten Zwischenergebnisse, lediglich die Anzahl an Summanden für die Summenbildung jedes multiplizierten Koeffizienten erhöht sich. Nachfolgend sind die Änderungen auszugsweise anhand der gleichen Testkonstellation wie im vorangegangenen Abschnitt gezeigt, beginnend mit den berechneten Zernike Koeffizienten in Abbildung 4.15 und der anschließenden doppelten Orthogonalisierung in Abbildung 4.16.

Defokus Z4

1,732050808	0,769800359	0,19245009	-3,85E-16	0,19245009	0,769800359	1,732050808
0,769800359	-0,19245009	-0,769800359	-0,962250449	-0,769800359	-0,19245009	0,769800359
0,19245009	-0,769800359	-1,347150628	-1,539600718	-1,347150628	-0,769800359	0,19245009
-3,85E-16	-0,962250449	-1,539600718	-1,732050808	-1,539600718	-0,962250449	-3,85E-16
0,19245009	-0,769800359	-1,347150628	-1,539600718	-1,347150628	-0,769800359	0,19245009
0,769800359	-0,19245009	-0,769800359	-0,962250449	-0,769800359	-0,19245009	0,769800359
1,732050808	0,769800359	0,19245009	-3,85E-16	0,19245009	0,769800359	1,732050808

Astigma-tismus Z5

2,449489743	1,632993162	0,816496581	-1,50E-16	-0,816496581	-1,632993162	-2,449489743
1,632993162	1,088662108	0,544331054	-6,67E-17	-0,544331054	-1,088662108	-1,632993162
0,816496581	0,544331054	0,272165527	-1,67E-17	-0,272165527	-0,544331054	-0,816496581
-3,00E-16	-1,33E-16	-3,33E-17	0	0	0	0
-0,816496581	-0,544331054	-0,272165527	1,67E-17	0,272165527	0,544331054	0,816496581
-1,632993162	-1,088662108	-0,544331054	6,67E-17	0,544331054	1,088662108	1,632993162
-2,449489743	-1,632993162	-0,816496581	1,50E-16	0,816496581	1,632993162	2,449489743

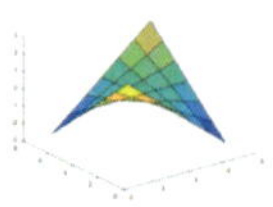

Astigma-tismus Z6

-4,50E-16	-0,680413817	-1,088662108	-1,224744871	-1,088662108	-0,680413817	1,50E-16
0,680413817	-2,00E-16	-0,40824829	-0,544331054	-0,40824829	6,67E-17	0,680413817
1,088662108	0,40824829	-5,00E-17	-0,136082763	-1,04E-16	0,40824829	1,088662108
1,224744871	0,544331054	0,136082763	0	0,136082763	0,544331054	1,224744871
1,088662108	0,40824829	-5,00E-17	-0,136082763	1,67E-17	0,40824829	1,088662108
0,680413817	-2,00E-16	-0,40824829	-0,544331054	-0,40824829	6,67E-17	0,680413817
-4,50E-16	-0,680413817	-1,088662108	-1,224744871	-1,088662108	-0,680413817	1,50E-16

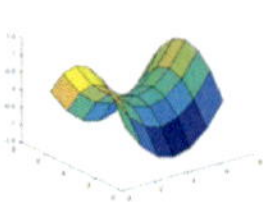

Coma Z7

-2	-0,333333333	0,666666667	1	0,666666667	-0,333333333	-2
-0,222222222	0,888888889	1,555555556	1,777777778	1,555555556	0,888888889	-0,222222222
0,222222222	0,777777778	1,111111111	1,222222222	1,111111111	0,777777778	0,222222222
-1,22E-16	-2,18E-16	-1,50E-16	0	0	0	0
-0,222222222	-0,777777778	-1,111111111	-1,222222222	-1,111111111	-0,777777778	-0,222222222
0,222222222	-0,888888889	-1,555555556	-1,777777778	-1,555555556	-0,888888889	0,222222222
2	0,333333333	-0,666666667	-1	-0,666666667	0,333333333	2

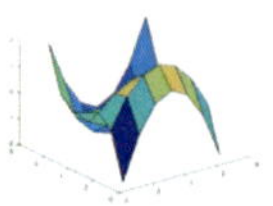

Coma Z8

-2	-0,222222222	0,222222222	-6,12E-17	-0,222222222	0,222222222	2
-0,333333333	0,888888889	0,777777778	-1,09E-16	-0,777777778	-0,888888889	0,333333333
0,666666667	1,555555556	1,111111111	-7,48E-17	-1,111111111	-1,555555556	-0,666666667
1	1,777777778	1,222222222	0	-1,222222222	-1,777777778	-1
0,666666667	1,555555556	1,111111111	-7,48E-17	-1,111111111	-1,555555556	-0,666666667
-0,333333333	0,888888889	0,777777778	-1,09E-16	-0,777777778	-0,888888889	0,333333333
-2	-0,222222222	0,222222222	-6,12E-17	-0,222222222	0,222222222	2

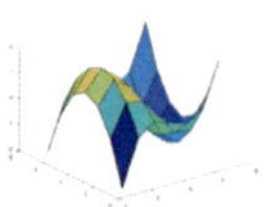

Abbildung 4.15: Resultierende Änderungen durch Optimierung des Aperturdurchmessers auf die berechneten Zernike Koeffizienten

Gemessener / simulierter Koeffizient Z4

0,00029	0,0002	0,00015	0,00013	0,00015	0,0002	0,00029
0,0002	0,00011	6,1E-05	4,3E-05	6,1E-05	0,00011	0,0002
0,00015	6,1E-05	8,0E-06	-9,0E-06	8,0E-06	6,1E-05	0,00015
0,00013	4,3E-05	-9,0E-06	-2,7E-05	-9,0E-06	4,3E-05	0,00013
0,00015	6,1E-05	8,0E-06	-9,0E-06	8,0E-06	6,1E-05	0,00015
0,0002	0,00011	6,1E-05	4,3E-05	6,1E-05	0,00011	0,0002
0,00029	0,0002	0,00015	0,00013	0,00015	0,0002	0,00029

Berechneter Koeffizient Z1

1	1	1	1	1	1	1
1	1	1	1	1	1	1
1	1	1	1	1	1	1
1	1	1	1	1	1	1
1	1	1	1	1	1	1
1	1	1	1	1	1	1
1	1	1	1	1	1	1

0,0003	0,0002	0,0001	0,0001	0,0001	0,0002	0,0003
0,0002	0,0001	6E-05	4E-05	6E-05	0,0001	0,0002
0,0001	6E-05	8E-06	-9E-06	8E-06	6E-05	0,0001
0,0001	4E-05	-9E-06	-3E-05	-9E-06	4E-05	0,0001
0,0001	6E-05	8E-06	-9E-06	8E-06	6E-05	0,0001
0,0002	0,0001	6E-05	4E-05	6E-05	0,0001	0,0002
0,0003	0,0002	0,0001	0,0001	0,0001	0,0002	0,0003

Σ = 0.005541 ⇨ Ø = 0.00011308

Berechneter Koeffizient Z2

-1,4142	-0,9428	-0,4714	8,7E-17	0,4714	0,94281	1,41421
-1,4142	-0,9428	-0,4714	5,8E-17	0,4714	0,94281	1,41421
-1,4142	-0,9428	-0,4714	2,9E-17	0,4714	0,94281	1,41421
-1,4142	-0,9428	-0,4714	0	0,4714	0,94281	1,41421
-1,4142	-0,9428	-0,4714	2,9E-17	0,4714	0,94281	1,41421
-1,4142	-0,9428	-0,4714	5,8E-17	0,4714	0,94281	1,41421
-1,4142	-0,9428	-0,4714	8,7E-17	0,4714	0,94281	1,41421

-4E-04	-2E-04	-7E-05	1E-20	7E-05	0,0002	0,0004
-3E-04	-1E-04	-3E-05	2E-21	3E-05	0,0001	0,0003
-2E-04	-6E-05	-4E-06	-3E-22	4E-06	6E-05	0,0002
-2E-04	-4E-05	4E-06	0	-4E-06	4E-05	0,0002
-2E-04	-6E-05	-4E-06	-3E-22	4E-06	6E-05	0,0002
-3E-04	-1E-04	-3E-05	2E-21	3E-05	0,0001	0,0003
-4E-04	-2E-04	-7E-05	1E-20	7E-05	0,0002	0,0004

Σ = 0 ⇨ Ø = 0

Berechneter Koeffizient Z3

-1,4142	-1,4142	-1,4142	-1,4142	-1,4142	-1,4142	-1,4142
-0,9428	-0,9428	-0,9428	-0,9428	-0,9428	-0,9428	-0,9428
-0,4714	-0,4714	-0,4714	-0,4714	-0,4714	-0,4714	-0,4714
1,7E-16	1,2E-16	5,8E-17	0	0	0	0
0,4714	0,4714	0,4714	0,4714	0,4714	0,4714	0,4714
0,94281	0,94281	0,94281	0,94281	0,94281	0,94281	0,94281
1,41421	1,41421	1,41421	1,41421	1,41421	1,41421	1,41421

-4E-04	-3E-04	-2E-04	-2E-04	-2E-04	-3E-04	-4E-04
-2E-04	-1E-04	-6E-05	-4E-05	-6E-05	-1E-04	-2E-04
-7E-05	-3E-05	-4E-06	4E-06	-4E-06	-3E-05	-7E-05
2E-20	5E-21	-5E-22	0	0	0	0
7E-05	3E-05	4E-06	-4E-06	4E-06	3E-05	7E-05
0,0002	0,0001	6E-05	4E-05	6E-05	0,0001	0,0002
0,0004	0,0003	0,0002	0,0002	0,0002	0,0003	0,0004

Σ = 0 ⇨ Ø = 0

Abbildung 4.16: Resultierende Änderungen durch Optimierung des Aperturdurchmessers auf die Werte der doppelten Orthogonalisierung

Ein Vergleich mit dem vormaligen Wert für die Summe der Elemente von Z4·Z1 aus Abbildung 4.9 zeigt, dass er sich von 0.001605 auf nunmehr 0.005541 mehr als verdreifacht hat. Trotz der auf 49 gewachsenen Zahl der Elemente ist damit auch der Durchschnitt um mehr als den Faktor 2 größer. Dieser Zuwachs entspricht einer nun eindeutigeren Beziehung zwischen dem jeweiligen Freiheitsgrad und der Wellenfront im Feld und wirkt sich aus diesem Grund positiv auf die Güte und Effizienz der damit berechneten Korrekturanweisungen aus. Der so erzielte Effekt wird durch die Gegenüberstellung der beiden Justageparameter in Tabelle 4.2 quantifizierbar.

Tabelle 4.2: Verbesserung der Korrekturanweisungen mit optimierter Apertur

Apertur	DOF1	DOF2	DOF3	DOF4	DOF5	DOF6
Konventionell	0.078349	0.093985	0.101054	0.095329	0.080903	0.094594
Optimiert	0.085571	0.097615	0.100421	0.096405	0.087584	0.097922
Δ	0.007222	0.003630	0.000633	0.001076	0.006681	0.003328

Dieses einfache Beispiel illustriert das Optimierungspotenzial, über das sich eine wesentliche Verbesserung der Korrektureigenschaften der wellenfrontbasierten Justage erzielen lässt. Alle Korrekturanweisungen sind im Schnitt knapp 4 % näher am Sollwert als ihre Vorgänger in der konventionellen Berechnung. Im Freiheitsgrad 3 konnte mit Hilfe der Optimierung sogar schon nach der ersten Iteration eine Korrektur bis in den sub-µm-Bereich erzielt werden.

4.3.2 Automatisierte Auswahl geeigneter Koeffizienten

Die Anzahl der erforderlichen Zernike Koeffizienten als in Summe ausreichend genaue Repräsentanten der Wellenfront entspricht i. d. R. einer niedrigen zweistelligen Zahl (vgl. Abschnitt 5.1.1.2). Wie in Kapitel 2 beschrieben, werden sie aus der räumlichen Wellenfront extrahiert, um eine mathematische Handhabung dieser beliebig komplex geformten Fläche zu ermöglichen. Im Fokus des inversen Problems der wellenfrontbasierten Justage steht dabei das Verhalten der Koeffizienten in Abhängigkeit von Fehlstellungen der Elemente des optischen Systems. Hierzu zeigt Abbildung 4.17 den Verlauf der ersten 28 Zernike Koeffizienten eines zweilinsigen Systems für die zentrale Wellenfront in Abhängigkeit zweier Perturbationen.

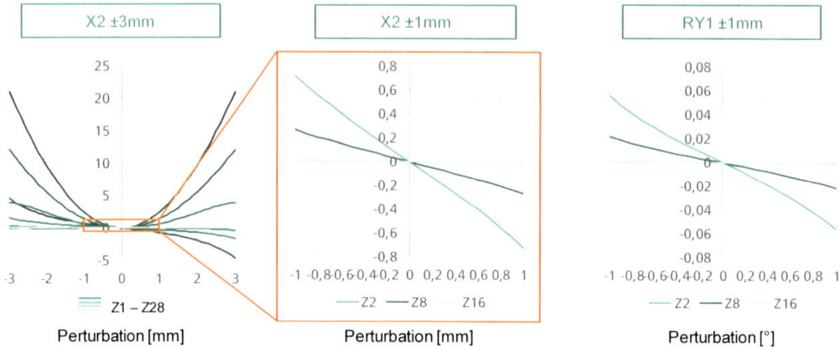

Abbildung 4.17: Korrelation zwischen Freiheitsgraden eines optischen Systems und seinen Zernike Koeffizienten

Wie für eine vergleichsweise große Perturbation von ±3 mm entlang eines Freiheitsgrads links zu erkennen ist, zeigen die Zernike Koeffizienten in diesem Bereich offenkundig keinen ausreichend linearen Zusammenhang, um als Berechnungsgrundlage (Gl. 4.1) lösen zu können. Wird der Betrachtungsbereich des gleichen Freiheitsgrads auf ±1 mm verringert, ergibt sich im mittleren Graphen zumindest für 3 Koeffizienten ein annähernd linearer Verlauf. Im Vergleich dazu zeigt das rechte Diagramm die sehr ähnlichen Verläufe eben dieser Koeffizienten im gleichen Betrachtungsbereich, allerdings für einen anderen Freiheitsgrad. Anhand dieses einfachen Beispiels werden eine Reihe wesentlicher Herausforderungen in der Nutzung von Zernike Koeffizienten zur Ableitung von Justageanweisungen deutlich:

i. Steigung der Verläufe – wie im rechten Diagramm zu sehen, können die Änderungen der Koeffizienten bereits in den gezeigten Größenordnungen von Perturbationen sehr gering ausfallen und sind im µm-Bereich mit realer Sensorik kaum noch detektierbar
ii. Anzahl linearer Koeffizienten – angesichts der nur geringen Anzahl linearer Koeffizienten stehen nicht genügend Informationen zur Verfügung, mit denen

für eine relevante Zahl von Freiheitsgraden eine Korrekturberechnung durchgeführt werden kann

iii. Eineindeutigkeit der Koeffizienten – der ohnehin schon geringe Informationsgehalt aufgrund der wenigen lineareren Koeffizienten wird aufgrund der Abhängigkeiten von mehreren Freiheitsgraden weiter verringert, da Änderungen von Koeffizienten nicht ausschließlich einem Freiheitsgrad zugeordnet werden können

iv. Beurteilung der Linearität – in welchen Arbeitsbereichen welche Koeffizienten ausreichend linear verlaufen, ist aufgrund der vielen ähnlichen und nur leicht unterschiedlich gekrümmten Verläufe nicht einfach zu beurteilen, für die Fähigkeit der Korrekturberechnung aber von entscheidender Bedeutung

Punkt i. aus obiger Auflistung ist jenseits der grundsätzlichen Fähigkeiten von Simulation und Algorithmik eine der zentralen Herausforderungen in der Übertragung der wellenfrontbasierten Justage in ein breites Spektrum optischer Anwendungen. Insofern wird dieser Punkt intensiv und dezidiert in den Kapiteln 6 und 7 behandelt.

Die Aspekte ii. bis iii. lassen sich über zusätzliche Informationen aus dem optischen System adressieren. Werden über die zentrale Wellenfront als Beurteilungsgrundlage des optischen Verhaltens und damit von Änderungen der Zernike Koeffizienten hinaus die Eigenschaften des Systems im Feld genutzt, lassen sich zahlreiche weitere Informationen generieren. U. a. in Abhängigkeit der Anzahl an Feldpunkten stehen damit tendenziell sogar zu viele Informationen zur Verfügung, aus denen die geeignet(st)en herausgefiltert werden müssen. Dies trifft ebenfalls auf Punkt iv. zu, der in Abbildung 4.17 im Übergang vom linken zum mittleren Diagramm illustriert ist.

Das zugehörige Vorgehen wurde bereits exemplarisch anhand der durchgeführten Beispielrechnung in diesem Kapitel erläutert. Auf den nun entscheidenden Aspekt der Auswahl geeigneter Koeffizienten in der Extraktion der linearisierten Vektoren bzw. Matrizen aus den doppelt orthogonalisierten Zwischenwerten wurde dort jedoch nicht näher eingegangen. Im obigem Beispiel wurden 37 der 156 zur Verfügung stehenden Koeffizienten extrahiert und mit diesen die Korrekturberechnung weitergeführt. Grundlage einer solchen Auswahl ist die Bestimmung von Linearitätskriterien anhand der Koeffizientenverläufe. Dies kann beispielsweise über die Berechnung einer Ausgleichsfunktion durch die Datenpunkte und die nachfolgende Bestimmung der Güte der Regression erfolgen.

Ein Blick auf die Koeffizientenverläufe aus Abbildung 4.17 zeigt, dass mit einem Polynom maximal 3. Grades die Verläufe sehr gut nachempfunden werden können. Gleiches gilt für die im Rahmen der Korrekturberechnung genutzten doppelt orthogonalisierten Koeffizienten, wie in der Gegenüberstellung aus Abbildung 4.18 für die drei typischen Verläufe der Koeffizienten am Beispiel des rotationssymmetrischen Z4 und den Pärchen für Z7 & Z8 sowie Z9 & Z10 dargestellt ist. Die erste Zeile beinhaltet dabei in grau die konventionellen Zernike Koeffizienten, wohingegen die weiteren Zeilen mit den farbigen Verläufen die doppelt orthogonalisierten Koeffizienten zeigen, deren 13 bzw. 26 Verläufe in 8 Gruppen gegliedert wurden. Diese setzen sich abwechselnd aus der Multiplikation mit 1 rotationssymmetrischen bzw. 2 winkelabhängigen berechneten Koeffizienten nach Tabelle 4.1 zusammen. Allen Graphen liegt eine Dezentrierung des ersten Elements von X1 = ±1 mm zu Grunde.

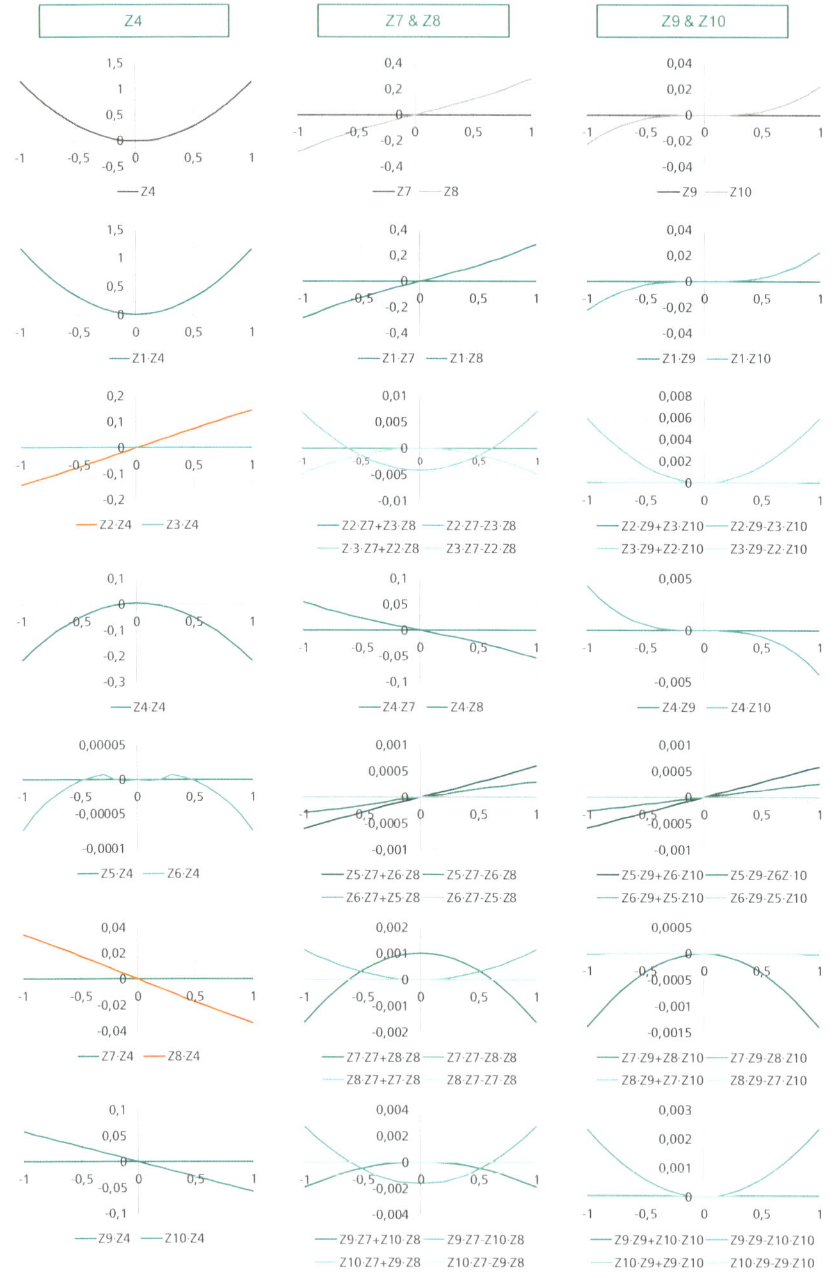

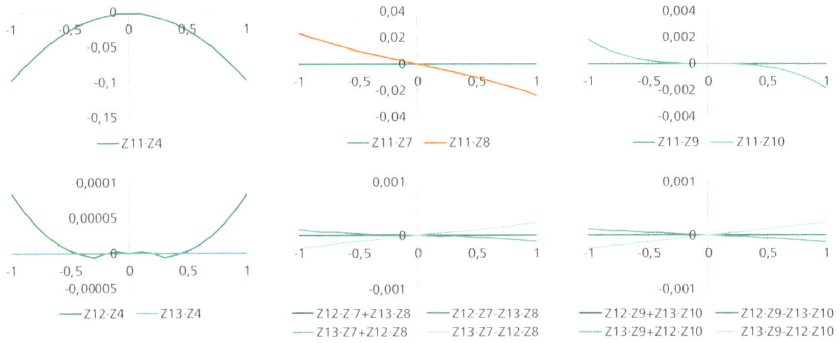

Abbildung 4.18: Übersicht der typischen Verläufe für die einfachen (grau) und doppelt orthogonalisierten (farbig) Zernike Koeffizienten am Beispiel einer Dezentrierung von ±1 mm

Zur Identifikation geeigneter Koeffizienten wird an deren Verläufe nun ein Polynom P(x) 3. Grades angefittet entsprechend

$$P(x) = a_0 + a_1 x + a_2 x^2 + a_3 x^3. \qquad \text{(Gl. 4.20)}$$

Anhand der sehr geringen Abweichungen von $< 10^{-6}$ zwischen Polynom und Koeffizientenverlauf bestätigt sich die Eignung dieses Polynoms (vgl. Abbildung 4.19). Die sich ergebenden Polynomkoeffizienten a_0 bis a_3 bieten daher eine gute Beurteilungsbasis, ob der betreffende Verlauf als linear bewertet und demzufolge in der Berechnung berücksichtigt werden sollte. Erster Schritt hierfür ist zunächst die Bewertung, ob der lineare Koeffizient in Bezug zu den anderen Koeffizienten dominant ist:

$$\frac{|a_1|}{|a_2| + |a_3|} > S. \qquad \text{(Gl. 4.21)}$$

Für S wird ein Wert im Übergang vom einstelligen in den zweistelligen Bereich gewählt, der im konkreten Beispiel 10 beträgt. Bei positiver Beurteilung wird in einem zweiten Schritt geprüft, ob der Polynomkoeffizient a_1 über eine ausreichende Größenordnung verfügt. Das ist zum einen wichtig, damit eine hinlängliche Auswirkung im Rahmen der Korrekturberechnung sichergestellt werden kann. Zum anderen wird hiermit auch dem produktionstechnischen Aspekt der Sensorfähigkeit Rechnung getragen. Wie an den unterschiedlichen Skalierungen der Diagramme in Abbildung 4.18 bereits zu erkennen ist, liegen die Koeffizienten mitunter im Bereich von 10^{-5} und damit in Größenordnungen, die für die realen Sensoren bereits sehr schwer zu ermitteln sind. Insofern wird als Schwellwert

$$|a_1| > 10^{-6} \qquad \text{(Gl. 4.22)}$$

gefordert. Erfüllt der Koeffizient auch diese Bedingung, wird er einstweilen in die Liste des gerade betrachteten Freiheitsgrades als linear aufgenommen und andernfalls als nicht linear gekennzeichnet. Anhand zweier ähnlicher Koeffizientenverläufe aus Abbildung 4.18 sollen die genannten Aspekte illustriert werden.

In den jeweiligen Übersichtsbildern sind die Verläufe derart deckungsgleich, dass nur ein Graph zu erkennen ist. Zur Verdeutlichung des Unterschiedes sind jeweils Detailbereiche in der Mitte herausgezeichnet. Mittels der gefitteten Polynomkoeffizienten kann die Dominanz des linearen Anteils erfasst werden, die bei Z11·Z8 mit 10.55 deutlich stärker ausgebildet ist als bei Z11·Z10 mit nur 0.02.

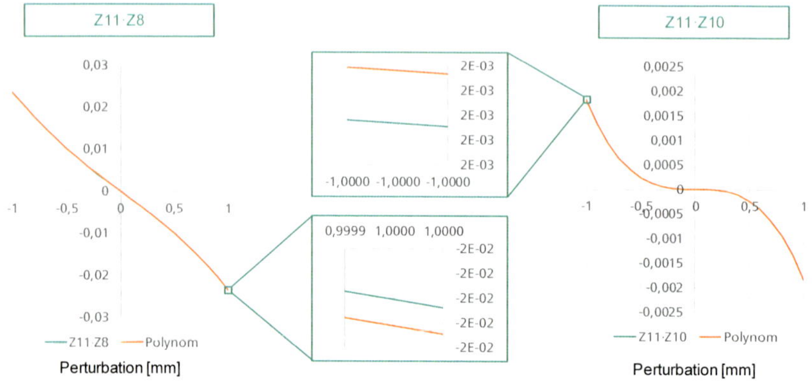

a_1 = -1.176E-02, a_2 = -7.772E-19, a_3 = -1.114E-03 $\Rightarrow \frac{|a_1|}{|a_2|+|a_3|}=10.55$

a_1 = -9.508E-06, a_2 = 1.567E-19, a_3 = -4.339E-04 $\Rightarrow \frac{|a_1|}{|a_2|+|a_3|}=0.02$

Abbildung 4.19: Illustration und Vergleich der Kriterien auf Linearität anhand 2 ähnlicher Koeffizientenverläufe

Auf diese Weise entsteht für alle Freiheitsgrade eine zugehörige Liste mit als linear und nicht linear bewerteten Koeffizienten, die sich über die Freiheitsgrade hinweg voneinander unterscheiden. Daher wird anschließend geprüft, welche der Koeffizienten in wenigstens einem Freiheitsgrad nach (Gl. 4.21) und (Gl. 4.22) als linear eingestuft wurden, ohne dabei in den anderen Freiheitsgraden nach (Gl. 4.22) nicht linear zu sein. Dieser Schritt wirkt zunächst wie eine doppelte Prüfung, die einfacher dadurch zu ersetzen scheint, dass alle Koeffizienten ausgewählt werden, die in allen Freiheitsgraden als linear bewertet wurden. Mit diesem Vorgehen bliebe allerdings eine Reihe wertvoller Koeffizienten unberücksichtigt, da Verläufe mit ausschließlich Nulleinträgen durchaus typisch für winkelabhängige Koeffizienten sind. Der Unterschied beim zweiten Teil der obigen Doppelprüfung liegt in der Vernachlässigung von (Gl. 4.21), sodass solche Verläufe entlang der Abszisse in einem Freiheitsgrad bei Linearität in einem anderen Freiheitsgrad in Summe immer noch als linear angesehen werden.

Als abschließende Bedingung wird für jeden bis dahin in Frage kommenden Koeffizienten festgestellt, ob die Koeffizienten die Ordinate bei 0, oder in ausreichender Nähe von z. B. 10^{-2} zum Koordinatenursprung schneiden. Hintergrund dieser Prüfung ist die Tatsache, dass es vor allem in komplexeren optischen Systemen zu einem Offset linearer Koeffizientenverläufe kommen kann, der mit negativen Auswirkungen auf die Eigenschaften der Korrekturberechnung einhergeht. Dieser Umstand ist für das in diesem Abschnitt gezeigte Beispiel nicht relevant, aber beim Praxisbeispiel des Euclid Teleskops in Abschnitt 5.2 von Bedeutung.

Angewendet auf alle doppelt orthogonalisierten Koeffizientenverläufe werden die bisherigen Informationen so auf eine gemeinsame Liste verdichtet und es ergeben sich 30 anstelle der

37 in der Beispielrechnung genutzten Koeffizienten. Für die in Abbildung 4.18 gezeigten Koeffizienten Z4, Z7 & Z8 sowie Z9 & Z10 sind die so als linear ermittelten Verläufe orange hervorgehoben. Alle anderen, scheinbar linearen Koeffizientenverläufe, erfüllen nicht das Kriterium von (Gl. 4.21) *und* (Gl. 4.22) in den anderen Freiheitsgraden.

Beachtenswert ist darüber hinaus, dass der Unterschied nicht nur in einer differierenden Anzahl an Koeffizienten liegt, sondern sich auch die Koeffizienten selbst ändern und manche der vormals genutzten Koeffizienten nun nicht mehr ausgewählt werden bzw. andersherum. In der folgenden Gegenüberstellung sind größere Unterschiede vor allem in den letzten beiden Zeilen zu erkennen. Im optimierten Fall werden keine Koeffizienten oberhalb von 120 ausgewählt, u. a. weil sie über immer flachere Steigungen verfügen, die zwar in der Simulation erfasst, aber in der Realität nicht mehr gemessen werden können.

Tabelle 4.3: Vergleich der Auswahl doppelt orthogonalisierter Koeffizienten

Konventionelle Koeffizienten								**Optimierte Koeffizienten**							
2	3	7	8	9	10	17	18	2	3	7	8	9		17	18
	26			29	31	32	40	19	26	27	28	29			40
41			46	47	48	60	61		42	43	46			60	61
74	93	94	98	99	100	101	107		93	94	98	99			107
		110		118			121	108	109	110	117	118	119	120	
124	131	132	137	138	151	152									
Σ 37 Koeffizienten								Σ 30 Koeffizienten							

Trotzdem zeigt eine Korrekturberechnung mit Hilfe der optimierten Koeffizienten deutliche Verbesserungen in den erzielten Justageanweisungen. Tabelle 4.4 stellt die jeweiligen Koeffizienten und die erzielten Justageparameter gegenüber. Die Werte liegen im Schnitt um 7 % näher am Sollwert, wodurch sich ein noch größeres Potenzial erschließen lässt, als es durch die Optimierung des Aperturdurchmessers gelungen ist.

Tabelle 4.4: Verbesserung der Korrekturanweisungen mit optimierten Koeffizienten

Koeffizienten	**DOF1**	**DOF2**	**DOF3**	**DOF4**	**DOF5**	**DOF6**
Konventionell	0.078349	0.093985	0.101054	0.095329	0.080903	0.094594
Optimiert	0.107190	0.099901	0.100130	0.099228	0.107678	0.100025
Δ	0.028841	0.005916	0.000924	0.003899	0.026775	0.005431

In Summe beider vorgestellten Aspekte können also die Ergebnisse bestehender Algorithmen zur wellenfrontbasierten Justage in mehrfacher Hinsicht signifikant verbessert werden. Das betrifft einerseits das numerische Ergebnis nach der Korrektur. Ein ebenso wichtiger Punkt ist andererseits die bereits angesprochene, verlässliche Detektierbarkeit der gemessenen Zernike Koeffizienten mittels realer Sensoren, die in beiden vorgestellten Ansätzen zur Optimierung Beachtung gefunden hat und dazu beiträgt, die wellenfrontbasierte Justage breitenwirksam zum Einsatz bringen zu können.

Für dieses Anliegen und die Fragestellungen dieser Arbeit ist allerdings jenseits der Sensorik zunächst eine ebenso effiziente wie präzise Korrekturberechnung erforderlich. Daher werden im folgenden Abschnitt zuerst die zahlreichen Parameter der wellenfrontbasierten Justage und ihre wechselseitigen Abhängigkeiten auf den Alignmentprozess und dessen Ergebnis untersucht.

5 Analyse und Optimierung der Eigenschaften der Korrekturberechnung

Der im vorangegangenen Abschnitt diskutierte Justageansatz zeichnet sich durch eine Reihe von Parametern aus, die individuelle Einflüsse auf die erzielbare Präzision und die mögliche Geschwindigkeit des Justagevorgangs haben. Präzision und Geschwindigkeit sind beides entscheidende Größen für den möglichen Einsatz eines solchen Verfahrens in industriellen Applikationen. Um gegenüber dem in Abschnitt 3 beschriebenen Stand der Technik konkurrenzfähig zu sein, sind hierbei je nach Anwendung und Branche unterschiedliche Ausprägungen beider Größen zu berücksichtigen. Abbildung 5.1 zeigt eine qualitative Übersicht der Anforderungen für drei ausgewählte Applikationen.

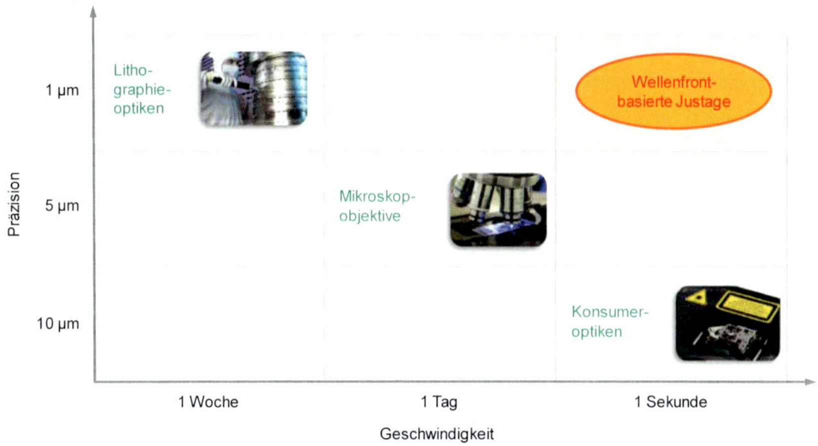

Abbildung 5.1: Qualitative Illustration der Anforderungen hinsichtlich Präzision und Geschwindigkeit in der Justage optischer Systeme für unterschiedliche Applikationen

Während im Konsumerbereich in der Montage optischer Systeme z. B. für Kameraanwendungen moderate Anforderungen an die Präzision des Systems gestellt werden, ist eine anspruchsvolle Taktzeit von wenigen Sekunden je Modul einzuhalten. Demgegenüber ist die notwendige Güte des optischen Systems bei Mikroskopobjektiven von Qualitätsherstellern extrem hoch – mit vergleichsweise geringen Vorgaben hinsichtlich der notwendigen Montagegeschwindigkeit. Im dritten Beispiel der Lithographieoptiken spielt die erforderliche Zeit für Bau und Justage des Systems eine sehr untergeordnete Rolle, allerdings sind auch die zugehörigen Anforderungen hinsichtlich ihrer Präzision außerordentlich anspruchsvoll.

Entlang dieser beiden Dimensionen bietet die wellenfrontbasierte Justage die grundsätzliche Möglichkeit, positiv auf Präzision *und* Effizienz des Justageprozesses einzuwirken. Um ihre konkreten Eigenschaften und die Auswirkungen ihrer Parameter zu illustrieren und vor allem die Dimension der Justagegüte mit quantifizierbaren Daten zu hinterlegen, wird zunächst ein einfaches Demonstratorsystem definiert. Dieses besteht aus zwei kommerziell erhältlichen

Asphären und entspricht einem simplen Kepler-Teleskop. Anhand dieses Systems geringer Komplexität lassen sich die Wirkzusammenhänge zwischen den Parametern der Korrekturberechnung und dem mit ihr erzielbaren Ergebnis verdeutlichen und ein Ausblick darauf geben, welches die entscheidenden Einflussmöglichkeiten zu einer Optimierung des Verfahrens sind.

Im zweiten Teil dieses Abschnitts wird dann ein System aus einem realen Anwendungsfall untersucht, welches sich durch einen deutlich höheren Grad an Komplexität aufgrund einer größeren Anzahl beteiligter Elemente im optischen System auszeichnet. Auf diese Weise soll geprüft werden, wie gut sich die Resultate vom einfachen Demonstratorsystem auf Systeme aus realen Applikationen übertragen lassen, bei denen ein Bedarf an hochgenauer Justage besteht.

Zur Durchführung dieser Evaluation müssen zunächst einige Definitionen getroffen werden, die eine Vergleichbarkeit von unterschiedlichen Systemzuständen ermöglichen, da in komplexen Systemen mit zahlreichen und vielschichtigen Wechselwirkungen der Vergleich unterschiedlicher Systemzustände nicht trivial ist. Die Ursache hierfür ist, dass es i. d. R. nicht mehr nur eine Zielgröße gibt, anhand derer sich der Systemzustand beurteilen lässt. Im Anwendungsfall optischer Systeme sind die zu bestimmenden Eingangsgrößen die Positionen der einzelnen Elemente in allen relevanten Freiheitsgraden (Formabweichungen und Schwankungen des Brechungsindex werden hier zunächst nicht berücksichtigt und sind in ihrer Wirkung ohnehin in der Wellenfront enthalten). Ausgangsgröße ist im Anwendungsfall der wellenfrontbasierten Justage die Wellenfront als komplex geformte dreidimensionale Oberfläche, die über eine entsprechende Polynomentwicklung sehr präzise abgebildet werden kann.

Zur vollständigen Charakterisierung der Ein- und Ausgangsgrößen ist also die Kenntnis sehr vieler Angaben erforderlich, die zur einfachen Vergleichbarkeit zu wenigen aussagekräftigen Werten verdichtet werden müssen. Solche Werte sind im Bereich der Wellenfront als PV- (engl. peak to valley, künftig PV) und RMS-Werte (engl. root mean square, künftig RMS) etabliert und werden häufig zur grundsätzlichen Beurteilung einer Wellenfront bzw. des optischen Systems herangezogen. Insofern soll auch für die Positionierung der Elemente in ihren Freiheitsgraden ein solch charakteristischer Wert definiert werden.

In der Übertragung der Werte auf die Positionen einzelner Elemente in einem optischen System ist dieser Ansatz jedoch nur bedingt hilfreich, da hier zwischen translatorischen und rotatorischen Freiheitsgraden differenziert werden muss. Winkellage und laterale Position einer Funktionsfläche bzw. eines Elements unterscheiden sich in ihrem Einfluss auf die optische Funktion des Systems und können daher nur als erstes Indiz zu einem Kennwert verrechnet werden. Hinzu kommt, dass aus Sicht der optischen Funktionalität eines Systems z. B. gleichartige laterale Verschiebungen eher unkritisch sind, weil die Relativposition der einzelnen Elemente untereinander erhalten bleibt.

Dementsprechend muss sich die Beurteilung des Systemzustands vorrangig an der resultierenden optischen Funktion mit den oben genannten Kennwerten PV und RMS orientieren. Zur vollständigen Charakterisierung des Systemverhaltens sind dabei vor allem auch die Feldinformationen zu berücksichtigen. Aus diesem Grund werden im Rahmen der weiteren Betrachtungen Mittelwert und Standardabweichung von PV und RMS über das jeweils zur Berechnung genutzte Feld extrahiert und gemittelt, um anhand dieser Werte die Güte unterschiedlicher Justagezustände miteinander vergleichen zu können.

Zur Illustration dieses Ansatzes zeigt Abbildung 5.2 die Wellenfront des nachfolgend noch beschriebenen einfachen Demonstratorsystems aus zwei Linsen (vgl. Abschnitt 5.1) für zwei verschiedene Szenarien. Die dargestellten Teilbilder bestehen jeweils aus Wellenfronten bei 7x7 unterschiedlichen Feldwinkeln. Der maximale Feldwinkel beträgt dabei 0.25°. Oben rechts ist die unterschiedliche Wirkung zwischen translatorischen und rotatorischen Freiheitsgraden (Zustand 1.1 vs. 1.2), unten rechts die zwischen einer gleich und einer unterschiedlich verteilten Perturbation (Zustand 2.1 vs. 2.2) gezeigt.

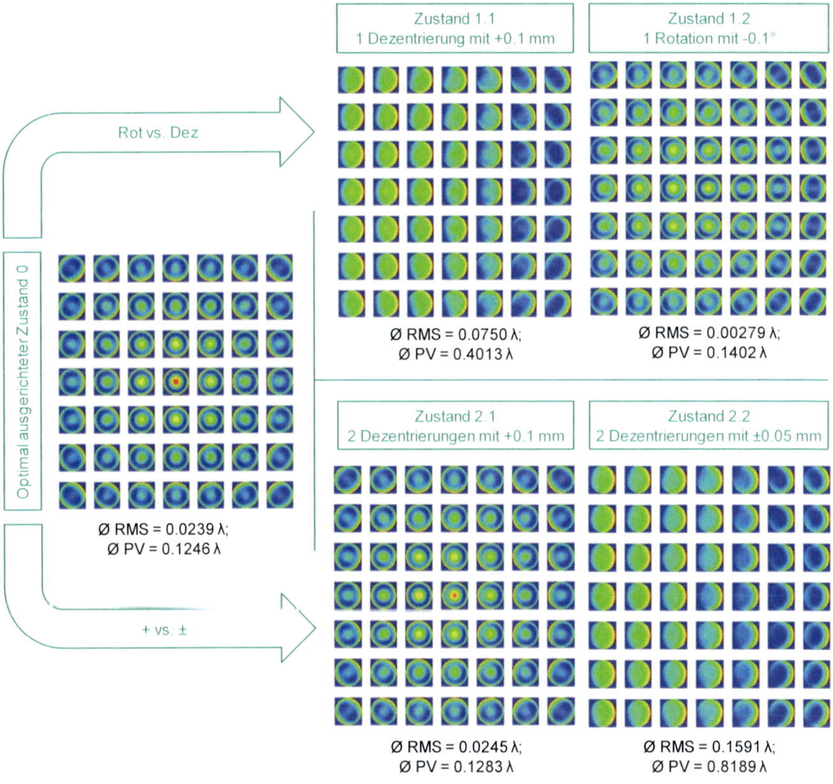

Abbildung 5.2: Beispiele der Wellenfronten im Feld in Abhängigkeit der Elementpositionen

Während im Zustand 0 des optimal ausgerichteten Systems die zentrale Wellenfront einen PV Wert von 0.0538 λ und einen RMS Wert von 0.0144 λ zeigt, steigen diese Werte um etwa eine Größenordnung über das gesamte betrachtete 7x7 Feld auf durchschnittlich 0.1246 λ bzw. 0.0239 λ. An dieser Änderung ist bereits zu erkennen, dass die Feldinformationen deutlich größere Grundwerte aufweisen, was sich positiv auf ihre verlässliche messtechnische

Charakterisierung mit realen Sensoren auswirkt. Wird der hinsichtlich seiner Ausrichtung ideale Zustand 0 durch eine vom Betrag her gleiche Perturbation von +0.1 mm (Zustand 1.1) bzw. -0.1° (Zustand 1.2) gestört, sieht die Bildmatrix der Wellenfronten im Feld zwar vergleichbar aus, allerdings liegen die resultierenden Charakteristika der Wellenfront im Feld bereits stark auseinander. Dieser Effekt ist auch beim Vergleich einer Dezentrierung von 0.1 mm zweier Elemente in die gleiche Richtung (Zustand 2.1) und einer kleineren Dezentrierung von ±0.05 mm der beiden Elemente in entgegengesetzte Richtung (Zustand 2.2) zu erkennen. Trotz der betragsmäßig kleineren Perturbation sind die charakteristischen Werte der Wellenfront im Feld im Zustand 2.2 signifikant größer. Beide Aspekte erschweren die Verrechnung der Positionsabweichungen in vielen Freiheitsgraden zu nur einem Wert und schränken die Aussagefähigkeit solcher Positionswerte ein.

Dieser Aspekt soll jenseits der zwei gegenübergestellten Beispiele an einer größeren Simulationsreihe gezeigt werden, für die 10 000 zufällig verteilte Perturbationen zwischen ±0.5 mm bzw. Grad hinsichtlich ihrer Auswirkungen im Feld erfasst wurden. Die zugehörigen Werte entsprechen den grünen Punkten in Abbildung 5.3. Grundlage der Berechnung waren 6 Freiheitsgrade des Systems, bei unveränderten Eigenschaften des Feldpunktenetzes (7x7, max. 0.25°).

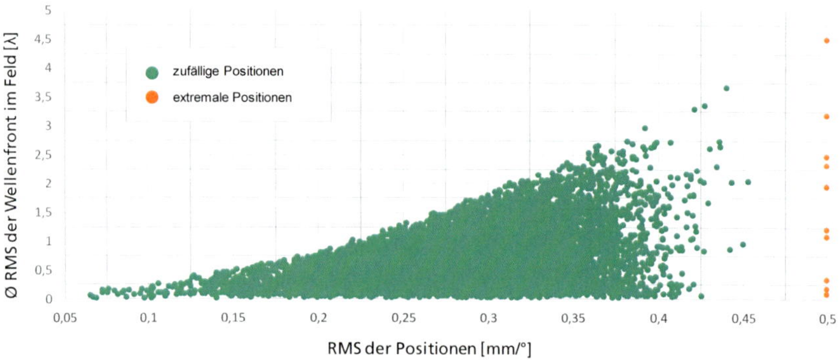

Abbildung 5.3: Zusammenhang zwischen den RMS Werten von Wellenfront und Position

Die sich ergebende Verteilung zwischen dem RMS der Positionen (Abszisse) und ihren Auswirkungen auf den durchschnittlichen RMS Wert der Wellenfront im Feld (Ordinate) zeigt nur eine schwache Korrelation. Aufgrund der Dreiecksform können größere Perturbationen mit einem größeren Einfluss auf die Wellenfront einhergehen, müssen es aber nicht zwangsläufig. Der zugehörige Korrelationskoeffizient beträgt lediglich 0.439. Über das Quadrat des Korrelationskoeffizienten kann in erster Näherung ermittelt werden, dass nur ca. 19.3 % der Streuung des RMS der Wellenfront im Feld auf die Streuung des RMS der Positionen zurückgeführt werden kann.

Diese Beobachtung bestätigt sich auch in der Analyse der Extremalwerte zwischen -0.5 und +0.5 mm bzw. Grad, deren $2^6 = 64$ möglichen Werte als orangene Punkte am rechten Rand des Diagramms aufgetragen sind. Die Spreizung zwischen dem kleinsten durchschnittlichen RMS der Wellenfront im Feld von 0.10 λ und dem größten Wert von 4.51 λ führt die beschriebene Dreiecksverteilung fort. Dementsprechend können zur Herleitung eines eindeutigen Zusammenhangs zwischen Perturbation und Wellenfront die einzelnen Positionen nicht zu einem aussagekräftigen Kennwert verrechnet werden.

Um einen Eindruck vom Einfluss und Verlauf der zufälligen Perturbationen zu erhalten, können zusätzlich alle ermittelten RMS Werte der Wellenfront der Größe nach aufsteigend sortiert werden. Damit ergibt sich in Abbildung 5.4 unabhängig von der zu Grunde liegenden Perturbation eine Reihenfolge der auswirkungsstärksten Systemzustände. Der resultierende Verlauf des grünen Graphen kann in den ersten 75 % der Fälle vergleichsweise gut linear angenähert werden, wohingegen vor allem in den letzten 10 % der Fälle ein starker Anstieg der Auswirkungen auf den RMS Wert der Wellenfront zu verzeichnen ist.

Werden die zugehörigen RMS Werte der Positionen ebenfalls aufgetragen, findet sich auch hier die bereits bekannte Dreiecksverteilung wieder. Die Bandbreite der RMS Positionswerte ist bei geringen RMS der Wellenfront größer als bei höheren RMS der Wellenfront. Dieser Zusammenhang entspricht der Breite der grünen Dreiecksfläche beim Vergleich zweier horizontaler Schnitte in Abbildung 5.3 und bestätigt den beschriebenen Zusammenhang zwischen Elementpositionen und Wellenfront auch in dieser Darstellung.

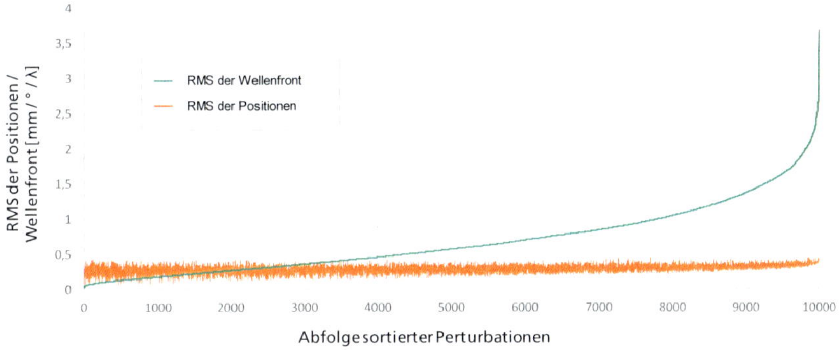

Abbildung 5.4: Abfolge der nach Einfluss auf die Wellenfront sortierten Perturbationen

Mit Hilfe der Darstellungen der Abbildung 5.3 und Abbildung 5.4 kann ein guter Eindruck vom Zusammenhang zwischen dem Spektrum der möglichen Perturbationen eines optischen Systems und dem durchschnittlichen RMS der Wellenfront im Feld gewonnen werden. Er erlaubt eine erste Einordnung verschiedener Systemzustände, wodurch sich unterschiedliche Perturbationen anhand nur eines charakteristischen Werts vergleichen lassen. Diese Möglichkeit wird für die folgende Analyse der Korrektureigenschaften anhand eines simplen Demonstratorsystems (2 Linsen, Abschnitt 5.1) und eines komplexeren Teleskopsystems (4 Linsen, Abschnitt 5.2) von großer Bedeutung sein.

5.1 Demonstratorsystem

Das zur Entwicklung und detaillierten Charakterisierung der wellenfrontbasierten Justage definierte Demonstratorsystem ist ein einfaches Kepler-Teleskop aus zwei plan-asphärischen

Komponenten. Seine Aufgabe besteht darin, eine ebene Wellenfront unter bestmöglicher Beibehaltung ihrer kollimierten Eigenschaften zu transferieren. Die Spezifikationen der kommerziell erhältlichen Asphären sind in Tabelle 5.1 dargestellt.

Beim ersten Element M1 handelt es sich um eine zöllige, plankonvexe Asphäre mit einer spezifizierten freien Apertur zur Fokussierung von 20.4 mm. Gleichwohl wird nur ein geringerer Teil dieser Apertur von 9.6 mm für die Untersuchungen genutzt, da sich damit bereits Fehler wie sphärische Aberration in der 4. und 6. radialen Ordnung reduzieren lassen. Darüber hinaus folgt die Verringerung des genutzten Aperturdurchmessers auch praktischen Erwägungen, weil die zur Verfügung stehende Sensorfläche für den prototypischen Laboraufbau begrenzt ist. Für die ersten Berechnungen wird zunächst von einer Sensorfläche von 6.4 mm x 4.8 mm ausgegangen.

Tabelle 5.1: Spezifikationen der Elemente des Demonstratorsystems

Element	Brennweite [mm]	Krümmungsradius [mm]	Mittendicke [mm]	Apertur Ø [mm]	Konische Konstante
M1	20 ± 1 %	15.54	7.60	20.4	-1.35
M2	10 ± 1 %	-7.77	4.25	10.8	-1.0

Das zweite Element M2 ist eine halbzöllige, ebenfalls plankonvexe Asphäre, die im Abstand der kombinierten Brennweite beider Elemente angeordnet ist. Die beiden konvexen Flächen zeigen dabei jeweils nach außen, um die notwendige Brechkraft auf möglichst viele Flächen zu verteilen und so die optischen Eigenschaften des Systems zu optimieren.

Als Beleuchtung wird in der einfachsten Konfiguration ein ideal monochromatischer kollimierter Strahl mit λ =659 nm genutzt, der entsprechend der Vergrößerung des Teleskops von 0.5x mit einem Durchmesser von 4.8 mm austritt und damit exakt der kurzen Abmessung einer möglichen realen Sensorfläche entspricht. Die zunächst ungewöhnlich anmutende Wellenlänge ist dabei nicht auf die Designwellenlänge der Komponenten M1 und M2 von 780 nm abgestimmt, sondern wurde ebenfalls mit Blick auf den für einen prototypischen Laboraufbau zur Verfügung stehenden Diodenlaser mit der Wellenlänge 659 nm ausgewählt.

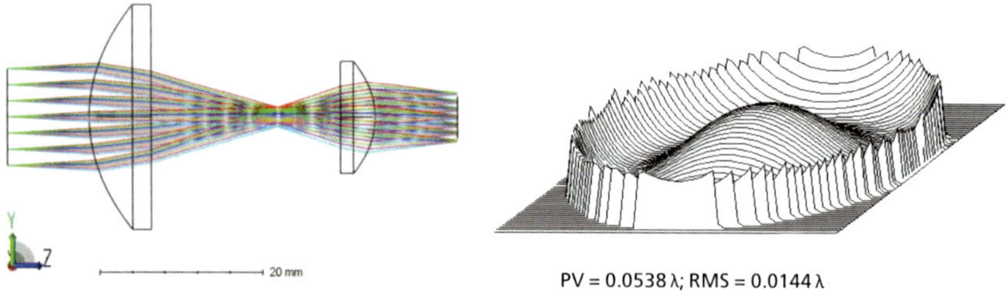

Abbildung 5.5: Kepler-Teleskop als Demonstratorsystem und seine optische Funktion im optimal ausgerichteten Zustand

In Abbildung 5.5 links ist der Strahlengang im betreffenden System unter 7 verschiedenen Feldwinkeln zwischen +3° und -3° sowie rechts die Wellenfront beim Feldwinkel 0° für den optimal ausgerichteten Zustand gezeigt. Aus Darstellungsgründen wurden die Feldwinkel auf bis zu 3° vergrößert, obgleich in den späteren Berechnungen meist deutlich geringere Feldwinkel zum Einsatz kommen. Der Abstand beider Elemente wurde auf den RMS Wert der Wellenfront hin optimiert und beträgt 23.127 mm. Die resultierenden Werte für PV und RMS der Wellenfront wurden bereits weiter oben genannt und geben ein erstes Indiz dafür, welche Präzision die in Abschnitt 6 behandelte Sensorik zur Verfügung stellen muss.

Zunächst sollen jedoch in diesem Abschnitt anhand der folgenden Betrachtungen des simulierten Demonstratorsystems die wesentlichen Parameter und ihr Einfluss auf das Justageergebnis im Sinne eines zugleich möglichst präzisen, aber auch effizienten Justageprozesses untersucht und quantifiziert werden. Da in der Simulation die ideale Position der Elemente bekannt ist und aufgrund fehlender Formabweichungen der Linsen diese Position auch die bestmögliche Wellenfront erzeugt, wird als Gütekriterium zunächst eine Positionsabweichung aller berücksichtigten Freiheitsgrade von < 0.001 mm bzw. < 0.001° als Ziel und Abbruchbedingung des Justagevorgangs definiert. Dieser Wert erlaubt nicht nur eine Beurteilung des Konvergenzverhaltens, er ist auch mit Blick auf die notwendige Verfahrensgüte gewählt, die im Vergleich zum Stand der Technik für eine konkurrenzfähige Alternative gewährleistet sein muss. Parallel hierzu werden die Parameter der resultierenden Wellenfront im Feld aufgezeichnet, um die Auswirkungen und Größenordnung von Positionsänderungen im sub-µm-Bereich am konkreten Beispiel bewerten zu können.

5.1.1 Parameter der wellenfrontbasierten Justage

Als Parameter der wellenfrontbasierten Justage werden im Sinne der anstehenden Betrachtungen solche Faktoren verstanden, die einen Einfluss auf die Güte und/oder Effizienz des Justagevorgangs haben. Hierbei muss zwischen externen und internen Faktoren unterschieden werden, wie sie in Abbildung 5.6 aufgeführt sind. Während externe Faktoren durch den Anwendungsfall bzw. das zu justierende System vorgegeben sind, können interne Faktoren gezielt variiert werden, um so durch eine geschickte Wahl ihrer Werte den Justagevorgang in seiner Effizienz deutlich zu steigern oder u. U. in einer bestimmten Präzision überhaupt erst zu ermöglichen.

Als gemeinsame Kennzahl für die Güte und Effizienz der Justage wird die Anzahl an Iterationen zu Grunde gelegt, die bis zum Erreichen der oben genannten Abbruchbedingung notwendig ist. Ziel dieses Vorgehens ist es, den für bestimmte Bereiche möglicher Perturbationen optimalen Betriebspunkt zu finden. Die dazu erforderlichen Berechnungen zur Iteration jedes untersuchten Falls sind mit einem nicht unerheblichen Rechenaufwand verbunden und können daher nicht für eine beliebig hohe Anzahl zu korrigierender Systeme durchgeführt werden.

Insofern konzentriert sich die vorliegende Untersuchung auf den Einfluss der einzelnen Parameter auf den Justagevorgang und berücksichtigt zunächst keine etwaigen wechselseitigen Mehrfacheffekte der Parameter untereinander. Die Variation der Parameter erfolgt aus einem als Standardfall definierten Grundzustand heraus, dessen Eigenschaften ebenfalls in Abbildung 5.6 definiert sind. Die Werte für den maximalen Feldwinkel und die Anzahl der Freiheitsgrade des Grundzustands resultieren dabei aus mechanischen Restriktionen des Labordemonstrators, auf die im Abschnitt 7.1 eingegangen wird.

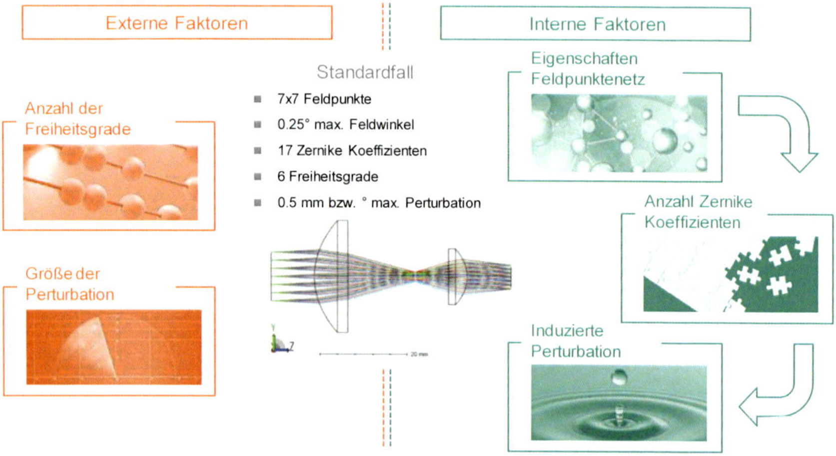

Abbildung 5.6: Illustration der definierten Parameter der wellenfrontbasierten Justage

Beginnend mit den Eigenschaften des Feldpunktenetzes werden zunächst die für den Standardfall bestgeeigneten internen Parameter bestimmt. Die jeweils ermittelten optimalen Werte der Parameter fließen in den Standardfall ein, sodass sukzessive die bestmögliche Konfiguration der internen Parameter erschlossen und ihr Einfluss auf die Korrekturberechnung quantifiziert werden kann.

Als mögliche Justagezustände werden die aus Abbildung 5.3, S. 64 in Form orangener Punkte bereits bekannten $2^6 = 64$ extremalen Systemzustände für 6 Freiheitsgrade bei einer jeweiligen Perturbation zwischen ±0.5 mm bzw. Grad genutzt. Für diese Zustände zeigt Abbildung 5.7 eine nach aufsteigender Größe sortierte Darstellung für den durchschnittlichen RMS Wert der Wellenfront im Feld. Da dieser Wert zugleich von der Größe des Feldwinkels abhängig ist, wurden die Graphen für eine Reihe unterschiedlicher Winkel zwischen 0.01° und 4° erstellt.

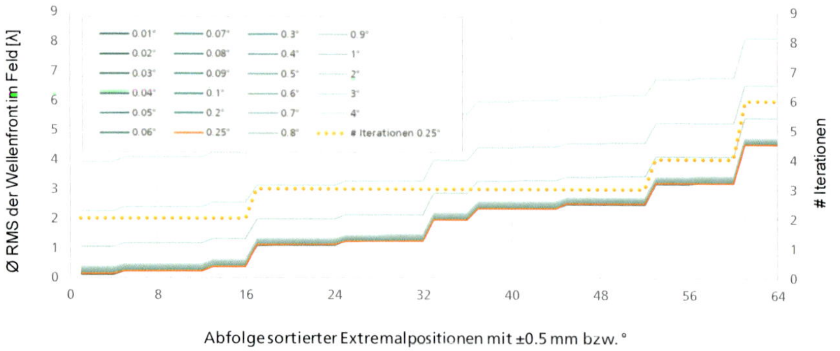

Abbildung 5.7: Abfolge der nach Einfluss auf die Wellenfront sortierten, extremalen Perturbationen und Anzahl an notwendigen Iterationen zu ihrer Korrektur

Wie auf Basis der Kleinwinkelnäherung zu erwarten, macht sich der Einfluss im Bereich von 0.01° bis 1° nur wenig bemerkbar. Für jedes weitere Grad hingegen steigt der Einfluss des Feldwinkels auf den durchschnittlichen RMS Wert der Wellenfront im Feld deutlich an und beträgt mehr als eine Wellenlänge. Perturbationen des Systems wirken sich also unter diesen Feldwinkeln stärker auf die Wellenfront aus und können damit auch leichter von realen Wellenfrontsensoren detektiert werden. Dieser Zusammenhang wird für spätere Betrachtungen der Sensorik im prototypischen Labordemonstrator in den Abschnitten 6 und 7 noch von Bedeutung sein.

Darüber hinaus ist in Abbildung 5.7 zu erkennen, dass sich je 4 Systemzustände quasi auswirkungsgleich auf den durchschnittlichen RMS der Wellenfront im Feld verhalten. Dieser Effekt rührt aus der symmetrischen Verteilung der Wellenfronten im Feld und reicht bis in die 7. Nachkommastelle hinein, weshalb er im Graphen als Gerade dargestellt ist. Darüber hinaus führen Rekombinationen der extremal möglichen Positionen regelmäßig zu sprunghaften Anstiegen des durchschnittlichen RMS Wertes der Wellenfront im Feld.

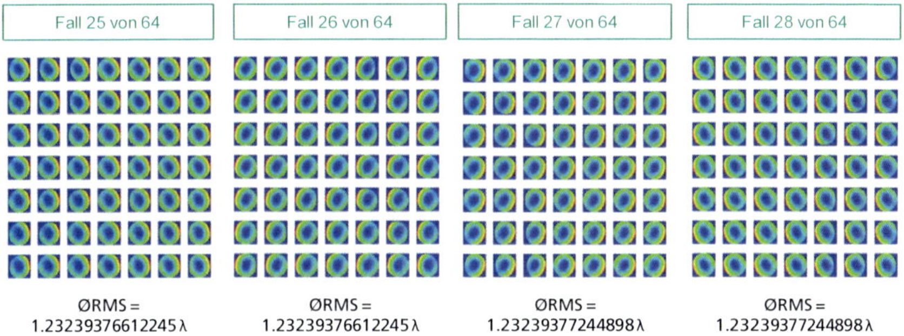

Abbildung 5.8: Symmetrie der Wellenfronten im Feld mit quasi gleichem durchschnittlichen RMS Wert

Über diese Darstellung hinaus ist in Tabelle A.3.1 die Auflistung aller extremalen Perturbationen des Standardfalls zu finden. Dort kann nachvollzogen werden, dass die Verteilung der Perturbationen innerhalb der einzelnen Gruppen einem Muster unterliegt, bei dem immer je 2 Systemzustände einer Gruppe durch exakt entgegengesetzt verteilte Perturbationen gekennzeichnet sind.

Um den Zusammenhang zwischen den gezeigten Wellenfronteigenschaften und der Anzahl an notwendigen Iterationen bis zur Erreichung des sub-µm-Bereichs zu illustrieren, wurden für alle orange gezeichneten Kombinationen des im Standardfall maximalen Feldwinkels von 0.25° eine Korrekturberechnung bis zur oben genannten Abbruchbedingung durchgeführt. Die sich so ergebenden Werte sind als gelb gepunktete Linie in Abbildung 5.7 dargestellt. Alle 64 extremalen Zustände des optischen Systems können in der Standardkonfiguration des Algorithmus korrigiert werden. Offensichtlich hat jedoch die Ausprägung der Perturbation unmittelbare Auswirkungen auf die erforderliche Anzahl an Iterationen für die Korrekturberechnung. Der stetige Verlauf zeigt insofern, dass der durchschnittliche RMS der Wellenfront im Feld ein probater Kennwert ist, anhand dessen sich ein bestimmter

Justagezustand beurteilen lässt und unterschiedliche Systemzustände miteinander verglichen werden können.

Diese wichtige Grundlage ist der Ausgangspunkt für detailliertere Analysen relevanter Parameter der wellenfrontbasierten Justage. Auf Basis ihres Einflusses auf die Wellenfront und der damit erforderlichen Iterationen der Korrekturberechnung werden für die folgenden Betrachtungen 3 unterschiedlich kritische Fälle entlang des gezeigten Spektrums der 64 Kombinationen ausgewählt. Konkret betrifft das die Fälle 1, 36 und 64 aus Abbildung 5.7 mit folgenden Perturbationen in jeweils 6 Freiheitsgraden und ihrem zugehörigen durchschnittlichen RMS der Wellenfront im Feld.

Tabelle 5.2: Auswahl der betrachteten Fälle des Grundzustands zur Charakterisierung der Parameter der wellenfrontbasierten Justage

Nr.	Fall	Komplexität	X1	Y1	RX1	RY1	X2	Y2	Ø RMS WF
1	1	niedrig	-0.5 mm	-0.5 mm	-0.5°	+0.5°	-0.5 mm	-0.5 mm	0.102477 λ
36	2	mittel	-0.5 mm	-0.5 mm	+0.5°	-0.5°	+0.5 mm	+0.5 mm	1.953786 λ
64	3	hoch	+0.5 mm	-0.5 mm	-0.5°	-0.5°	-0.5 mm	+0.5 mm	4.508773 λ

5.1.1.1 Eigenschaften des Feldpunktenetzes

Die zwei wesentlichen Kenngrößen für das Feldpunktenetz, in dem die Wellenfront des auszurichtenden optischen Systems erfasst werden soll, sind die Anzahl der Feldpunkte und ihre Verteilung. In Summe enthalten diese beiden Parameter die Information zur Dichte des Feldpunktenetzes. Im einfachsten Fall kann eine vertikal und horizontal äquidistante Verteilung der Feldpunkte definiert werden, wodurch sich ein Netz aus quadratisch angeordneten Feldpunkten ergibt, wie es bereits in Abbildung 5.2, S. 63 zu sehen ist. Hierzu ist neben der Anzahl der Feldpunkte der jeweilige bzw. maximale Feldwinkel geeignet.

Entsprechend des oben festgelegten Kriteriums des anvisierten Restfehlers von < 0.001 mm bzw. < 0.001° wird nun die Korrekturberechnung für eine Reihe unterschiedlich dichter Feldpunktenetze durchgeführt. Beispielhaft hierzu stellt Abbildung 5.9 den Verlauf dreier Korrekturverläufe mit unterschiedlichen Werten der Feldeigenschaften des mittleren Falls 2 gegenüber. Die zu Grunde liegenden Werte für das Feldpunktenetz sind von links nach rechts 3x3, 4x4 und 10x10 für die Anzahl der Feldpunkte sowie 2°, 1° und 0.25° für den maximalen Feldwinkel.

In dieser Darstellung wird deutlich, dass trotz gleicher Ausgangslage im linken Fall eine Iteration weniger erforderlich ist, um alle 6 Freiheitsgrade bis zur Abbruchbedingung zu korrigieren. Die Effizienz der Korrekturberechnung kann also über eine geeignete Wahl der Parameter des Feldpunktenetzes begünstigt werden. Darüber hinaus ist ebenfalls zu erkennen, dass die berechneten Korrekturen im rechten Fall deutlich größer sind und es hier auch zu Überkorrekturen einzelner Freiheitsgrade kommt, insbesondere der lateralen Verschiebung des ersten Elements X1. Mit Überkorrekturen sind in diesem Zusammenhang solche Korrekturanweisungen gemeint, deren Wert (deutlich) größer als die eigentlich zu korrigierende Perturbation ist, wodurch es zu einer Fehlstellung des Freiheitsgrads mit verändertem Vorzeichen kommt. Werden die einzelnen Korrekturen für alle Freiheitsgrade und

Iterationen zur Quantifizierung dieses Effekts aufsummiert, ergeben sich abzüglich der eigentlich zu korrigierenden Perturbation Werte zwischen 0.57 und 1.12.

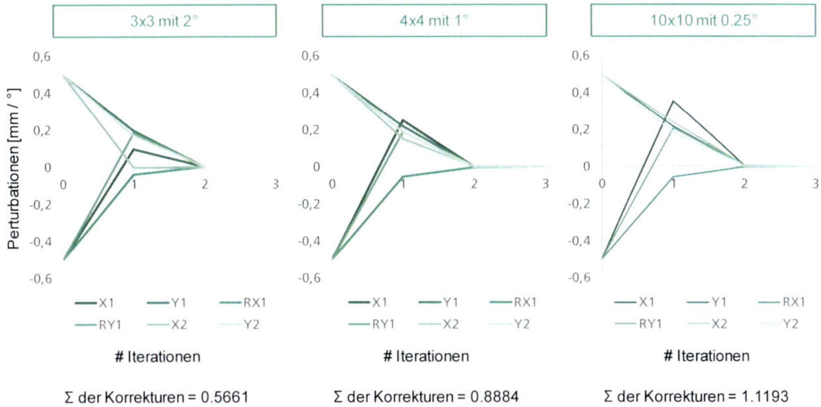

Abbildung 5.9: Vergleich dreier Korrekturverläufe mit unterschiedlichen Eigenschaften der Feldpunktenetze

Hintergrund dieser Analyse ist die Erwägung, sich nach Möglichkeit nicht im Grenzbereich der Korrekturberechnung zu bewegen, in dem nicht nur mit hohen nominalen Korrekturwerten zu rechnen ist, sondern auch mitunter starke Überkorrekturen stattfinden. Bei gleicher Anzahl an erforderlichen Iterationen sind daher diejenigen Werte für das Feldpunktenetz zu bevorzugen, bei denen in Summe geringere Korrekturen zur Erreichung eines exakt ausgerichteten optischen Systems erforderlich sind. Im gezeigten Beispiel entspricht das dem mittleren gegenüber dem rechten Verlauf in Abbildung 5.9.

Vor diesem Hintergrund sollten beide Effekte bei der gezielten Auslegung der Parameter des Feldpunktenetzes berücksichtigt werden. Zur Charakterisierung der entsprechenden Einflüsse zeigt Abbildung 5.10 eine detaillierte Analyse beider Faktoren für die 3 definierten Fälle aus Tabelle 5.2. Der maximale Feldwinkel, der über die Anzahl der Feldpunkte gleichmäßig verteilt wird, liegt dabei zwischen 0.25° und 3.5° (x-Achse) und die Anzahl der Feldpunkte zwischen 3 und 10 (y-Achse). In der ersten Spalte ist für jeden Feldnetzpunkt die erforderliche Anzahl an Iterationen aufgetragen, während in der zweiten Spalte die Summe der berechneten Korrekturanweisungen dargestellt ist. Abschließend wird in der dritten Spalte die Multiplikation der beiden Effekte dargestellt (jeweils z-Achse), sodass die optimale Kombination aus der Anzahl der Feldpunkte und dem maximalen Feldwinkel unmittelbar abgelesen werden kann.

Die Analyse der Einflüsse auf die Iterationen ergibt mit steigender Komplexität der Fälle ein immer eindeutigeres Bild. Eine Erhöhung der Anzahl an Feldnetzpunkten über 3x3 hinaus bringt im konkreten Fall keine weiteren Verbesserungen für die Korrekturberechnung. Diese Erkenntnis ist insofern von besonderer Bedeutung, als dass der Aufwand für die Erfassung der Wellenfront im Feld quadratisch von der Anzahl an Feldpunkten abhängt. Vor allem in der praktischen Umsetzung birgt dieser Zusammenhang ein großes Effizienzpotential zur gleichzeitig schnellen und aus Sicht der Korrekturberechnung völlig ausreichenden messtechnischen Charakterisierung des zu justierenden optischen Systems.

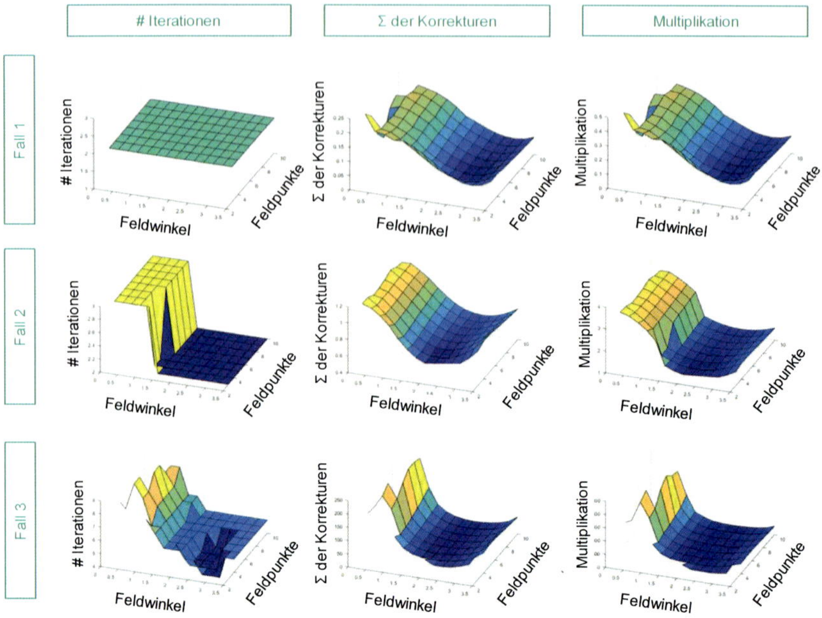

Abbildung 5.10: Einfluss der Eigenschaften des Feldpunktenetzes auf Präzision und Effizienz der Korrekturberechnung

Als zweiter Faktor zeigt sich der gewählte maximale Feldwinkel von deutlich größerem Einfluss auf die notwendige Anzahl an Iterationen. Größere maximale Feldwinkel erlauben nicht nur eine zügige Korrektur, sondern ermöglichen häufig überhaupt erst die Lösung des Problems. Das wird vor allem beim Blick auf kleine maximale Feldwinkel von weniger als 1° im schwierigen 3. Fall deutlich. Hier ist die Korrekturberechnung bis zum definierten Zielkriterium mitunter nicht mehr möglich, was durch die Leerstellen im Diagramm illustriert ist.

Unter bestimmten Konstellationen kann es ferner dazu kommen, dass bei zu geringen maximalen Feldwinkeln die maximale Anzahl an Iterationen durchlaufen wurde, ohne in den Zielbereich zu gelangen. Insofern hat der maximale Feldwinkel einen limitierenden Einfluss auf die erzielbare Präzision. Das betrifft i. d. R. nicht alle, sondern nur einige der berechneten Freiheitsgrade, wie Abbildung 5.11 für ein Beispiel mit einem maximalen Feldwinkel von nur 0.025° und 7x7 Feldpunkten anhand einer komplexeren Perturbation von ±0.28125 mm oder Grad in 8 Freiheitsgraden des Demonstratorsystems zeigt.

Trotz einer sehr hohen Anzahl von 1000 Iterationen ist die angestrebte Korrektur nicht möglich. Während 2 Freiheitsgrade (RY1, RY2) die geforderte Justagegüte erfüllen, verbleiben bei 4 Freiheitsgraden (X1, RX1, X2, RX2) Restperturbationen zwischen 2 und 4 µm bzw. mgrad und bei zwei weiteren Freiheitsgraden (Y1, Y2) Restperturbationen von sogar knapp 30 µm.

Durch zu geringe maximale Feldwinkel wird also die Justagegüte der Berechnung begrenzt, da die Daten der einzelnen Feldpositionen immer weniger voneinander zu unterscheiden sind und so auch ihr Beitrag zur Korrektur stetig geringer wird. Dieser Effekt ist aus zwei Gründen von hoher praktischer Relevanz. Einerseits sind die maximalen Feldwinkel in realen Aufbauten in der Regel limitiert, müssen aber im Abgleich mit der Simulation und der gewünschten Güte des Justagevorgangs ausreichend dimensioniert werden. Noch wichtiger ist andererseits die Tatsache, dass dieser negative Effekt durch reales Sensorverhalten begünstigt wird. Ein Rauschen in den aufgenommenen Daten der Wellenfront und daher auch in den extrahierten Zernike Koeffizienten wird einen ähnlichen Effekt haben wie ein zu geringer Feldwinkel. Im Vergleich zur exakten Simulation führt beides zu einem größeren maximalen Feldwinkel, der für ein gleiches Niveau an Justagegüte erforderlich ist.

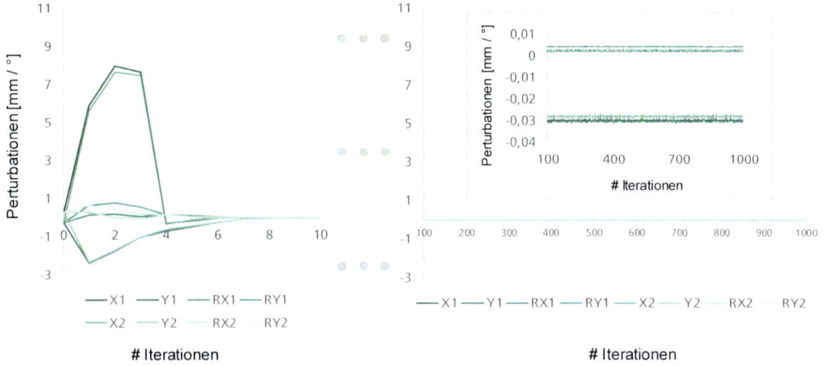

Abbildung 5.11: Beispiel zur Begrenzung der erzielbaren Justagegüte bei zu geringen Feldwinkeln

Auf der anderen Seite des Spektrums möglicher maximaler Feldwinkel und ihres Einflusses auf die Anzahl der Iterationen bleibt überdies festzuhalten, dass jenseits der zu kleinen maximalen Feldwinkel sich auch zu große Werte bei einer geringeren Anzahl an Feldpunkten aus dem für den Algorithmus optimal geeigneten Wertebereich bewegen. So ergibt sich z. B. für Fall 3 ab einer Größe von ca. 3° eine Verschlechterung der Berechnungseffizienz durch einen leichten Anstieg der notwendigen Zahl an Iterationen.

Mit Blick auf Spalte 2 in Abbildung 5.10 zeigt sich für die Größe der berechneten Korrekturen ein ähnliches Bild, mit geringem Einfluss der Anzahl der Feldpunkte und einem Optimum bei vglw. großen maximalen Feldwinkeln. In ihrer Kombination können beide Analysen der 1. und 2. Spalte aus Abbildung 5.10 zur Identifikation der optimalen Parameter des Feldpunktenetzes herangezogen werden. Bei den gleichwertigen Plateaus unterschiedlicher Parameter für die Anzahl der Iterationen sollten die Parameter des Feldpunktenetzes gewählt werden, für die sich ein minimaler Wert der Korrekturen ergibt. Daher ist in Spalte 3 die Multiplikation beider Datensätze gezeigt.

In der Betrachtung über alle 3 Fälle hinweg ergeben sich die optimalen Werte für die beiden betrachteten Eigenschaften des Feldpunktenetzes in sehr ähnlichen Bereichen mit maximalen Feldwinkeln zwischen 2° und 2.75° und einer optimalen Anzahl von Feldpunkten zwischen 3x3 und 5x5.

Tabelle 5.3: Übersicht zu den optimalen Parametern bzgl. der Eigenschaften des Feldpunktenetzes

Fall	Komplexität	Max. Feldwinkel	Anzahl Feldpunkte	Multiplikation
1	niedrig	2.75°	5x5	0.0716
2	mittel	2.00°	3x3	1.1323
3	hoch	2.25°	5x5	83.1785

Da die 3 Fälle gezielt entlang des Komplexitätsspektrums aller in Frage kommenden Zustände ausgewählt wurden, kann vermutet werden, dass auch für alle anderen Fälle dieses optischen Systems die gefundenen Wertebereiche dem allgemeingültigen Optimum entsprechen. Um diese Schlussfolgerung zu validieren und einen späteren Vergleich des Einflusses der unterschiedlichen Parameter zu ermöglichen, werden alle der in Abbildung 5.7 gezeigten 64 möglichen extremalen Systemzustände in Abhängigkeit beider Parameter berechnet. In Ergänzung zur bisherigen Darstellung in Abbildung 5.10 werden damit die jeweiligen Einflüsse auch für die 61 weiteren Fälle ermittelt. Getrennt für die beiden Parameter ergeben sich auf diese Weise die in folgender Abbildung gezeigten Verläufe für die Korrekturen einer maximalen Perturbation von ±500 µm bzw. mgrad.

In beiden Graphen ist als orangene Linie der Mittelwert über alle 64 Fälle gezeigt. Die bereits aus den Vorbetrachtungen für die drei Beispielfälle bekannten Zusammenhänge bestätigen sich auch für die Gesamtheit aller Fälle. Während sich über die maximalen Feldwinkel ein vglw. starker Einfluss ergibt, ist er für die Anzahl der zur Berechnung genutzten Feldpunkte wesentlich geringer. Im jeweils untersuchten Bereich wird dieser Unterschied durch den Verlauf der orangenen Mittelwerte und seine in blau gezeichnete Ausgleichsgerade deutlich. Das durch die Ausgleichsgerade beschriebene Delta beträgt für die maximalen Feldwinkel im Bereich zwischen 0.25° und 4° genau 1 Iteration und damit 0.2666 Iterationen je Grad. Dabei wird das durchschnittliche Minimum bereits bei einem Feldwinkel von 2.25° erreicht.

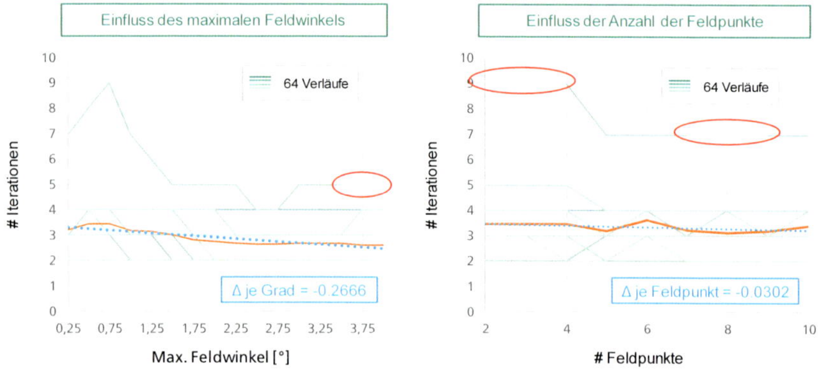

Abbildung 5.12: Quantifizierung des Einflusses des maximalen Feldwinkels und der Anzahl der Feldpunkte

Demgegenüber ist schon in der Darstellung der 64 Verläufe in Abhängigkeit der Anzahl der Feldpunkte ein deutlich indifferenteres Verhalten mit unstetigen Schwankungen zu erkennen. Infolgedessen ergibt sich auch eine sehr flache Ausgleichsgerade mit fast horizontalem

Verlauf, deren Delta mit lediglich -0.0302 Iterationen je Feldpunkt eine Größenordnung unterhalb des Einflusses der Feldwinkel liegt.

Sowohl in der Variation der Feldwinkel wie der Feldpunkte ist ferner zu beachten, dass für eine Reihe von Kombinationen eine Korrekturberechnung im Rahmen der vorgegebenen max. Anzahl an Iterationen gar nicht möglich gewesen ist. Sie sind durch die roten Ellipsen gekennzeichnet und betreffen im Fall der Feldwinkel 4 Verläufe an je 2 Stellen und im Fall der Feldpunkte 2 Verläufe an je 4 Stellen und 2 weitere Verläufe an je 3 Stellen.

Zur Absicherung der oben getroffenen Vermutung kann ferner anhand der Daten aller Fälle der optimale Wertebereich der Eigenschaften des Feldpunktenetzes ermittelt werden. Dieser ergibt sich in der reinen Betrachtung der Feldwinkel bzw. der Anzahl der Feldpunkte zu 2.25° bei 5x5 Feldpunkten und korrespondiert zu den Werten der 3 Beispielfälle aus Tabelle 5.3.

Auf Basis dieser Ergebnisse wird für den weiteren Verlauf der Untersuchungen dieses Abschnitts in Abweichung zum Standardfall der gerade identifizierte Wertebereich genutzt. Zur praktischen Applikation in Abschnitt 7.2 wird das aufgrund der bereits erwähnten Restriktionen der Hardware für den maximalen Feldwinkel jedoch nicht möglich sein. Gleichwohl wird die Fähigkeit des Verfahrens in der Praxis auch unter diesen Einschränkungen hinsichtlich der externen Faktoren der maximalen Perturbation und der Anzahl an Freiheitsgraden in Abschnitt 5.1.2 untersucht und sichergestellt.

5.1.1.2 Anzahl der Zernike Koeffizienten

Über die Anzahl der Zernike Koeffizienten wird die für die Berechnung verwendete Information aus der messtechnisch erfassten Wellenfront gesampelt. Eine höhere Anzahl an Koeffizienten entspricht daher einem genaueren Abbild der eigentlich aufgenommenen Wellenfront und kann sich so auf die mögliche Güte der Korrekturberechnung auswirken. Im definierten Standardfall wurde für die bislang vorgestellten Ergebnisse mit 17 Koeffizienten gerechnet. Diese beinhalten alle Koeffizienten der 4. radialen Ordnung zzgl. des sekundären Komas aus der 5. radialen Ordnung (vgl. Abbildung 2.1, S, 11). Die damit erzielten Ergebnisse der Korrekturen für die bekannten 3 Fälle entsprechen der iterationsfeinen Aufschlüsselung eines Datenpunkts aus der Übersichtsmatrix in Abbildung 5.10.

Um einen ersten Eindruck vom Einfluss einer unterschiedlichen Anzahl von Zernike Koeffizienten auf Güte und Effizienz des Justageprozesses zu gewinnen, wurde zunächst die komplexe Perturbation des Falls 3 mit ±375 µm bzw. mgrad einer Korrekturberechnung mit 10 und 21 Koeffizienten zugeführt. Wie die Gegenüberstellung der erzielten Ergebnisse in Abbildung 5.13 zeigt, kann ein deutlicher Einfluss sowohl auf die notwendige Anzahl der Iterationen als auch in Bezug auf die Größe der Korrekturen vermutet werden. Im Vergleich zwischen der Berechnung mit 10 und 21 Koeffizienten können nicht nur mehr als die Hälfte der Iterationen eingespart, sondern auch die Überkorrekturen der meisten Freiheitsgrade erkennbar verringert werden. Damit scheint grundsätzlich eine höhere Anzahl an zur Berechnung genutzter Zernike Koeffizienten der Effizienz der Korrektur zuträglich zu sein.

Zur weiteren Evaluation des Einflusses wurden darüber hinaus die Korrekturberechnungen mit allen Koeffizienten zwischen 10 bis 21 durchgeführt, welche der kompletten 3. bis 5. radialen

Ordnung entsprechen. Dabei wurde berücksichtigt, dass die nicht rotationssymmetrischen Koeffizienten stets paarweise für die Berechnung zur Verfügung stehen, woraus sich die gezeigte Abfolge von 10, 11, 13, 15, 17, 19 und 21 Koeffizienten ergibt.

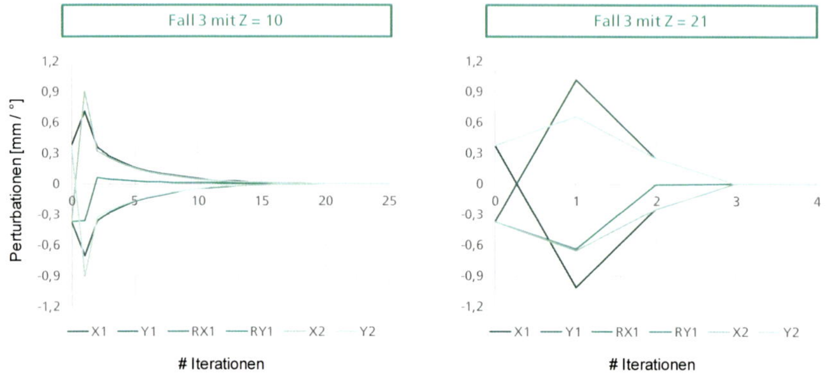

Abbildung 5.13: Gegenüberstellung der Korrekturverläufe mit 10 und 21 Zernike Koeffizienten für die Berechnung eines Datenpunktes des 3. Falls aus Abbildung 5.10

Die Wahl von 21 Koeffizienten folgt darüber hinaus auch praktischen Erwägungen, da einerseits die Koeffizienten von Wellenfrontsensoren häufig in vollen radialen Ordnungen ausgegeben werden und aufgrund der begrenzten lateralen Auflösung die Erfassung von weiteren Zernike Koeffizienten mit höherfrequenten radialen und meridionalen Anteilen mit größeren Unsicherheiten verbunden ist. Um eine Aussage entlang des Komplexitätsspektrums zu erhalten, wurde die Berechnung für alle 3 Fälle durchgeführt.

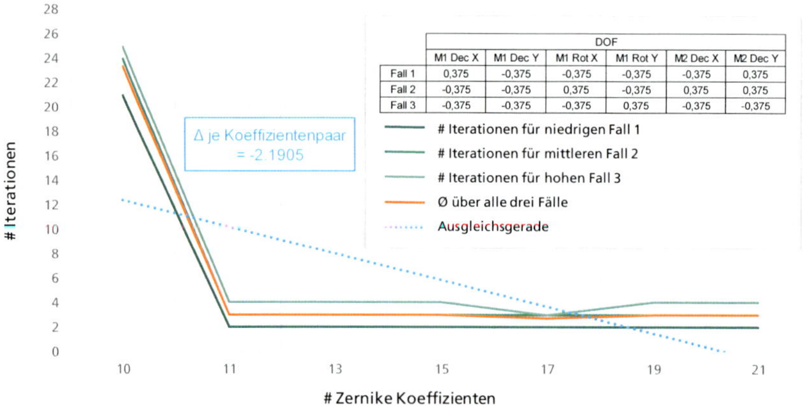

	DOF					
	M1 Dec X	M1 Dec Y	M1 Rot X	M1 Rot Y	M2 Dec X	M2 Dec Y
Fall 1	0,375	-0,375	-0,375	-0,375	-0,375	0,375
Fall 2	-0,375	-0,375	0,375	-0,375	0,375	0,375
Fall 3	-0,375	-0,375	-0,375	0,375	-0,375	-0,375

Abbildung 5.14: Einfluss der Anzahl an Zernike Koeffizienten auf die Anzahl der erforderlichen Iterationen

Die Analyse birgt das ebenso erwartete wie überraschende Resultat, dass eine Erhöhung der zur Berechnung genutzten Zernike Koeffizienten zwar eine deutliche Verbesserung der Effizienz des Prozesses erlaubt, dieser Effekt allerdings auf einen Sprung zwischen den Koeffizienten 10 und 11 beschränkt ist. Die Hinzunahme weiterer Koeffizienten zeigte in der geprüften Konstellation quasi keine Auswirkungen. Auch die Komplexität der Fälle spielt kaum eine Rolle und zieht sich mit einem Unterschied von jeweils einer Iteration fast kontinuierlich durch die Stützstellen der Berechnung. Eine Wiederholung der Berechnung für alle 64 möglichen extremalen Fälle brachte das gleiche Ergebnis des einmaligen Sprungs zu Beginn. Dabei nehmen die ersten 32 Fälle den Verlauf des niedrigen Falls 1 an, die kommenden 28 den des mittleren Falls 2 und nur die letzten 4 den des hohen Falls 3.

Im Diagramm aus Abbildung 5.14 sind oben rechts die Perturbationen angegeben, für die die Analyse durchgeführt wurde. Die vom Standardfall abweichenden ±375 µm bzw. mgrad sind der Tatsache geschuldet, dass bei ±500 µm bzw. mgrad nicht alle Kombinationen im Rahmen des vorgegebenen Limits von max. 30 Iterationen korrigiert werden konnten. Dies gilt vor allem für den Fall 3 und eine geringe Anzahl an Zernike Koeffizienten. Insofern hat die Anzahl der Zernike Koeffizienten in bestimmten Konstellationen neben der Effizienz auch einen Einfluss auf die Fähigkeit der Korrekturberechnung.

Abschließend hat eine Untersuchung mit einer geringeren Perturbation von nur ±250 µm bzw. mgrad ergeben, dass es keinen Unterschied bei der Verwendung von Zernike Koeffizienten im Betrachtungsbereich gibt. Mit Fehlstellungen dieser Größenordnung konnten alle 3 Fälle mit einer konstanten Anzahl von 2 Iterationen für die ersten beiden bzw. 3 Iterationen für den dritten Fall korrigiert werden, unabhängig von der Anzahl genutzter Zernike Koeffizienten.

In Summe ergibt sich daher für diesen Parameter eine starke Mehrfachwechselwirkung mit der Größe der Perturbation. Zur Bestimmung der für einen konkreten Anwendungsfall geeigneten Zahl der Zernike Koeffizienten sollte also die zu erwartende Perturbationsgröße im zu korrigierenden System bekannt sein bzw. abgeschätzt werden können. Diese Information lässt sich beispielsweise auf Basis der Leistungsfähigkeit vorgelagerter Prozessschritte (passive Kantendetektion, mechanische Passungen etc.) gewinnen.

5.1.1.3 Größe der induzierten Perturbation zur Erfassung der Sensitivitätsmatrix

Über die in der Sensitivitätsmatrix aus Abschnitt 4.2.1 enthaltenen Quotienten werden die wechselseitigen Einflüsse zwischen Freiheitsgraden und allen Zernike Koeffizienten an allen Feldpunkten ermittelt. Die sich ergebenden Korrelationen hängen dabei unmittelbar von der Größe der bekannten und je Freiheitsgrad sukzessive ins System induzierten Störung ab. Das Verhalten der Koeffizienten ändert sich dabei mitunter deutlich, was gut an der Auswertung einiger Beispiele zwischen dem linken und mittleren Teil von Abbildung 4.17, S. 54 zu erkennen ist.

Aber auch bei bereits weit weniger starken Auslenkungen zeigt sich ein signifikanter Einfluss auf die erzielbare Präzision bzw. die dazu erforderliche Anzahl an Iterationen und die zugehörige Summe der Korrekturen. Diese wurden für die drei bekannten Fälle bei veränderlichen Auslenkungen zur Erfassung der Sensitivitätsmatrix zwischen 0.01 und 1.0 mm bzw. Grad für Abbildung 5.15 berechnet (= induzierte Perturbation der Abszisse). Die grünen Linien in den einzelnen Fällen stellen 10 unterschiedliche, zwischen ±0.05 und ±0.5 mm oder Grad liegende Werte von Fehlstellungen in den Freiheitsgraden des Systems dar, die es im Rahmen der Korrekturberechnung zu beheben galt.

In allen drei Fällen ist über die unterschiedlichen Fehlstellungen hinweg ein deutlicher Anstieg in der Zahl der erforderlichen Iterationen zu verzeichnen. Kleine induzierte Perturbationen zur Erfassung der Sensitivitätsmatrix wirken sich positiv auf Effizienz und Güte der Korrekturberechnung aus. Je größer die induzierte Perturbation ist, desto mehr Iterationen sind erforderlich, um die Ausrichtung der Elemente in allen Freiheitsgraden bis zur gewünschten Präzision zu erzielen. Darüber hinaus erreicht eine Kombination hoher induzierter Perturbationen zusammen mit einer großen zu korrigierenden Fehlstellung des Systems die Limitierungen der Korrekturberechnung, die so nicht mehr erfolgreich durchgeführt werden kann. Das ist im 3. Fall an den rot hervorgehobenen Stellen zu erkennen, bei denen die Werte für Fehlstellungen von ±0.45 und ±0.5 mm oder Grad nicht für den vollen Wertebereich der induzierten Perturbation korrigiert werden können.

Dessen ungeachtet liegt der optimale Bereich für die induzierte Perturbation zwischen 0.08 und 0.15 mm bzw. Grad, sodass der im Standardfall gewählte Wert von 0.1 für diesen Parameter bereits die besten Voraussetzungen für präzise und effiziente Korrekturen ermöglicht. Wird der optimale Bereich anhand der (nicht gezeigten) Summe der Korrekturen ermittelt, ergibt sich die gleiche Größenordnung mit Werten zwischen 0.15 und 0.25 mm bzw. Grad.

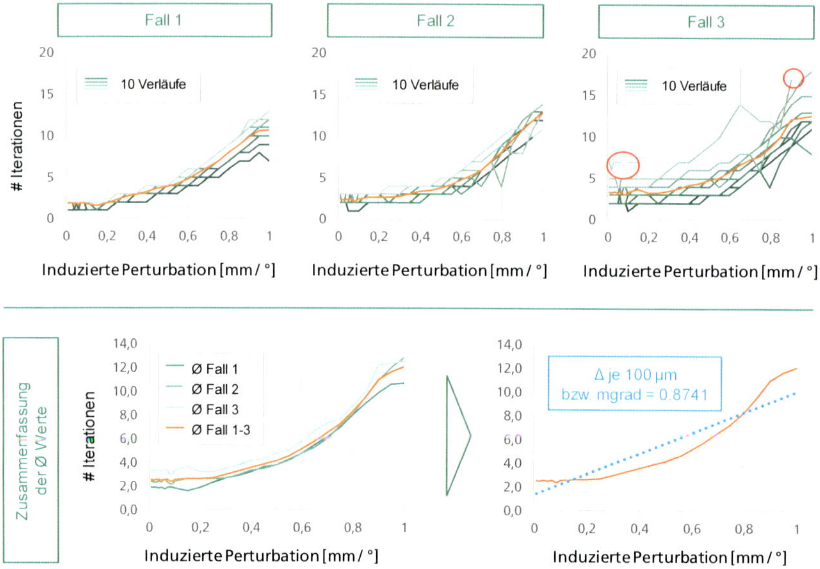

Abbildung 5.15: Einfluss der Größe der Auslenkung der Sensitivitätsmatrix auf die Anzahl der erforderlichen Iterationen

Grundsätzlich bemerkenswert an dieser Auswertung ist die Tatsache, dass die Größe der induzierten Perturbation offensichtlich nicht in der Größenordnung der zu korrigierenden Fehlstellung des Systems liegen muss bzw. sogar nicht darin liegen sollte. Die beiden Größenordnungen zeigen keine Korrelation zueinander, da große wie kleine Fehlstellungen im optischen System durch kleine induzierte Perturbationen gut und durch große induzierte Perturbationen schlecht bis gar nicht behoben werden können.

Ferner ist anhand der orangenen Linien der jeweilige Mittelwert der induzierten Perturbationen über alle 10 Werte der Fehlstellungen hinweg gezeigt. Bei einem Vergleich der drei Mittelwertsverläufe im unteren Teil von Abbildung 5.15 ergibt sich ein nahezu deckungsgleiches Bild mit nur sehr kleinen Unterschieden zwischen den einzelnen Fällen. Im Gegensatz zur Größenordnung der induzierten Perturbation zur Erfassung der Sensitivitätsmatrix ist daher die Komplexität der zu korrigierenden Fehlstellung im optischen System eher zu vernachlässigen.

5.1.1.4 Größe der zu korrigierenden Perturbation

Um einen ersten Eindruck von diesem Faktor zu bekommen, wurde mit der Dezentrierung in x-Richtung des ersten Elements X1 zunächst an nur einem Freiheitsgrad sukzessive die Größe der Perturbation erhöht und die Ergebnisse der Korrekturberechnungen aufgezeichnet. Wie durch die Verläufe in Abbildung 5.16 illustriert wird, steigt erwartungsgemäß die Anzahl an Iterationen mit der Größe der Perturbation.

Während bei 0.1 mm Dezentrierung nur 1 Iteration notwendig ist, wächst diese Anzahl auf bis zu 7 Iterationen für eine Dezentrierung von 2.1 mm. Bei steigenden Werten kommt es zu einem stetig größer werdenden Überschwingen der Korrekturberechnung, sodass ab einer Dezentrierung von 2.2 mm (orangene Linie) der Verlauf nicht mehr konvergiert, da das Ray Tracing und damit die Korrekturberechnung aufgrund der großen Fehlstellung nicht mehr durchgeführt werden können.

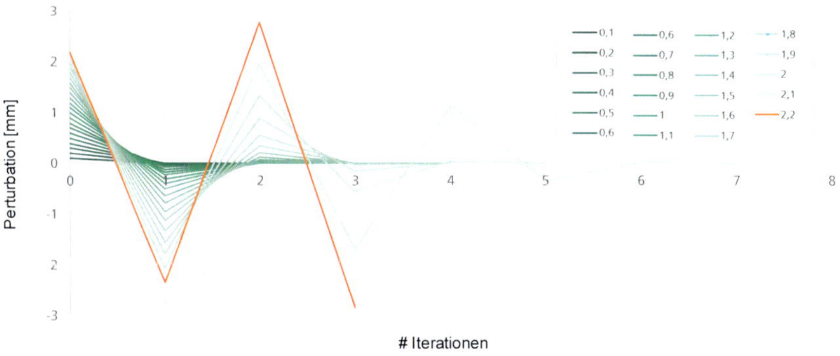

Abbildung 5.16: Maximal korrigierbare Perturbation für den Freiheitsgrad X1

Zur weiteren Untersuchung dieses Effekts wurden für den Standardfall alle 64 möglichen Verteilungen der extremalen Perturbationen bei 6 Freiheitsgraden einer Korrekturberechnung zugeführt und die notwendige Anzahl der Iterationen sowie die Summe der Korrekturen bestimmt. Dieser Ablauf wurde für unterschiedliche Größen der Perturbationen im Bereich zwischen 0.1 bis 0.4 mm bzw. Grad wiederholt. Die sich ergebenden Graphen weisen eine starke Ähnlichkeit zur Darstellung des durchschnittlichen RMS der Wellenfront im Feld in Abhängigkeit von verschiedenen maximalen Feldwinkeln aus Abbildung 5.7 auf.

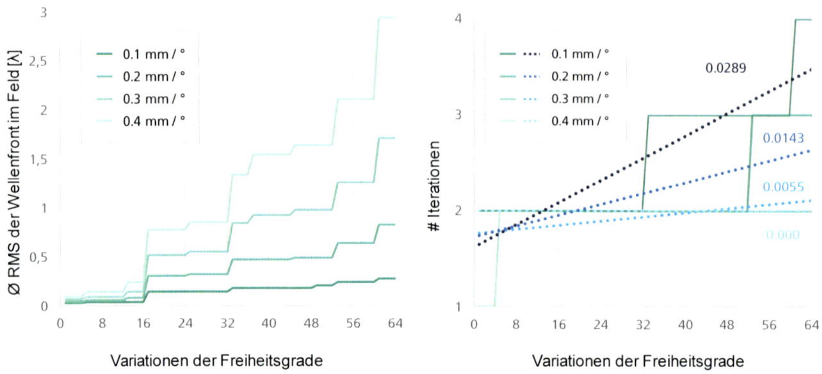

Abbildung 5.17: Einfluss der Variation der Freiheitsgrade auf die Effizienz der Korrekturberechnung

Im Vergleich der unterschiedlichen Perturbationen des rechten Diagramms ist der Einfluss ihrer Größe illustriert. Auch hier führt erwartungsgemäß ein zu Beginn des Verfahrens schlecht justiertes System zu einer größeren Anzahl an Korrekturberechnungen, ehe die definierte Präzision der Einzelpositionen erreicht werden kann. Neben dieser Betrachtung entlang eines steigenden Durchschnittswertes für den RMS der Wellenfront im Feld wird entlang der Perturbation ebenfalls ein Anstieg der notwendigen Iterationen deutlich. Quantifizierbar wird dieser Aspekt durch einen Blick auf die zugehörigen Ausgleichsgeraden der Iterationsverläufe. Während eine Perturbation von 0.1 mm bzw. Grad zu einer Steigung der Ausgleichsgeraden von nur 0.0055 führt, steigt dieser Wert leicht überproportional und beträgt bei 0.4 mm bzw. Grad 0.0289.

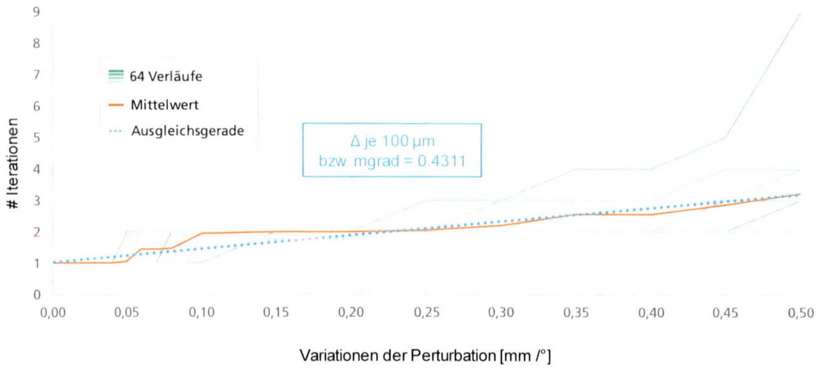

Abbildung 5.18: Einfluss der Größe der Perturbation auf die Effizienz der Korrekturberechnung

Für einen ganzheitlicheren Eindruck des Einflusses der Größe der Perturbation wurden in einer detaillierteren Untersuchung der Wertebereich und die Anzahl der Stützstellen gesteigert. Zwischen 0.001 und 0.5 mm bzw. Grad wurden dazu 27 Stützstellen verteilt und jeweils in ihren 64 möglichen Verteilungen einer Korrektur zugeführt. Das Ergebnis dieser 1728 Berechnungen ist für die notwendige Anzahl an Iterationen in Abbildung 5.18 gezeigt. Es bestätigt sich auch für die deutlich größere Datenbasis der bereits in der vorangegangenen Abbildung angedeutete Effekt.

Die orangene Linie zeigt den Mittelwert aller 64 Berechnungen je Perturbation. Der stärkste Einfluss der Größe der Perturbation ergibt sich dabei im Bereich zwischen 50 und 100 µm bzw. mgrad, in dem die durchschnittlich erforderliche Anzahl an Iterationen um 0.875 Iterationen je 100 µm bzw. mgrad wächst. Im Schnitt beträgt der Einfluss der Größe der Perturbation im betrachteten Wertebereich jedoch nur 0.4311 je 100 µm bzw. mgrad.

5.1.1.5 Anzahl der Freiheitsgrade im System

Letzter Faktor im Rahmen dieser Untersuchung ist die Anzahl der Freiheitsgrade im System. Sie ist ein Kernaspekt der Justageeigenschaften, da mit ihr die Komplexität des Problems überproportional ansteigt. Die grundsätzlich mögliche Anzahl an Freiheitsgraden hängt dabei von der Anzahl der beteiligten Systemkomponenten ab. Ungeachtet praktischer Restriktionen in realen Justage- und Montagevorgängen lässt sich jedes optische Element theoretisch in 6 Freiheitsgraden bewegen. Hinzukommen weitere 6 Freiheitsgrade des gesamten optischen Systems, z. B. in Relation zur Lichtquelle. Während die Anzahl der Freiheitsgrade also eine lineare Funktion der Anzahl an Elementen ist, wächst die Zahl der Varianten in Abhängigkeit der Freiheitsgrade als Potenz von 6. Tabelle 5.4 illustriert diesen Umstand für 3 Beispiele.

Tabelle 5.4: Anzahl der Freiheitsgrade und Systemzustände in Abhängigkeit der Anzahl der Elemente

System	Elemente	Freiheitsgrade	Varianten	Abschnitt
Demonstratorsystem	2	6 x (2+1) = 18	$6^{2+1} = 216$	5.1
Euclid Teleskop	4	6 x (4+1) = 30	$6^{4+1} = 7776$	5.2
Komplexes Mikroskopobjektiv	19	6 x (19+1) = 120	$6^{19+1} = 3.656 \cdot 10^{15}$	[-]

Aufgrund dieser rasant steigenden Anzahl an möglichen Systemzuständen soll für das Demonstratorsystem an 8 Stützstellen der Einfluss der Freiheitsgrade auf Güte und Effizienz der Korrekturberechnung untersucht werden. Hierfür werden sowohl die 6 Freiheitsgrade des Gesamtsystems als auch die 4 Freiheitsgrade der beiden Elemente für die z-Achse u. a. aufgrund der Rotationssymmetrie der asphärischen Funktionsflächen zunächst vernachlässigt, sodass maximal 8 Freiheitsgrade für die beiden optischen Komponenten zur Untersuchung verbleiben.

Jenseits dieser Vereinfachung muss bei der Ermittlung der möglichen Anzahl an Systemzuständen berücksichtigt werden, dass eine beliebige Verteilung von Perturbationen in den Freiheitsgraden zu einer beliebigen Anzahl von Systemzuständen für jede Variante führt. Selbst wenn nur die extremalen Perturbationen bis zum Grenzwert des Standardfalls von ±0.5 mm oder Grad berechnet werden, erhöht sich die Anzahl der Systemzustände je Variante z. T. deutlich, wie Tabelle 5.5 zeigt.

Tabelle 5.5: Anzahl der Systemzustände in Abhängigkeit der Anzahl der berücksichtigten Freiheitsgrade und der Verteilung der Perturbationen für das Demonstratorsystem

DOF	k = 1	k = 2	k = 3	k = 4	k = 5	k = 6	k = 7	k = 8
Binomialkoeffizient	8	28	56	70	56	28	8	1

Verteilung der extremalen Positionen	$2^1 = 2$	$2^2 = 4$	$2^3 = 8$	$2^4 = 16$	$2^5 = 32$	$2^6 = 64$	$2^7 = 125$	$2^{28} = 256$
Anzahl möglicher Systemzustände	16	112	448	1120	1792	1792	1000	256
Ausgewählte Systemzustände	1, 2,4, 6,8, 10,12, 14,16	1, 14, 28, 42, 56, 70, 84 ,98 112	1, 56, 112, 168 224, 280, 336, 392, 448	1, 140, 280, 420, 560, 700, 840, 980, 1120	1, 224, 448, 672, 896, 1120, 1344, 1568, 1792	1, 224, 448, 672, 896, 1120, 1344, 1568, 1792	1, 125, 250, 375, 500, 625, 750, 875, 1000	1, 32, 64, 96, 128, 160, 192, 224, 256

Daher können trotz der Vereinfachung hinsichtlich der Freiheitsgrade auch an dieser Stelle nicht alle möglichen Systemzustände berechnet werden, weshalb sich das Vorgehen zur Quantifizierung des Einflusses der Freiheitsgrade an der aus Abbildung 5.7 bereits bekannten Methode zur Identifikation unterschiedlich kritischer Fälle orientiert. Dazu wird über den Binomialkoeffizienten für jede Stützstelle k der Freiheitsgrade die Anzahl der möglichen Varianten berechnet, k Freiheitsgrade aus n = 8 möglichen Freiheitsgraden auszuwählen. Im Fall von k = 2 ergeben sich z. B. 28 Varianten. Darüber hinaus müssen alle möglichen Verteilungen der extremalen Perturbationen anhand ihrer Vorzeichen "+" oder "-" berücksichtigt werden, die sich durch den Zusammenhang 2^k bestimmen lassen. Die Multiplikation beider Werte gibt Auskunft über alle möglichen extremalen Systemzustände bei der jeweiligen Anzahl an Freiheitsgraden. Zu den 8 Freiheitsgraden wurden alle der in Summe 6536 möglichen Systemzustände simuliert, ihr durchschnittlicher RMS Wert der Wellenfront im Feld berechnet und die Zustände aufsteigend in Abbildung 5.19 sortiert.

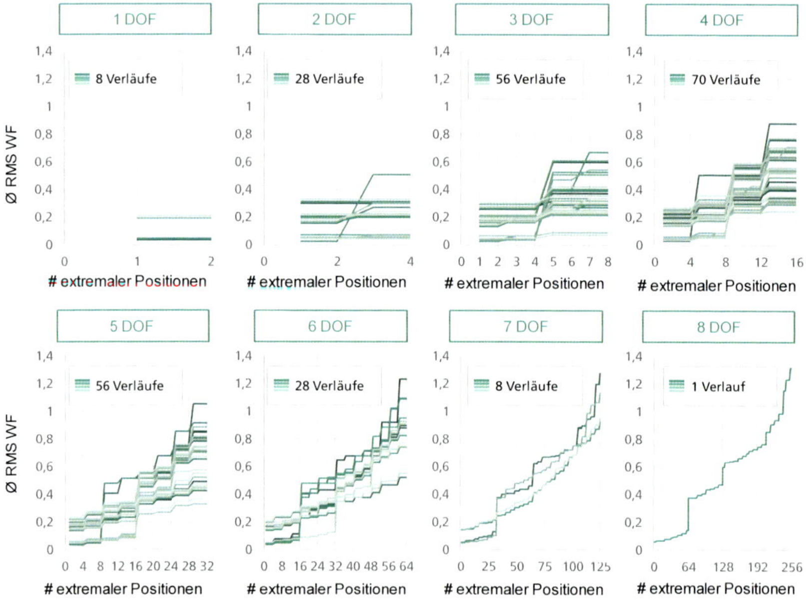

Abbildung 5.19: Durchschnittlicher RMS der Wellenfront aller möglichen Systemzustände für 1-8 Freiheitsgrade

Für eine überschaubare und gleichzeitig aussagekräftige Anzahl an Stützstellen der Systemzustände orientiert sich ihre Auswahl neben dem je ersten Element am größten gemeinsamen Teiler von 8. Damit können alle Systemzustände jedes Freiheitsgrades in 8 Gruppen gegliedert werden, deren jeweils letztes Element einer Korrekturberechnung zugeführt wird. Auf diese Weise lassen sich 9 gleichwertig komplexe Perturbationen und damit ähnliche Systemzustände bezogen auf jeden der Freiheitsgrade miteinander vergleichen.

Im Verlauf der notwendigen Iterationen zeigte sich für den Fall mit 8 Freiheitsgraden, dass eine Perturbation von ±0.5 mm bzw. Grad in seiner schwierigsten Verteilung (= Fall 256 dieses Freiheitsgrads mit größtem durchschnittlichen RMS im Feld) nicht mehr durch den Algorithmus behoben werden konnte. Um den Vergleich ähnlicher Werte über alle Freiheitsgrade anstellen zu können, orientiert sich die maximale Perturbation daher am noch korrigierbaren Wert von ±0.4 mm bzw. Grad bei 8 Freiheitsgraden und den Standardparametern der Eigenschaften des Feldpunktenetzes (max. Feldwinkel 0.25°, Feldpunktenetz 7x7).

Die in Abbildung 5.20 dargestellten Verläufe zeigen die zu erwartende Korrelation, dass eine Verteilung vergleichbarer Perturbationen auf mehr Freiheitsgrade einer aufwendigeren Berechnung in Form einer größeren Anzahl an Iterationen bedarf. Das trifft grundsätzlich auch auf die (nicht gezeigten) Summen der Korrekturen zu. Entgegen der Anzahl an Iterationen ist hier als besonderer Aspekt zu beobachten, dass sich die Freiheitsgradkombinationen 4 und 5 bei schwierigen Perturbationen durch besonders hohe Korrekturen auszeichnen. Hinsichtlich der abgebildeten Iterationen kann der sich über alle untersuchten Freiheitsgrade hinweg ergebende Effekt durch Mittelwertbildung aller 9 im linken Diagramm gezeigten Zustände für jeden der 8 Freiheitsgrade berechnet werden. Als Delta der Ausgleichsgerade ergibt sich ein Wert von 0.2880 je DOF.

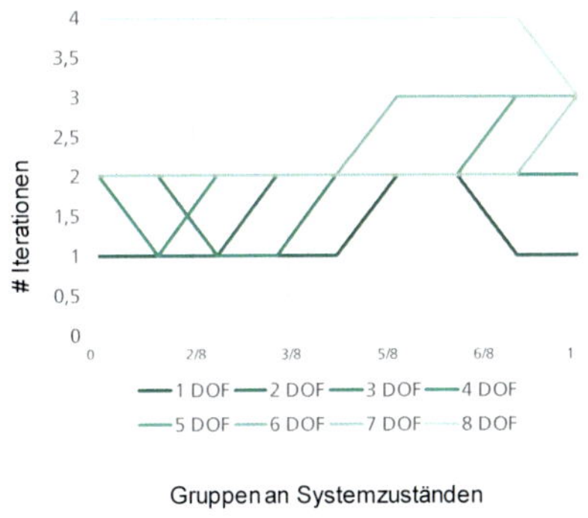

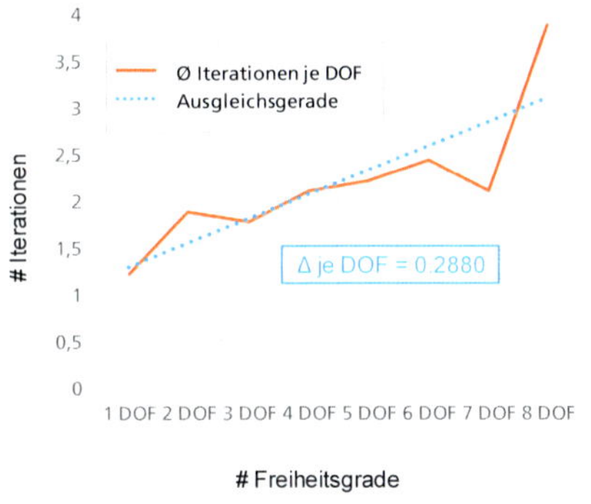

Abbildung 5.20: Einfluss der Anzahl der Freiheitsgrade auf die Effizienz der Korrekturberechnung

5.1.1.6 Zwischenfazit und Gegenüberstellung der einzelnen Effekte

Vor dem Hintergrund der möglichen Komplexität aller Parameter der wellenfrontbasierten Justage, selbst am vglw. einfachen Demonstratorsystem, wurden in den vorangegangenen Abschnitten die Haupteinflussfaktoren in bestimmten Konstellationen hinsichtlich Präzision und Effizienz des erzielbaren Justageergebnisses untersucht. Der Parameterraum wurde dabei so gewählt, dass i. d. R. die Korrekturfähigkeit der Berechnung gewährleistet werden konnte bzw. gerade die Grenzen des Algorithmus erreicht wurden. Die über das Delta der Ausgleichsgeraden ermittelte Signifikanz der Einflussfaktoren fasst Tabelle 5.6 zusammen.

Tabelle 5.6: Zusammenfassung von Betrachtungsbereich und Signifikanz der untersuchten Einflussfaktoren

Einflussfaktor	Betrachtungsbereich	Signifikanz	Einheit
Anzahl der Feldpunkte	2 – 10	-0.0302	je Feldpunkt
Größe des maximalen Feldwinkels	0.25° – 4.0°	-0.2666	je Grad
Anzahl der Zernike Koeffizienten	10 – 21	-2.1905	je Koeffizient(enpaar)
Größe der induzierten Perturbation zur Erfassung der Sensitivitätsmatrix	0.01 – 1 µm/mgrad	0.8741	je 100 µm bzw. mgrad
Größe der zu korrigierenden Perturbation	0.001 - 0.5 µm/mgrad	0.4311	je 100 µm bzw. mgrad
Anzahl der Freiheitsgrade im System	1 – 8	0.2880	je DOF

Wie die in der Regel nicht linearen Verläufe der unterschiedlichen Parameter bereits zeigen, stellen die aufgeführten Werte für die Signifikanz eine vereinfachte Größenordnung der jeweiligen Zusammenhänge für den angegebenen Betrachtungsbereich dar. Auch wenn daher die Wahl dieses Betrachtungsbereichs einen deutlichen Einfluss auf die Signifikanz hat, sind die hergeleiteten Werte ein fundierter Indikator zur Hauptwirkung der einzelnen Faktoren.

Mit Hilfe dieser Erörterungen zu den relevanten Einflüssen auf die Eigenschaften der wellenfrontbasierten Justage können einerseits praktische Aufbauten hinsichtlich einer optimalen Güte und Effizienz des Prozesses gezielt ausgelegt werden. Andererseits lassen sich im Umkehrschluss diejenigen Toleranzen für die Positionen der Elemente des auszurichtenden optischen Systems ermitteln, die für eine wellenfrontbasierte Justage unter den gegebenen Parametern (maximale Feldwinkel, Anzahl der Freiheitsgrade etc.) im Rahmen einer Vorjustage notwendig sind. In Summe kann damit der Prozess der wellenfrontbasierten Justage sinnvoll gestaltet werden.

5.1.2 Erweiterung um reale Systemkomponenten

Während sich die bisherigen Betrachtungen auf die Simulation des reinen Demonstratorsystems nach Abbildung 5.5 beschränkten, müssen für praktische Anwendungsfälle weitere reale Systemkomponenten berücksichtigt werden. Im Fall des Demonstratorsystems sind das die Strahlformung vor sowie die Abbildungsoptik nach dem optischen System. Insofern erweitern sich die zu berücksichtigenden Komponenten um eine Kollimationslinse und ein Teleskop.

Als Lichtquelle wird ein fasergekoppelter Diodenlaser eingesetzt, dessen austretende Strahlung möglichst gut kollimiert werden muss. Hierzu findet für die aktuelle Betrachtung eine asphärische Kollimationslinse Verwendung, da diese gegenüber den fasergebundenen mehrkomponentigen oder reflektiven Kollimatoren bessere Ergebnisse liefert und insofern auch im später diskutierten Labordemonstrator eingesetzt wird (vgl. Abschnitt 7.1.1.1).

#		Surf:Type	Comment	Radius	Thickness	Material	Coating	Semi-Diameter	Conic	TCE x 1E-6	Decenter X	Decenter Y	Tilt About X	Tilt About Y	Tilt About Z
0	OBJECT	Standard ▾	Point Source	Infinity	67.652 V			0.000	0.000	0.000					
1		Standard ▾		Infinity	6.000	N-BK7		2.362	0.000	-					
2	(aper)	Even Asphere ▾	AL2550-A	-25.560	0.000			12.500 U	-1.010	0.000	0.000	-3.270E-...	-7.721E-010	-1.630E-013	0.000
3		Coordinate Break ▾			-223.652 S	-		0.000		-	0.000	0.000	0.000	0.000	0.000
4		Coordinate Break ▾	Pivot OFfset		0.000	-		0.000		-	0.000	0.000	0.000	0.125	0.000
5		Coordinate Break ▾	Pivot Return		223.652 P	-		0.000		-	0.000	0.000	0.000	0.000	0.000
6	STOP	Standard ▾		Infinity	165.000			2.500 U	0.000	0.000					
7		Standard ▾	GCRS	Infinity	0.000			1.746 M	0.000	0.000					
8		Coordinate Break ▾	System		0.000	-		0.000		-	0.000	0.000	0.000	0.000	0.000
9		Coordinate Break ▾	L1		0.000	-		0.000		-	0.000	0.000	0.000	0.000	0.000
10	(aper)	Even Asphere ▾	AL2520M	15.540	7.600	S-LAH64		12.500 U	-1.350	-	0.000	2.362E-0...	-1.130E-008	-1.111E-011	-2.398E-014
11		Standard ▾		Infinity	23.127			0.684	0.000	0.000					
12		Coordinate Break ▾	Element Tilt:return		0.000 P	-		0.000		-	0.000 P	0.000 P	0.000 P	0.000 P	0.000 P
13		Standard ▾	Dummy	Infinity	0.000	P		0.481	0.000	0.000					
14		Coordinate Break ▾	L2		0.000	-		0.000		-	0.000	0.000	0.000	0.000	0.000
15		Standard ▾		Infinity	4.250	S-LAH64		0.481	0.000	-					
16	(aper)	Even Asphere ▾	AL1210M	-7.770	0.000			6.250 U	-1.000	0.000	0.000	-9.846E-...	6.991E-008	2.387E-009	1.133E-011
17		Coordinate Break ▾	Element Tilt:return		0.000 P	-		0.000		-	0.000 P	0.000 P	0.000 P	0.000 P	0.000 P
18		Coordinate Break ▾	Element Tilt:return		0.000 P	-		0.000		-	0.000 P	0.000 P	0.000 P	0.000 P	0.000 P
19		Standard ▾	Dummy	Infinity	160.000			0.563	0.000	0.000					
20	(aper)	Black Box Lens ▾	0.6x_BlackBox.ZBB		<275.781>			20.000 U		0.000					
21		Standard ▾	STANDARD	Infinity	100.000			4.927	0.000	0.000					
22	IMAGE	Standard ▾		Infinity	-			0.265	0.000	0.000					

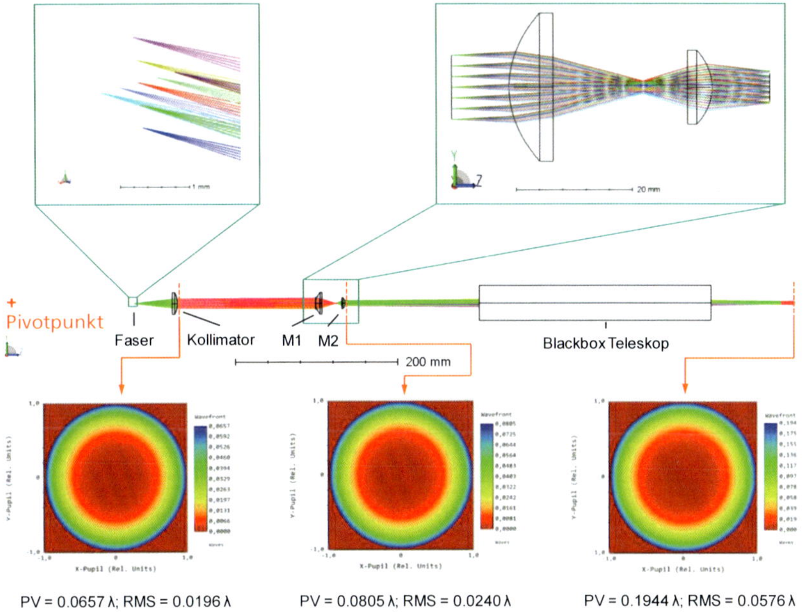

Abbildung 5.21: Erweiterung des Demonstratorsystems zum Labordemonstrator inkl. Umsetzung im LDE

Außerdem muss berücksichtigt werden, dass im Labordemonstrator der Feldwinkel durch ein Kippen der Faser inkl. Kollimationslinse erzeugt wird und der Pivotpunkt des Kippvorgangs durch die mechanische Auslegung des eingesetzten Aktuators nicht frei gewählt werden kann. Zwar ist das System konstruktiv so gestaltet, dass der Pivotpunkt in der optischen Achse liegt, allerdings hat er einen Abstand > 200 mm zur Kollimationslinse. Über den zusätzlichen Abstand der Kollimationslinse zur Eingangslinse M1 des zu justierenden Systems von ca. 300 mm ergibt sich damit ein vglw. langer Hebel für den Feldwinkel. Daher führen bereits kleine Feldwinkel dazu, dass die Apertur der Eingangslinse M1 u. U. nicht mehr beleuchtet wird, wodurch die praktisch relevanten maximalen Feldwinkel auf die im Standardfall des Demonstratorsystems angegebenen 0.25° beschränkt sind.

In der Simulation des optischen Systems wird dieser Aufbau über zusätzliche Coordinate Breaks CB realisiert. Durch eine geeignete Wahl ihrer Parameter erlauben sie nicht nur die Umsetzung des erforderlichen Feldwinkels, sondern kippen kinematisch korrekt ebenfalls die Kollimationslinse um den fixen Pivotpunkt. Da dieser Punkt um 156 mm vor der Punktlichtquelle liegt, wird nach der mitzukippenden Kollimationslinse eine Gruppe von 3 CB eingeführt. Über den ersten CB kann dann ein Versatz um ca. 224 mm entgegen der Strahlrichtung zurück zum Pivotpunkt vorgenommen werden (Zeile 3 des Lens Data Editor LDE in Abbildung 5.21). Der Wert ergibt sich aus dem für Kollimationszwecke optimierten Abstand zwischen Punktlichtquelle und Kollimationslinse von 67.652 mm zzgl. des erwähnten Versatzes des Pivotpunkts vor der Punktlichtquelle von 156 mm. In einem direkt folgenden CB können nun die Winkel für den Kippvorgang eingestellt werden, wie es im Beispiel von Zeile 4 für 0.125° um die Y-Achse zu sehen ist (Tilt About Y).

Über den abschließenden dritten CB in Zeile 5 erfolgt der Rückversatz des Koordinatensystems wieder an den Punkt nach der Kollimationslinse. Abschließend wird an diesem Punkt die globale Koordinatenreferenz gesetzt GCRS (engl. global coordinate reference surface), damit sich die folgenden Systembestandteile nicht mitbewegen. Dieses Vorgehen trägt den kinematischen Besonderheiten des realen Aufbaus Rechnung und sorgt dafür, dass die Strahlformung aus Punktlichtquelle und Kollimationslinse gemeinsam um einen frei wählbaren Punkt entlang der optischen Achse gekippt werden kann.

Der Einfluss dieser Konfiguration kann aufgrund der kleinen Kippwinkel nur unzureichend am Gesamtsystem illustriert werden. Ein detaillierter Blick auf den leicht geneigten Beginn des Strahlengangs zeigt jedoch die durch den vertikalen Versatz des Pivotpunkts hervorgerufene laterale Verschiebung aller Strahlengänge, die mit einem Feldwinkel beaufschlagt sind. Die gezeigten Strahlverläufe entsprechen dabei den Hauptachsen eines 3x3 Feldpunktenetzes.

Nach dem zu justierenden Demonstratorsystem wird eine abbildende Optik eingesetzt. Hintergrund ist die Tatsache, dass die aberrierte Wellenfront eigentlich direkt nach dem optischen System erfasst werden muss, was aufgrund mechanischer Restriktionen und begrenzter Zugänglichkeit häufig nicht möglich ist. Im Abstand zwischen letzter Prüflingsfläche und dem Sensor propagiert die Wellenfront weiter und verändert auf diesem Weg auch ihre charakteristischen Eigenschaften wie Durchmesser, PV oder RMS Wert mit Auswirkungen auch auf die zugehörigen Zernike Koeffizienten.

Dies wird über den Einsatz eines abbildenden Kepler-Teleskops verhindert, welches die Wellenfront vom Ausgang des zu prüfenden optischen Systems auf die Ebene der Mikrolinsen des Sensors abbildet. Gleichzeitig kann über die Brennweiten der am Kepler-Teleskop beteiligten Komponenten seine Vergrößerung gewählt und damit eine günstige Anpassung des Durchmessers der zu prüfenden Wellenfront erzielt werden. Das ist insofern von großer Bedeutung, da die begrenzte Sensorfläche möglichst gut ausgeleuchtet werden sollte, sodass die ohnehin geringe laterale Auflösung bestmöglich genutzt werden kann.

In Abhängigkeit des Aperturdurchmessers der Austrittspupille von 4.8 mm und des kleineren Abmaßes der rechteckigen Sensorfläche von 4.8 mm x 6.4 mm wird ein Teleskop mit einer Vergrößerung von 0.62x gewählt. Das ermöglicht eine Verkleinerung des auf dem Sensor abgebildeten Spots auf einen Durchmesser von ca. 3 mm, wodurch zwar die laterale Auflösung der Messung eingeschränkt ist, aber dafür der gesamte Spot zuverlässig detektiert und zentriert werden kann. Die Arbeitsabstände dieses Teleskops betragen 160 bzw. 100 mm lichter Abstand zwischen Element M2 und Teleskop bzw. zwischen Teleskop und Sensor.

Die im unteren Teil von Abbildung 5.21 gezeigten Wellenfronten beziehen sich auf den zentralen Strahlengang ohne Feldwinkel und zeigen im Vergleich zum alleinigen Demonstratorsystem aus Abbildung 5.5 in ihren Werten für PV und RMS schlechtere Eigenschaften aufgrund der Beiträge von Kollimationslinse und Teleskop. Unter Berücksichtigung dieser Effekte sollen die wichtigsten Untersuchungen des einfachen Demonstratorsystems aus dem vorangegangenen Abschnitt nun für das erweiterte Demonstratorsystem wiederholt werden, um das grundsätzliche Verhalten mit und ohne zusätzliche Komponenten gegenüberzustellen.

Zur praktischen Umsetzung der bislang theoretischen Betrachtungen ist dabei die maximal zulässige Perturbation sowie die Eigenschaften des Feldpunktenetzes von entscheidender Bedeutung. Die Ergebnisse dieser Analyse liefern nicht nur wertvolle Hinweise für den Aufbau und die Konfiguration des prototypischen Labordemonstrators, sondern vermitteln auch einen Eindruck von den zu erwartenden Ergebnissen des Justagevorgangs.

5.1.2.1 Verteilung und zulässige Größe der Perturbationen

Als Erstes soll geprüft werden, ob der Zusammenhang zwischen der Verteilung der extremalen Perturbationen und den Eigenschaften der Wellenfront im Feld der gleichen Verteilung gehorcht, wie sie für das einfache Demonstratorsystem in Abbildung 5.7, S. 68 untersucht wurde. Damit hängt auch die maximal zulässige Größe der Perturbation zusammen, die im System noch korrigiert werden kann. Infolge der nun größeren Anzahl an Systemelementen und der zugehörigen Abstände entlang der optischen Achse kann es ungleich schneller zur Vignettierung (von Teilen) des Strahlengangs kommen, wodurch nicht mehr alle Strahlen durch das gesamte optische System gelangen und insofern keine Auswertung mehr möglich ist. Zur zielgerichteten Auslegung des erweiterten Demonstratorsystems müssen also die Effekte der zusätzlichen optischen Komponenten in der schlechtmöglichsten Positionierung der zu justierenden Linsen berücksichtigt werden.

Hierzu wurde ausgehend vom Standardfall des einfachen Demonstratorsystems diejenige Perturbation gesucht, welche einen vollständigen Strahlengang auch in der Konfiguration noch zulässt, in der der durchschnittliche RMS der Wellenfront im Feld maximal ist. Beginnend mit einer Perturbationsgröße von ±500 µm bzw. mgrad wurde dazu der Wert sukzessive verkleinert, wobei erst bei ±150 µm bzw. mgrad die genannte Bedingung erfüllt werden konnte. Im Vergleich zu den mitunter erzielten Werten beim einfachen Demonstratorsystem werden also in diesem ungünstigsten Szenario die Eigenschaften des erweiterten Demonstratorsystems deutlich eingeschränkt. Da dieses Szenario jedoch nur dann auftritt, wenn genau diese eine von $2^6 = 64$ Verteilungen vorhanden ist *und* die maximale Perturbationsgröße in allen 6 Freiheitsgraden anliegt, ist die praktische Einschränkung jedoch weit weniger stark, als der vglw. geringe Wert der zulässigen Perturbation in diesem sehr speziellen Fall zunächst auszudrücken scheint.

Die nach steigendem durchschnittlichem RMS Wert der Wellenfront im Feld sortierte Verteilung zeigt einen ähnlichen Verlauf, wie sie bereits für das einfache Demonstratorsystem in Abbildung 5.7, S. 68 ermittelt wurde. Auch an dieser Stelle gibt es die bereits bekannte Gruppenbildung aus jeweils 4 Verteilungen aufgrund der Symmetrie der Wellenfront im Feld. Ferner fällt im direkten Vergleich zur Abbildung 5.7 einerseits das deutlich erhöhte Grundniveau für den durchschnittlichen RMS der Wellenfront im Feld auf. Lag der Minimalwert für das einfache Demonstratorsystem bei einem Feldwinkel von z. B. 0.05° bei nur 0.1032 λ, steigt dieser Wert bei gleichem Feldwinkel trotz geringerer Perturbation im erweiterten Demonstratorsystem auf nun 7.9243 λ. Grund hierfür sind vor allem die zusätzlichen Systemkomponenten der Strahlformung und Abbildung, die sich verstärkend auf den Wellenfrontfehler auswirken. Darüber hinaus ist zu erkennen, dass für jeden Feldwinkel die Spreizung der Werte deutlich geringer ist. Die Unterschiede zwischen der unkritischsten und kritischsten Verteilung der extremalen Perturbation betragen nur noch ca. 0.6 λ gegenüber mehr als 4 λ im einfachen Demonstratorsystem.

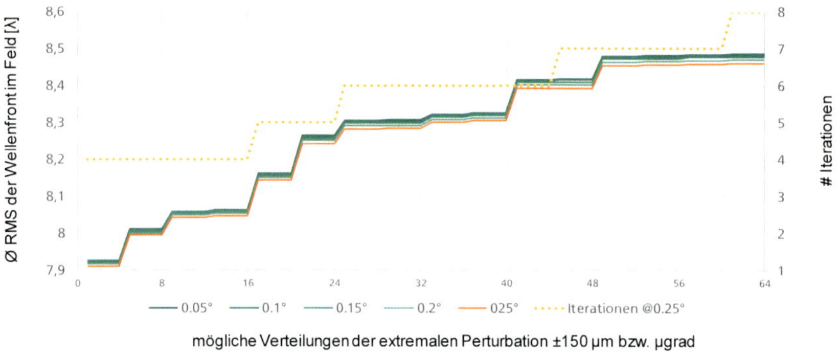

Abbildung 5.22: Abfolge der nach Einfluss auf die Wellenfront sortierten extremalen Perturbationen und die Anzahl an notwendigen Iterationen zu ihrer Korrektur

Gleichwohl zeigt die notwendige Anzahl an Iterationen zur sub-µm-Korrektur der Perturbationsverteilungen bei 0.25° einen ähnlich stetigen Verlauf, wie er für das einfache Demonstratorsystem ermittelt wurde. Trotz der um mehr als den Faktor 3 geringeren Perturbation beträgt die Anzahl an Iterationen zwischen 4 und 8 und ist damit im Vergleich zum einfachen Demonstratorsystem nur leicht erhöht.

5.1.2.2 Eigenschaften des Feldpunktenetzes

In Kenntnis der maximal zulässigen Perturbation für alle 6 Freiheitsgrade von ±150 µm bzw. mgrad kann nun erneut die Verteilung für den Fall 3 aus Tabelle 5.2 angewandt werden. Dabei ist neben der Größe der maximalen Perturbation auch der Wertebereich für die Feldwinkel auf 0.15° bis 0.45° reduziert. In Summe ergibt sich ein ähnliches Bild, wie es bereits aus Abbildung 5.10 bekannt ist, wonach sich größere Feldwinkel und eine moderate Anzahl an Feldpunkten positiv auf die Effizienz der Korrekturberechnung auswirken. Gleichwohl ist im Gegensatz zur bisherigen Darstellung beim einfachen Demonstratorsystem in der Modellierung des erweiterten Demonstratorsystems nun keine Verschlechterung bei größeren Feldwinkeln zu erkennen. Rein auf die Iterationen bezogen, findet sich das konkrete Minimum bei Feldwinkeln zwischen 0.37° und 0.45° und einer Anzahl von 5x5 Feldpunkten. Das Minimum der Korrekturen hingegen ist bei 0.45° und 7x7 angesiedelt, wohingegen sich der kleinste Wert der Multiplikation bei 0.45° und 5x5 ergibt.

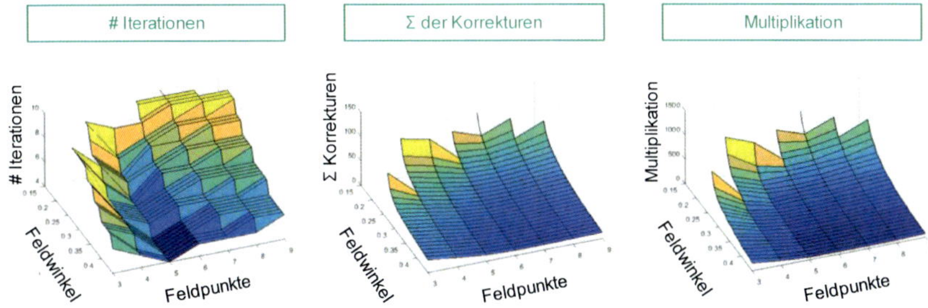

Abbildung 5.23: Einfluss der Eigenschaften des Feldpunktenetzes auf die Anzahl der erforderlichen Iterationen

Insgesamt können damit die grundsätzlichen Eigenschaften der wellenfrontbasierten Justage auch am erweiterten Demonstratorsystem bestätigt werden. Die dargestellten Restriktionen z. B. hinsichtlich der maximal zulässigen Perturbation hängen im Wesentlichen mit der gewählten Prüfstandskonfiguration, den eingesetzten Aktuatoren etc. zusammen und können durch ein entsprechend angepasstes Layout des optischen Systems minimiert werden. Darüber hinaus wurde zur detaillierten Analyse der Parametereinflüsse bewusst ein optisches System geringer Komplexität definiert, da die zugehörigen Parameter und ihr Wertebereich noch überschaubar und extensive Analysen in vertretbarer Zeit durchführbar sind.

Gleichwohl steht diese Vereinfachung und die aufgezeigten Limitierungen der Anwendung des wellenfrontbasierten Ansatzes zur Justage auch deutlich komplexerer optischer Systeme nicht im Wege. Dies soll anhand der folgenden Analysen eines realen und deutlich komplexeren optischen Systems illustriert werden.

5.2 Praxisbeispiel Euclid Teleskop

Die bislang erläuterten Ergebnisse bezogen sich auf ein sehr einfaches optisches System, anhand dessen die Grundzüge der wellenfrontbasierten Justage erläutert werden konnten. Reale optische Systeme verfügen oft über ein deutlich höheres Maß an Komplexität, an welches die Korrekturberechnung und ihre Parameter angepasst werden müssen. Am Beispiel eines Teleskops aus 4 doppelseitig gewölbten und je halbseitig asphärisch geformten Linsen sollen weitere Eigenschaften der wellenfrontbasierten Justage sowie ihre Einsatzmöglichkeiten untersucht und demonstriert werden.

Das erwähnte optische System ist Teil der Mission Euclid, einem Weltraumteleskop der European Space Agency ESA, das im Rahmen des Cosmic Vision Programms zur Erforschung der Eigenschaften dunkler Energie und Materie gebaut wird [ESA09, S. 7]. Die Hauptinstrumente von Euclid werden ein nahinfrarotes Photometer in Kombination mit einem Spektrometer mittlerer Auflösung sein, deren Beobachtungen über ein gemeinsames Teleskopsystem erfolgen [LDEG10, S. 1]. Der Primärspiegel des Teleskops in Korsch-

Bauweise (ellipsoider Primärspiegel mit Strahldurchlass, hyperbolischer Sekundärspiegel, 2 plane Hilfsspiegel, ellipsoider Tertiärspiegel, vgl. Abbildung 5.24) hat einen Durchmesser von ca. 1.2 m und ist für ein vglw. großes field of view FOV von 0.54° ausgelegt [ESA11, S. 8].

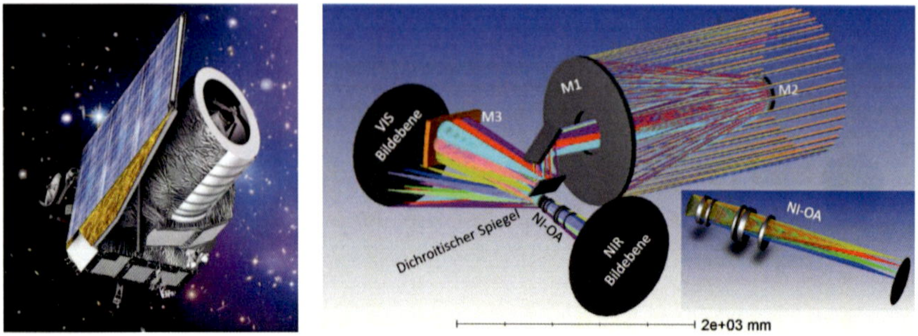

Abbildung 5.24: Erscheinungsbild und Strahlverlauf am Teleskop der Euclid Mission [BODE16, S.1 bzw. S. 16]

Ein Herzstück der Instrumente ist das near infrared spectrometer and photometer (NISP) bestehend u. a. aus 4 transmissiven Menisken mit je einer sphärischen und einer asphärischen Fläche und Durchmessern von bis zu 86 mm (vgl. Abbildung 5.25 Mitte) [BBGP16, S. 2]. Für Zusammenbau und Justage dieser Linsen ist das Max-Planck-Institut für extraterrestrische Physik MPE in Garching verantwortlich. Die geometrischen Eigenschaften der Komponenten wie Formfehler, Krümmungsradien, Mittendicken und der Versatz beider Funktionsflächen jeder Linse zueinander sind sehr genau bekannt. An einem verkleinerten Prototypen des Maßstabs 1:2 wurde in zwei Konstellationen die Güte des optischen Systems u. a. durch die Erfassung seiner Wellenfront im Feld in nachfolgendem Aufbau bestimmt [BBGP16, S. 1].

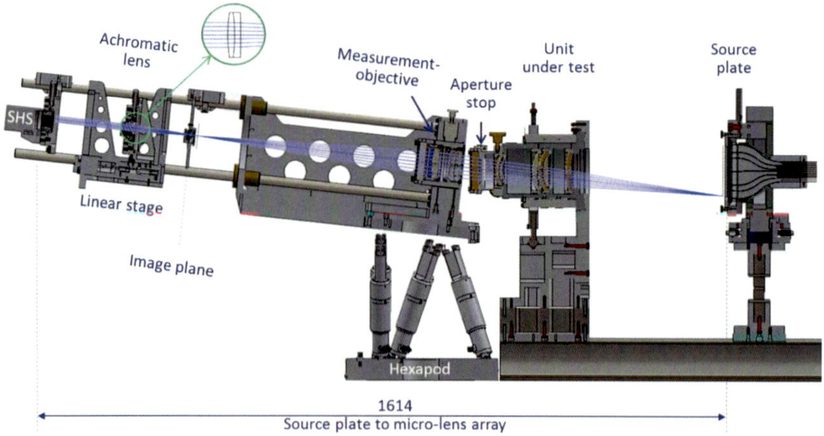

Abbildung 5.25: Prüfaufbau zur Erfassung der Abbildungseigenschaften des Euclid Teleskops (in Orientierung des späteren Einsatzes) [BBGP16, S. 3]

Die messtechnische Charakterisierung des optischen Systems wird im Vergleich zum späteren Einsatz in entgegengesetzter Strahlrichtung durchgeführt. Während im Satelliten die zu erfassende Strahlung von links kommend auf dem Detektor abgebildet werden wird, ist im Testaufbau an seiner Stelle eine Quellplatte als Strahlquelle installiert.

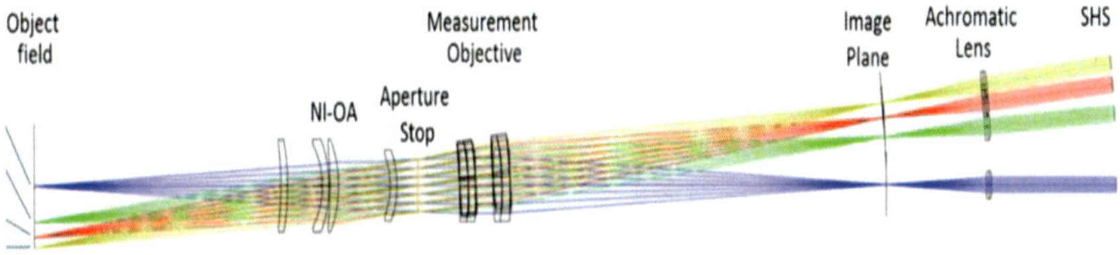

Abbildung 5.26: Design des Strahlengangs am Testaufbau des Euclid Teleskops (in umgekehrter Orientierung zur messtechnischen Charakterisierung) [BBGP16, S. 22]

In diese Quellplatte aus Glas sind eine Reihe von Monomodefasern SMF (engl. single mode fiber) über gezielte Bohrungen eingearbeitet. Über die laterale Position der Fasern werden die Feldwinkel für die spätere Messung bestimmt und durch einen spezifischen Bohrungswinkel mechanisch umgesetzt [BBGP16, S. 2]. In Summe gibt es 23 SMF, von denen 5 über eine Wellenlänge von 633 nm verfügen, wodurch mit diesen Fasern Justagen im sichtbaren Bereich durchgeführt werden können. Die restlichen 17 SMF emittieren im nahinfraroten Bereich NIR bei 960 nm. Die Verteilung der SMF auf der Quellplatte erfolgt auf konzentrischen Kreisen um den Mittelpunkt der Quellplatte und steht insofern im Kontrast zur bisher betrachteten quadratischen Verteilung der Feldpunkte des Demonstratorsystems aus Abschnitt 5.1.

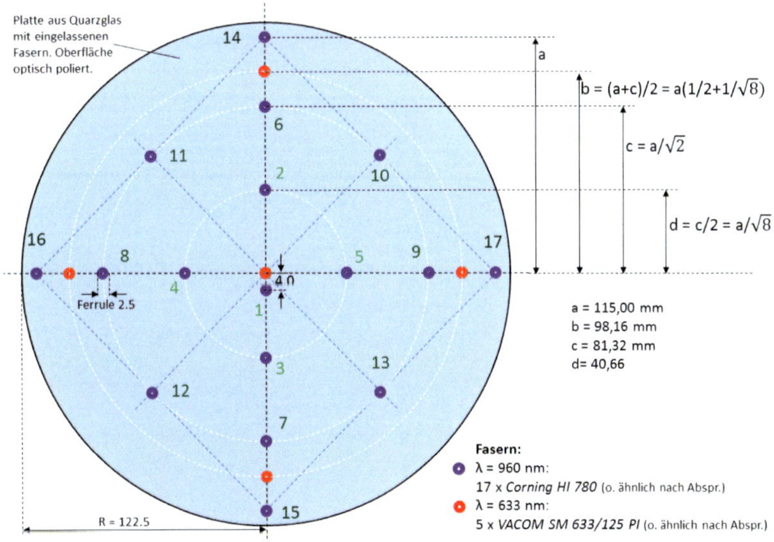

Abbildung 5.27: Anordnung der Fasern auf der Quellplatte (© Dr. Christof Bodendorf, MPE)

Da es sich beim optischen System nicht um eine fokussierende Optik handelt, ist aufgrund der Punktbeleuchtung ein weiteres Messobjektiv erforderlich, um den divergenten Strahl zunächst in einen konvergenten Lichtkegel und hiernach über eine achromatische Kollimationslinse in einen für den SHS geeigneten kollimierten Strahl umzuwandeln. Die Mikrolinsen des Sensors sind in der Bildebene des Aperture Stops positioniert, sodass die Abbildung über scharf gezeichnete Kanten verfügt und nicht von Beugungseffekten beeinflusst ist. [BBGP16, S. 2]

Die gesamte Messapparatur kann über einen Hexapod geneigt werden, um die mechanische und optische Achse in Einklang zu bringen (vgl. Abbildung 5.25). Pivotpunkt der Positionierung ist der Aperture Stop. Die mechanischen Verbindungselemente sind mit Edelstahl, Titan und Invar aus Metallen gefertigt, deren thermische Ausdehnungskoeffizienten möglichst gut denen der Linsenwerkstoffe entsprechen. Damit wird der Einfluss von Temperaturdehnung minimiert, was vor allem für die Erfassung der Bildfeldwölbung von großer Bedeutung ist. [GPGB14, S. 8]

Mit Hilfe des erwähnten Test-Aufbaus wurde eine extensive Charakterisierung der Abbildungsleistung und eine möglichst präzise Justage des optischen Systems durchgeführt. Die zugehörigen Toleranzen bewegen sich im Bereich von 15 bis 40 µm für die lateralen und zwischen 15 und 30 Bogensekunden für die rotatorischen Freiheitsgrade. Hierbei ist allerdings zu berücksichtigen, dass ein wesentlicher Teil dieser Toleranzen auch für das Temperaturbudget, also für Positionsschwankungen infolge großer Temperaturänderungen unter Einsatzbedingungen, vorgehalten werden muss.

Mit dem Ansatz der wellenfrontbasierten Justage soll anhand der Wellenfrontdaten des optischen Systems untersucht werden, welche Positionen bzw. Fehlstellungen die einzelnen Elemente gehabt haben müssen, um die gemessenen Wellenfronten hervorzurufen. Aus dieser Information sollen Rückschlüsse auf verbliebene Positionsfehler gezogen werden und eine Beurteilung des aktuellen Ablaufs der Justage erfolgen. Darüber hinaus ist mittels des konkreten Beispiels einer realen Applikation die Evaluation der bisher dargestellten Eigenschaften der Korrekturrechnung anhand eines komplexeren Systems in Abschnitt 5.2.1 möglich.

Darüber hinaus wurden 2 weiterführende Themenfelder definiert, deren Umsetzung eine detailliertere Analyse dieses Justage-Ansatzes sowie der vorhandenen Sensordaten im Kontext des konkreten Anwendungsfalls ermöglicht:

- In der bisherigen Betrachtung des einfachen Demonstratorsystems wurden die Positionen der optischen Elemente stets zum idealen Zustand mit möglichst geringer Fehlstellung hin optimiert. Für diesen Anwendungsfall ist es jedoch erforderlich, das Optimierungsziel anzupassen und für die gegebene Wellenfront den zugehörigen Justagezustand zu berechnen. Dieses Vorgehen setzt Änderungen im Algorithmus zur Umkehr der Berechnungsmethode (Abschnitt 5.2.2) und eine Eineindeutigkeit zwischen dem Justagezustand des Systems und seiner Wellenfront im Feld (Abschnitt 5.2.3) voraus, die es zunächst zu prüfen gilt.
- Ein Vergleich unterschiedlicher Justagezustände anhand der Wellenfronten ist in der Simulation in extrem hoher Präzision möglich, da die zu Grunde liegenden Daten hier exakt berechnet werden können. Im Gegensatz dazu weisen die realen Sensordaten jedoch ein bestimmtes Rauschniveau auf, welches die Genauigkeit in der Bestimmung

der ursächlichen Elementpositionen und die Differenzierbarkeit von Justagezuständen beeinträchtigt. Die Auswirkungen dieses Effekts auf die Fähigkeit der Korrekturberechnung werden in Abschnitt 5.2.4 untersucht.

5.2.1 Eigenschaften der wellenfrontbasierten Justage am Euclid Teleskop

Für das Beispiel des komplexeren Euclid Teleskops sollen ausgewählte Untersuchungen zu den Einflüssen der Parameter der wellenfrontbasierten Justage auf Basis simulierter Daten analysiert und mit den Ergebnissen des Demonstratorsystems abgeglichen werden. Die Definition geeigneter Systemzustände für die Untersuchung ist angesichts der größeren Komplexität deutlich schwieriger. Während bei 8 Freiheitsgraden des Demonstratorsystems die Anzahl möglicher Verteilungen extremaler Perturbationen noch bei überschaubaren 256 lag, steigt sie bei 4 Elementen unter Berücksichtigung aller Verkippungen und lateralen Versätze auf $2^{16} = 65536$.

Ferner laufen die erforderlichen Berechnungen für das Ray Tracing im Vergleich zum Demonstratorsystem deutlich langsamer ab und benötigen ca. 45 Minuten zum Erfassen der Sensitivitätsmatrix (vgl. Abbildung 4.5, S. 41 für Werte des Demonstratorsystems) und ca. 3 Minuten je durchgeführter Iteration. Es ist also nicht mehr möglich, selbst alle extremalen Systemzustände einer Korrekturberechnung zuzuführen und die Einflussfaktoren ganzheitlich zu untersuchen.

Vor diesem Hintergrund wurden gezielt 3 Fälle definiert, indem die Perturbationen nacheinander auf alle in Tabelle 5.7 gezeigten Freiheitsgrade verteilt wurden. Das Vorzeichen der Perturbation wurde jeweils danach ausgewählt, welches Vorzeichen zu einem höheren bzw. niedrigeren RMS der zentralen Wellenfront führt, wodurch der maximale Fall 3 bzw. der minimale Fall 1 bestimmt werden konnte. Durch zufällige Änderungen der Vorzeichen wurde dann der RMS der Wellenfront auf ca. den halben maximalen Wert reduziert, womit sich Fall 2 ergibt. Die Anzahl der Freiheitsgrade beschränkt sich zunächst auf die Verkippungen und Dezentrierungen aller 4 Elemente, sodass 16 Freiheitsgrade relevant sind, deren Fehlstellung korrigiert werden muss.

Tabelle 5.7: Übersicht der 3 systematisch definierten Fälle zur Untersuchung des Euclid Teleskops

Fall	X1	Y1	RX1	RY1	X2	Y2	RX2	RY2	X3	Y3	RX3	RY3	X4	Y4	RX4	RY4	RMS WF
1	-	+	-	+	+	+	+	+	+	-	+	+	+	-	-	-	0.0997 λ
2	+	+	+	+	+	+	-	-	-	-	+	+	+	+	+	+	0.3013 λ
3	+	+	+	-	+	+	+	-	-	-	-	+	+	+	+	-	0.6224 λ

Abgesehen von einer Drehung um die z-Achse und dem Unterschied im RMS der Wellenfront ähneln sich aufgrund dieses sukzessiven Vorgehens die Fälle im Erscheinungsbild in ihrer zentralen Wellenfront. Zwar entsprechen die so ermittelten Betrachtungsfälle keinem globalen Maximalwert des RMS der Wellenfront, sie erlauben aber dennoch einen guten Eindruck vom Verhalten der Korrekturberechnung im Vergleich zum einfacheren Demonstratorsystem.

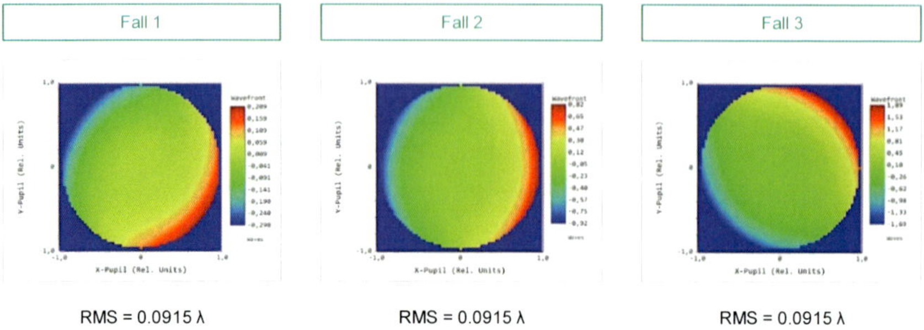

Abbildung 5.28: Darstellung der zentralen Wellenfront der 3 systematischen Fälle für das Euclid Teleskop

Darüber hinaus folgt die Auswahl der stets extremalen Werte, wie schon im Demonstratorsystem auch praktischen Überlegungen. Im Laufe des Montageprozesses optischer Systeme werden die Elemente so lang justiert, bis sie sich innerhalb der Spezifikationsgrenzen befinden. Eine weitere Korrektur etwaig verbleibender Fehlstellungen wird i. d. R. nicht vorgenommen, da dies entsprechend der Spezifikation nicht erforderlich und damit ohne ökonomischen Mehrwert ist. Demzufolge befinden sich die Positionen der einzelnen Elemente häufig an den gerade zulässigen Spezifikationsgrenzen, was eine Nutzung der extremalen Perturbationen umso sinnvoller erscheinen lässt.

Hinsichtlich der Größenordnung der Perturbation orientieren sich die ersten Berechnungen an der oberen Grenze des vorgegebenen Toleranzbereichs bis 40 µm bzw. 30 Bogensekunden. Zur Vereinheitlichung der Werte wird die Vorgabe für die Winkelabweichung von 30“ in 40 mgrad überführt. Damit wird eine deutliche Abschätzung zur schlechten Seite hin um den Faktor 4.8 vorgenommen, die die Eingabe stets gleicher Werte in allen Freiheitsgraden erlaubt.

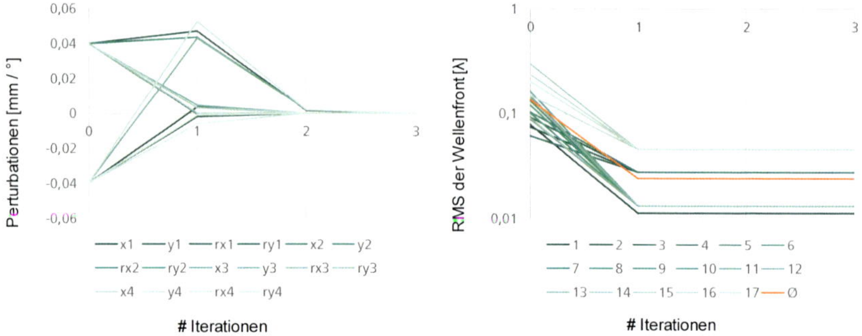

Abbildung 5.29: Korrekturverlauf bei 16 DOF und einer Perturbation von ±40 µm bzw. mgrad für den Fall 3

Der Korrekturverlauf für diese vglw. kleinen Perturbationen zeigt keine Auffälligkeiten in der Berechnung. Da sich die Verläufe für die systematischen Fälle 1-3 sehr ähnlich darstellen, ist ihr Verhalten im Folgenden exemplarisch anhand von Fall 3 gezeigt, beginnend in Abbildung 5.29 für eine Perturbation entsprechend der oberen Toleranzgrenze von 40 µm bzw. mgrad. In nur 3 Iterationen wird eine sub-µm-Präzision in allen Freiheitsgraden erreicht, wobei es lediglich bei Y3 und Y4 nennenswerte Überschwinger in der Korrekturanweisung der ersten Iteration gibt, die in der 2. Iteration jedoch sehr gut korrigiert werden können.

Die zugehörigen Änderungen des RMS der Wellenfronten aller 17 Feldpunkte der Quellplatte zeigen eine ebenfalls sehr schnelle Korrektur und streben ihrem jeweiligen Minimum zwischen 0.011 λ für Punkt 1 und 0.046 λ für die Punkte 16 und 17 zu. An den unterschiedlichen Endwerten der grün dargestellten Wellenfronten sind gut die 3 Gruppen an Feldpunkten zu erkennen, die sich auf den Umfang der Kreise mit den Durchmessern (von groß bzw. außen nach klein bzw. innen) a mit 4 Punkten, c mit 8 Punkten und d mit wieder 4 Punkten aus Abbildung 5.27 verteilen. Die unterste grüne Linie entspricht dem einzelnen, fast zentralen Feldpunkt mit einem Versatz von 4 mm. Zur besseren Darstellung bei den höheren Iterationen ist die y-Achse für die Wellenfronten logarithmisch skaliert.

Um sich bei der Auswahl der untersuchten Fälle nicht nur auf das beschriebene Vorgehen anhand des durchschnittlichen RMS der Wellenfront im Feld zu stützen, wurden 20 weitere rein zufällige Verteilungen einer maximalen Perturbation von ± 40 µm bzw. mgrad bestimmt. Diese werden zur Absicherung der Ergebnisse der 3 definierten Fälle herangezogen und sind in folgender Tabelle dargestellt.

Tabelle 5.8: Übersicht der 20 zufälligen Fälle zur Untersuchung des Euclid Teleskops

Fall	X1	Y1	RX1	RY1	X2	Y2	RX2	RY2	X3	Y3	RX3	RY3	X4	Y4	RX4	RY4	#It	RMS WF
1	-	-	-	-	+	+	+	+	+	+	-	+	-	+	+	-	3	0.2237 λ
2	-	+	+	+	-	-	-	+	+	+	+	+	-	+	+	+	3	0.2673 λ
3	+	+	-	-	-	-	+	-	-	-	+	-	-	+	-	-	2	0.0594 λ
4	-	+	+	-	-	+	+	-	+	+	+	-	+	-	+	+	3	0.1878 λ
5	+	+	-	+	+	-	-	+	-	-	+	+	+	-	+	-	2	0.2888 λ
6	+	+	+	-	+	-	+	+	-	-	+	-	+	-	-	+	2	0.2062 λ
7	+	-	+	-	+	-	-	-	-	-	+	-	-	-	+	-	2	0.1977 λ
8	+	-	-	-	-	-	-	+	+	+	-	+	-	-	+	-	2	0.0382 λ
9	+	-	-	-	+	-	-	-	-	+	+	-	+	+	-	+	3	0.3769 λ
10	+	+	+	-	-	-	+	-	+	+	-	+	-	+	+	+	3	0.3280 λ
11	+	+	-	+	+	+	-	+	-	-	-	-	-	-	-	-	3	0.1414 λ
12	+	+	-	+	-	+	-	+	-	-	-	+	-	+	+	-	3	0.2622 λ
13	-	-	+	+	+	-	-	+	-	+	-	+	-	-	-	+	2	0.1714 λ
14	-	+	+	+	-	+	-	-	+	-	-	+	-	-	-	-	3	0.1824 λ
15	+	+	+	-	-	+	-	+	-	-	+	+	-	-	+	+	2	0.1298 λ
16	+	+	+	+	-	+	+	+	+	-	-	-	-	+	+	-	4	0.5270 λ
17	+	-	-	+	-	-	+	+	+	-	+	+	+	+	+	-	3	0.1157 λ
18	-	-	-	+	+	-	-	+	+	+	-	-	+	-	+	+	3	0.3480 λ
19	+	-	-	+	-	-	+	+	+	+	-	+	+	-	+	-	3	0.1925 λ
20	+	+	-	+	+	+	+	+	+	-	+	+	+	-	+	-	3	0.1107 λ

Zum direkten Vergleich dieser 20 zufälligen Fälle wurde jeweils die Anzahl an Iterationen ermittelt, die eine Korrektur in den sub-µm-Bereich aller 16 Freiheitsgrade erfordert. Die systematisch definierten Fälle 1-3 aus der vorangegangenen Tabelle 5.7 hatten bei gleicher

Größe der Perturbation hierfür 3 Iterationen benötigt. Der Wertebereich der zufälligen Fälle bewegt sich zwischen 2 und 3 Iterationen, mit Ausnahme des Falls 16, dessen Elementpositionen erst nach 4 Iterationen bis in den sub-µm-Bereich korrigiert werden konnten. Dieser Umstand zeigt die Funktion der zufällig gewählten Verteilungen der Perturbationen als Korrektiv des systematischen Vorgehens allein anhand der Wellenfront.

Wird nun die Größe der Perturbation bei zunächst gleichbleibender Anzahl der Freiheitsgrade erhöht, ergeben sich die bereits aus dem Demonstratorsystem bekannten Einflüsse hin zu größeren Überschwingern im Korrekturverlauf und mehr notwendigen Iterationen. Der Graph aus Abbildung 5.30 zeigt ein Beispiel mit ±1000 µm oder mgrad.

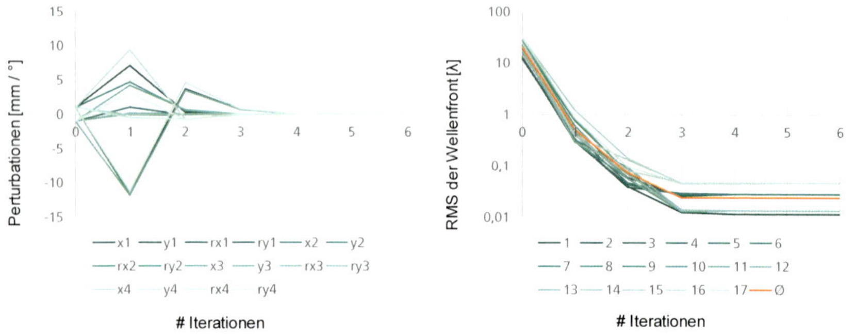

Abbildung 5.30: Korrekturverlauf bei 16 DOF und einer Perturbation von ±1000 µm bzw. mgrad für den Fall 3

Die leichten Überschwinger bei geringen Perturbationen treten hier deutlich stärker und mit umgekehrten Vorzeichen in Erscheinung. Sie betreffen die oben genannten Freiheitsgrade zzgl. Y1 und Y2 und können erst nach der 3. Iteration korrigiert werden. Wie die großen Auslenkungen von mehr als 10 mm dieser 4 Freiheitsgrade bereits erkennen lassen, befinden sich in Bezug auf die zugehörige Größenordnung die ±1000 µm oder mgrad bereits nah an den Maximalwerten, welche im konkreten Fall über die Korrekturberechnung überhaupt auf ihre ideale Position zurückgeführt werden können. Eine Perturbation von ±1100 µm oder mgrad kann nicht mehr korrigiert werden.

Neben den bislang gezeigten 16 Freiheitsgraden sind für den Anwendungsfall des Euclid Teleskops auch die Linsenabstände Z1 bis Z4 von Interesse. Sie stellen die Korrekturberechnung vor eine große Herausforderung, da sie einerseits weiter zur Komplexität des Systems beitragen. Die 4 zusätzlichen Freiheitsgrade erhöhen die Zahl der möglichen Verteilung extremaler Perturbationen von 65536 auf knapp 2.1 Millionen. Andererseits verhalten sich diese neuen Freiheitsgrade sehr auswirkungsähnlich auf die Wellenfront des optischen Systems und erschweren damit die Zuordnung im Laufe der Korrekturberechnung.

Wird weiterhin der Fall 3 betrachtet, sinkt das zugehörige Maximum korrigierbarer Perturbation bei 20 Freiheitsgraden von ±1000 auf nur noch ±250 µm bzw. mgrad. Dieser Fall ist in Abbildung 5.31 dargestellt. Trotz der deutlich geringeren Perturbation erhöht sich die zur Korrektur in den sub-µm-Bereich erforderliche Anzahl an Iterationen auf 8. Darüber hinaus ist eine Veränderung der Überschwinger zu beobachten. Im Gegensatz zu den vorangegangenen

Auswertungen sind ausschließlich die neu hinzugekommenen Z-Werte Grund für die mitunter starken Überschwinger. Die Größenordnung der Überkorrekturen von bis zu 8 mm hat sich jedoch kaum verändert. Ihren Werten nach aufsteigend sortiert, betrifft dies die Freiheitsgrade Z1, Z3, Z2 und Z4. Sie sind auch der Grund für die gewachsene Anzahl an Iterationen, da die restlichen 16 Freiheitsgrade bereits nach den weiter oben schon notwendigen 6 Iterationen deutlich den sub-µm-Bereich erreicht haben.

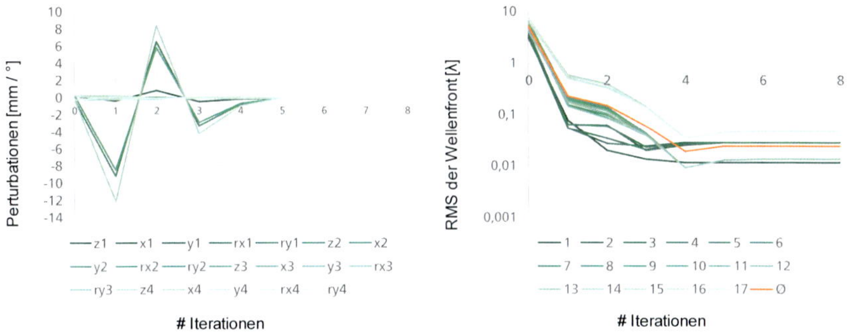

Abbildung 5.31: Korrekturverlauf bei 20 DOF und einer Perturbation von ±250 µm bzw. mgrad für den Fall 3

Das für den Fall 3 illustrierte Verhalten gilt in ähnlicher Weise auch für die beiden anderen Fälle 1 und 2, deren maximal korrigierbare Perturbation zwischen 16 und 20 Freiheitsgraden ebenfalls signifikant sinkt. Die konkreten Werte liegen bei ±350 µm bzw. mgrad für den Fall 1 und nur ±100 µm bzw. mgrad für den Fall 2. Diese Größenordnung der maximal zulässigen Perturbation schränkt den Nutzwert des Verfahrens teilweise ein, da ein Zwischenschritt zur Vorpositionierung der Elemente in den genannten Bereich hinein erforderlich ist. Gleichwohl bewegt sich die Fähigkeit des Verfahrens deutlich oberhalb der spezifizierten Toleranzgrenzen, sodass eine hochpräzise Feinjustage der Elemente auf Basis ihrer Wellenfront im Feld möglich ist.

5.2.2 Umkehr der Berechnungsmethode

Entgegen der im vorangegangenen Abschnitt 5.1 erläuterten Berechnungsvorgänge besteht das Ziel der Korrektur im Anwendungsfall des Euclid Teleskops nicht mehr nur darin, unbekannte Perturbationen in den Freiheitsgraden der Elemente durch geeignete Anweisungen zur idealen Position zu korrigieren. Vielmehr sollen auf Basis von Messdaten eines unbekannten Systemzustands Korrekturanweisungen generiert werden, die die Elementpositionen und infolgedessen auch die Wellenfront eines optimal ausgerichteten Systems so verändern, dass die gemessene Zielwellenfront im Feld entsteht. Auf diese Weise sollen Rückschlüsse darauf ermöglicht werden, welchen Justagezustand das System gehabt haben muss, um die gemessene Wellenfront zu erzeugen. Allerdings entspricht das einer Umkehr der bisherigen Berechnung, die entsprechende Änderungen in der Vorgehensweise erfordert. Im Gegensatz zu Abbildung 4.3 wird hierzu der perturbierte Zustand der Wellenfront durch Simulation oder Messung erfasst und zum nominalen Zustand »Nom« erklärt.

Unterdessen wird der nominale Zustand des ideal ausgerichteten Systems als perturbierter Zustand »PertZernike« definiert, von dem es weg zu iterieren gilt.

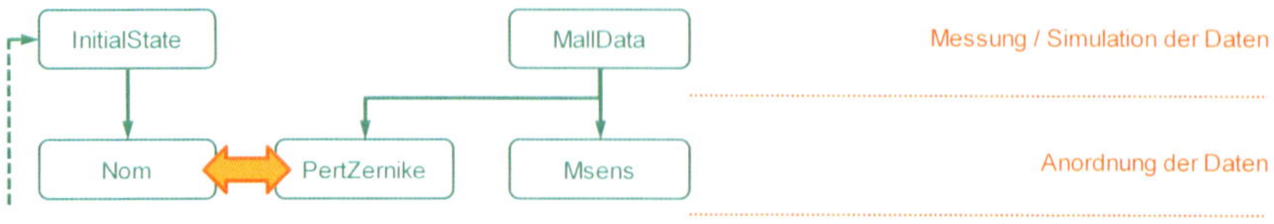

Abbildung 5.32: Änderung zur Umkehr der Berechnungsmethode (vgl. Abbildung 4.3, S. 39)

Darüber hinaus ist es auch möglich, die Charakterisierung des Systemverhaltens in der Sensitivitätsmatrix anzupassen. Sie wird konventionell um den Zustand des ideal ausgerichteten Systems herum entwickelt, indem bekannte Perturbationen eingebracht und die entsprechenden Änderungen der Wellenfront im Feld aufgezeichnet werden. In realen Justagevorgängen könnte allerdings die Sensitivitätsmatrix auch um den unbekannten perturbierten Systemzustand herum entwickelt werden. Das setzt natürlich entsprechende Aktuatoren in allen relevanten Freiheitsgraden voraus. Eine Berechnung mit dieser neuen Sensitivitätsmatrix entspräche der vollständigen Umkehr des bisherigen Vorgehens.

Andererseits kann grundsätzlich die Sensitivitätsmatrix auch unberührt gelassen und nur die beiden Vektoren getauscht werden. Diese Zwitterlösung wirkt sich jedoch nachteilig auf die Fähigkeit und Effizienz der Korrekturberechnung aus. Die Vorwärtsrechnung (zum idealen Zustand hin) profitiert von der auf sie abgestimmten Sensitivitätsmatrix und beherrscht insofern die Korrektur komplexerer Fälle in vergleichsweise wenigen Iterationen. Die Rückwärtsrechnung (zum perturbierten Zustand hin) rechnet mit dem nicht auf sie abgestimmten Systemverhalten um den Punkt idealer Ausrichtung herum und ist insofern weniger agil. Dieser Umstand trägt neben anderen Aspekten ferner dazu bei, dass in manchen Fällen die Korrektur überhaupt nicht erfolgreich durchgeführt werden kann.

Als Beispiel der Rückwärtsrechnung in Form einer umgekehrten Korrektur zeigen die Graphen aus Abbildung 5.33 die umgekehrten Korrekturverläufe der Perturbationen von ±40 µm bzw. mgrad, ±450 µm bzw. mgrad sowie von ±500 µm bzw. mgrad für jeweils 16 Freiheitsgrade. Darin sind alle Dezentrierungen und Verkippungen der 4 Elemente enthalten, mit denen die Korrekturberechnung erfolgreich durchgeführt werden konnte. Um auch bei späteren Iterationen die Änderungen in den Wellenfrontverläufen beurteilen zu können, erfolgt ihre Darstellung nun als noch verbleibender Betrag der Differenz zum Wert des gesuchten Zustands, der bei gutem Korrekturverlauf schnell dem Wert 0 zustreben sollte.

Für die kleine Perturbation von ±40 µm bzw. mgrad ist zu erkennen, dass die umgekehrte Korrektur vom Idealzustand aus hin zu einer unbekannten bzw. in der Simulation vorgegebenen Fehlstellung aller Freiheitsgrade durchaus in hoher Präzision und Effizienz durchgeführt werden kann. Es werden lediglich 3 Iterationen benötigt, um alle Freiheitsgrade bis zur auch hier als Abbruchkriterium geltenden Genauigkeit von weniger als 1 µm bzw. mgrad zu berechnen.

Entsprechend dem Einfluss der Größe der Perturbation steigt der notwendige Rechenaufwand durch die zugehörige Zahl an Iterationen auch für die Rückwärtskorrektur zu einer größeren

Fehlstellung hin. Während die bislang als Überschwinger bezeichneten Überkorrekturen stets vglw. schnell eingefangen werden konnten bzw. schnell zum Abbruch der Korrekturberechnung führten, zeigt sich in diesem komplexeren System die Ausprägung eines wirklichen Schwingungsverhaltens über die Iterationen hinweg. Die Dämpfung der Schwingung wird stetig schwächer, bis über den Grenzfall der periodischen Schwingung hinweg keine (umgekehrte) Korrektur mehr möglich ist.

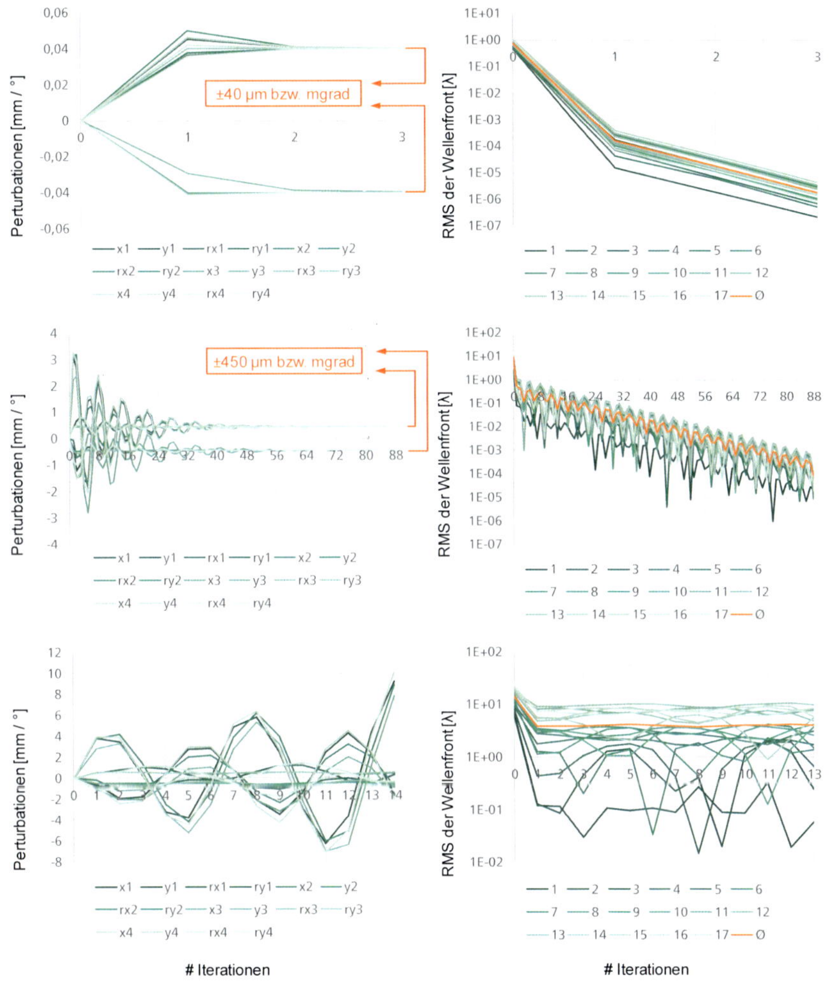

Abbildung 5.33: Umgekehrter Korrekturverlauf am Euclid Teleskop bei 16 DOF und einer Zielperturbation von ±40 (oben), ±450 (Mitte) und ±500 µm bzw. mgrad (unten) jeweils für den Fall 3

Dieser Punkt tritt bei der umgekehrten Korrektur deutlich früher auf, sodass schon bei einer Perturbation von ±500 µm bzw. mgrad keine Rückrechnung mehr möglich ist, obwohl die konventionelle Vorwärtsrechnung noch bei ±1000 µm bzw. mgrad korrekte Ergebnisse lieferte. Eine leicht kleinere (Ziel-)Perturbation von nur ±450 µm bzw. mgrad zeigt eine gerade noch gedämpfte Schwingung, welche innerhalb von langwierigen 88 Iterationen den gewünschten Zielbereich in allen Freiheitsgraden erreicht.

Bemerkenswert ist darüber hinaus, dass in allen Fällen dieser Testreihe, in denen der Algorithmus konvergiert, die Konvergenz zum richtigen Ergebnis erfolgt. D. h., die vorgegebene Zielperturbation wird in allen Freiheitsgraden korrekt errechnet. Bei längeren Iterationen können dabei die Eigenschaften des Korrekturverlaufs besser nachvollzogen werden, wenn auch für die Elementpositionen nicht der aktuelle Systemzustand, sondern die verbleibende Differenz zwischen dem Soll-Zustand und dem Ist-Zustand dargestellt wird. Damit lassen sich Verläufe erzielen, die auch für die Positionen dem Wert 0 zustreben und eine logarithmische Darstellung sinnvoll machen. Für die u. U. negativen Fehlstellungen der Elemente werden dazu deren Beträge betrachtet, wobei das rechte Diagramm der Wellenfronten dem bereits bekannten Verlauf aus Abbildung 5.34 entspricht. In allen künftigen Darstellungen der Ergebnisse der Korrekturberechnung werden für die Elementpositionen und die Wellenfrontdaten die Beträge der verbleibenden Differenz zum optimal ausgerichteten System ausgewiesen.

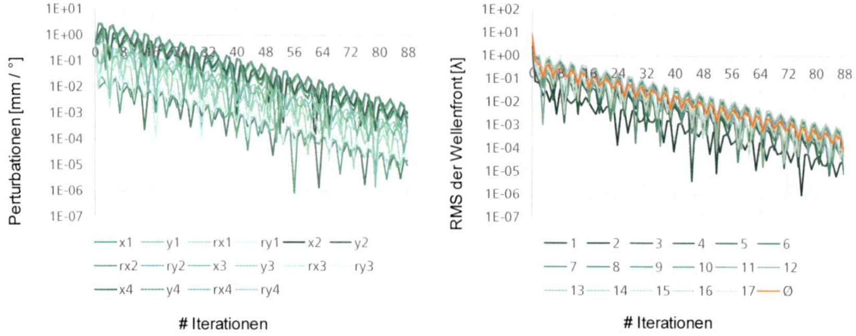

Abbildung 5.34: Umgekehrter Korrekturverlauf bei 16 DOF und einer Zielperturbation von ±450 µm bzw. mgrad des Falls 3 in logarithmischer Darstellung

Aus dieser Darstellung ergibt sich ein detaillierter Eindruck des Korrekturverlaufs auch bei den zahlreichen kleinen Änderungen der späten Iterationen. In seiner grundsätzlichen Richtung ist das zu beobachtende Verhalten sowohl für die Fehlstellungen als auch für die Eigenschaften der Wellenfront in der logarithmischen Darstellung quasi linear. Manche Freiheitsgrade werden bis Größenordnungen <10 nm bzw. µgrad hinein korrigiert. Aus diesem Verhalten kann geschlossen werden, dass zumindest in der Simulation für konvergente Fälle auch deutlich bessere Korrekturen als der sub-µm-Bereich möglich sind.

Dessen ungeachtet soll es auch für die umgekehrte Korrektur möglich sein, alle 20 relevanten Freiheitsgrade berechnen zu können. Wie bereits für die Vorwärtsrechnung aus Abschnitt 5.2.1 für Fall 3, werden nun für die Rückwärtsrechnung alle 3 systematischen Fälle mit steigender Perturbation in einem Raster zwischen ± 50 und ± 500 µm. bzw. mgrad sowie die 20 zufälligen Fälle mit einer Perturbation von ebenfalls ± 50 µm. bzw. mgrad der Korrektur zugeführt. Am durchgehenden Beispiel von Fall 3 zeigt Abbildung 5.35 den zugehörigen Verlauf. Die umgekehrte Korrektur ist in diesem Fall auch für 20 Freiheitsgrade möglich, für die meisten der anderen systematischen und zufälligen Fälle jedoch nicht.

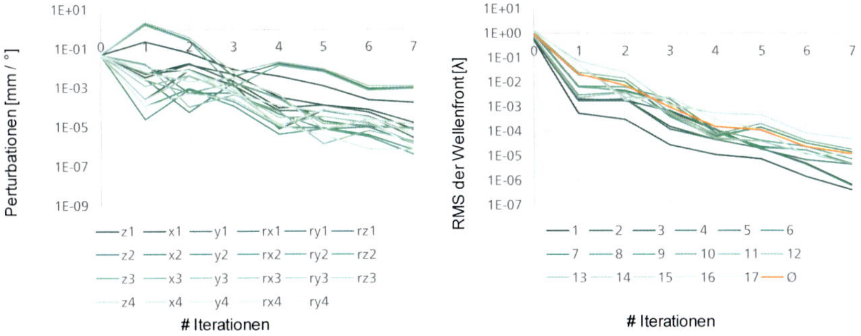

Abbildung 5.35: Umgekehrter Korrekturverlauf bei 20 DOF und einer Zielperturbation von 50 µm bzw. mgrad des Falls 3

Ein Blick auf die Positionsverläufe zur 1. Iteration weist bereits auf die Ursache dieser drastisch verminderten Korrekturfähigkeiten hin. Während sich das Delta zum Zielwert für die meisten der 20 Freiheitsgrade schon nach der 1. Korrektur verkleinert, trifft das auf 4 Freiheitsgrade nicht zu. Wie schon bei der konventionellen Vorwärtsrechnung sind das die 4 Abstände zwischen den Elementen entlang der optischen Achse Z1 bis Z4. Trotz der vglw. kleinen Perturbation von ±50 µm. bzw. mgrad zeigt die Überkorrektur von Z4 bereits einen Wert von 2.37 mm. Insofern sinkt die maximal zulässige Perturbation für den Fall 3 von der konventionellen Vorwärtsrechnung zur Rückwärtsrechnung von ±250 auf nur noch ±100 µm bzw. mgrad.

Wenngleich mit eingeschränktem Arbeitsbereich ließen diese Ergebnisse den Einsatz der wellenfrontbasierten Justage zur hochpräzisen umgekehrten Korrektur zu. Allerdings zeigt ein Blick auf die anderen Perturbationsgrößen und Fälle ein noch deutlich schlechteres Korrekturverhalten. Im konventionellen Korrekturverlauf konnten alle zufälligen Fälle und die systematischen Fälle bis zu einer Größe von wenigstens ±100 µm bzw. mgrad und damit 32 % der 50 getesteten Konstellationen korrigiert werden.

Demgegenüber fallen die Ergebnisse in der umgekehrten Korrektur deutlich schlechter aus. Die Hälfte der zufälligen Fälle sowie fast alle Perturbationen der systematischen Fälle konnte nicht erfolgreich korrigiert werden (lediglich ±100 µm bzw. mgrad für Fall 3). In Summe ließen sich bei 76 % der getesteten Konstellationen keine geeignete Korrekturanweisung ermitteln, sodass die Eignung der bisherigen Vorgehensweise nicht gegeben ist. Abbildung 5.36 zeigt die notwendigen Iterationen für alle 50 Konstellationen links und die ihnen zu Grunde liegende Perturbationsgröße bzw. Anordnung rechts.

Vor dem Hintergrund dieser Untersuchungen ist die Fähigkeit der bislang durchgeführten Korrekturberechnung für die Spezifikationen der Anforderung nicht gegeben. Wie zu Beginn des Abschnitts anhand des Entwicklungspunktes der Sensitivitätsmatrix bereits angesprochen, gibt es aber eine Reihe von Möglichkeiten, die Eigenschaften der Korrekturberechnung zu verbessern. Hierzu zählen:

i. die parallele Berücksichtigung von hinsichtlich der Wellenfront auswirkungsähnlichen Gruppen an Freiheitsgraden durch individuell linearisierte Sensitivitätsmatrizen
ii. die alternierende Verwendung der zur Korrektur der 4 Z und der restlichen 16 Freiheitsgrade geeigneten Zernike Koeffizienten innerhalb einer gemeinsamen linearisierten Sensitivitätsmatrix
iii. die Entwicklung der Sensitivitätsmatrix um den perturbierten Punkt herum
iv. der Einsatz eines Dämpfungsfaktors δ für die Korrektur
v. die Nutzung weiterer Feldpunkte, z. B. bei 633 nm aus Abbildung 5.27

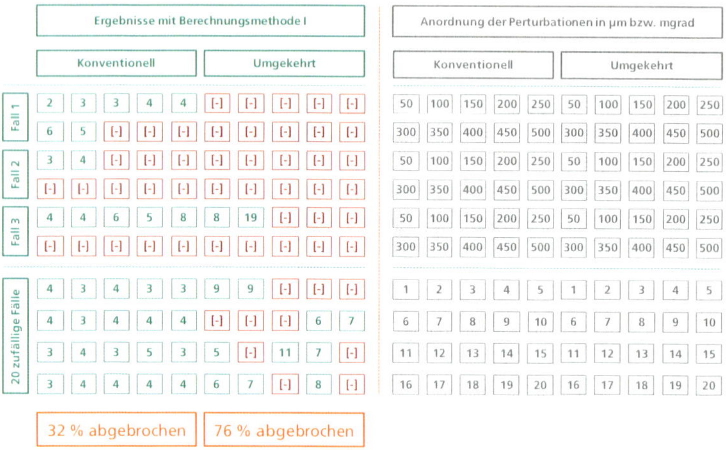

Abbildung 5.36: Übersicht zu den erzielten Ergebnissen mit der bisherigen Berechnungsmethode

Auf Basis des Untersuchungsverlaufs ist die Aufzählung bereits nach dem vermuteten Hebel der einzelnen Maßnahmen sortiert, sodass die Optimierung mit einer Anpassung der linearisierten Sensitivitätsmatrix begonnen wird. Hintergrund dieser Maßnahme ist die Beobachtung, dass sich geeignete Koeffizienten zur Korrektur bestimmter Freiheitsgrade kontraproduktiv auf die Positionierung anderer Freiheitsgrade auswirken. Dies führt zu mitunter starken Fehlkorrekturen dieser Freiheitsgrade, wie sie in den bisherigen Darstellungen als Überschwinger bzw. Überkorrekturen zum Ausdruck gekommen sind. Der Abbruch einer Korrektur erfolgt immer aufgrund solcher Überschwinger, insofern sie ein bestimmtes Maß überschreiten und zur Vignettierung o. Ä. im optischen System führen.

Dieser Problematik soll mittels einer individuell linearisierten Sensitivitätsmatrix begegnet werden. Dabei werden nicht nur die 4 Freiheitsgrade für Z separiert, sondern auch die in Bezug auf ihre Wellenfront sehr ähnlichen Freiheitsgrade für X bzw. RY, sowie Y und RX. Die Gleichartigkeit bzw. der sehr ähnliche Verlauf der Zernike Koeffizienten in Abhängigkeit dieser Freiheitsgrade waren bereits in Abbildung 4.17, S. 54 zu sehen. In Anlehnung und Ergänzung zum Ablauf der Korrekturberechnung aus Abbildung 4.3, S. 39 werden mit diesem Vorgehen aus der doppelt orthogonalisierten Sensitivitätsmatrix »OrthMsens« 3 individuelle, linearisierte

Sensitivitätsmatrizen »LinMsens« 1-3 erstellt und invertiert. Zusammen mit dem entsprechenden Teil des aktuellen Delta zwischen dem doppelt orthogonalisierten Soll- und dem perturbierten Ist-Systemzustand ergeben sich damit 3 Teilkorrekturanweisungen für die Freiheitsgrade der jeweiligen Gruppe, die abschließend zusammengeführt werden.

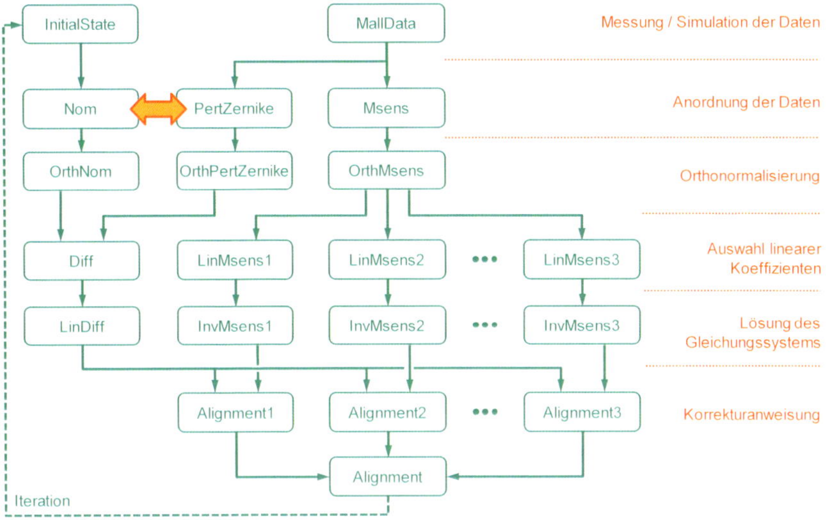

Abbildung 5.37: Parallele Berücksichtigung von 3 Gruppen an Freiheitsgraden mit individuellen, linearisierten Sensitivitätsmatrizen

Im Ergebnis lässt sich mit dieser Anpassung eine beträchtliche Verbesserung des Korrekturverhaltens realisieren. Beispielhaft ist dazu in Abbildung 5.38 der mit der bisherigen Berechnungsmethode nicht erfolgreich durchführbare Systemzustand des systematischen Falls 1 mit einer Perturbation von ±50 µm bzw. mgrad gezeigt. Wurde bislang die Berechnung nach der 8. Iteration aufgrund der unzulässig wachsenden Werte für Z1 bis Z4 abgebrochen, erfolgt nun eine Korrektur in den gewünschten sub-µm-Bereich für alle 20 DOF innerhalb von nur 3 Iterationen.

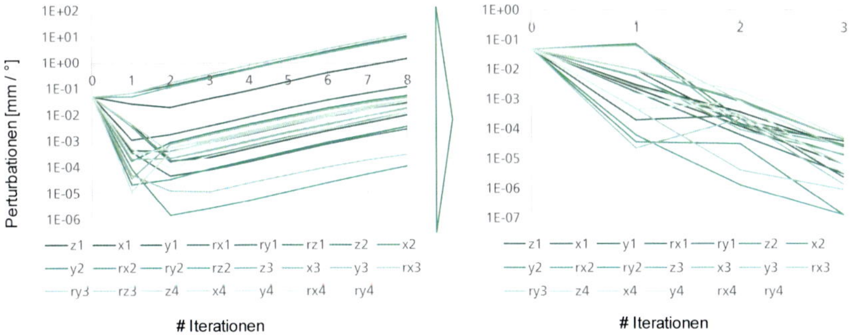

Abbildung 5.38: Verbesserung der umgekehrten Korrektur mit optimierter Berechnungsmethode für Fall 1 in 20 DOF von ±50 µm bzw. mgrad

In Summe kann mittels dieser Verbesserung eine signifikante Leistungssteigerung der Korrekturfähigkeiten für beide Berechnungsrichtungen erzielt werden. Im Bereich der konventionellen Vorwärtsrechnung steigt damit die Fähigkeit der Korrektur in allen untersuchten Fällen von wenigstens ±150 µm bzw. mgrad für Fall 2 auf wenigstens ±500 µm bzw. mgrad über alle 3 systematischen Fälle hinweg. Auch die Rückwärtskorrektur profitiert enorm von der Optimierung. Während noch zuvor weniger als ein Viertel aller 50 untersuchten Systemzustände korrigiert werden konnte, sind nun wenigstens ±200 µm bzw. mgrad maximaler Perturbation möglich.

Darüber hinaus wurde auch die Effizienz der Korrekturberechnung deutlich verbessert, wie ein Blick auf die jeweils eingetragene Zahl der notwendigen Iterationen der einzelnen Felder in Abbildung 5.39 zeigt. Von den jeweils insgesamt 100 Systemzuständen für die bisherige und die optimierte Berechnungsmethode können aufgrund der erfolglosen Korrekturen nur 46 miteinander verglichen werden. Im Durchschnitt betrug dabei die notwendige Zahl an Iterationen für die bisherige Berechnung 5.13. Dieser Wert konnte für die optimierte Berechnung mit nur noch 2.52 mehr als halbiert werden.

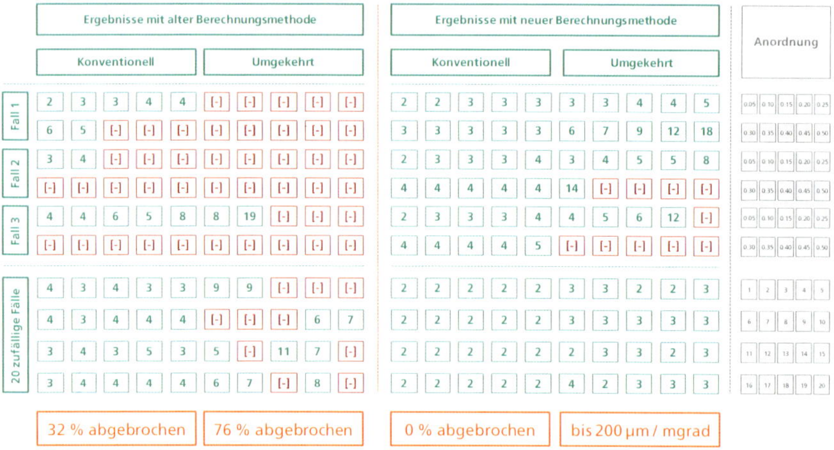

Abbildung 5.39: Übersicht zu den erzielten Ergebnissen mit der bisherigen und optimierten Berechnungsmethode

Auch im Vergleich der konventionellen und umgekehrten Berechnung fällt der bereits angesprochene Unterschied in der Effizienz auf. Zwar konnte dieser Effekt von einem Faktor 2.16 in der bisherigen auf nur noch 1.33 in der optimierten Berechnungsmethode verringert, aber nicht eliminiert werden. Die verbleibende Differenz ist hauptsächlich auf die unterschiedlichen Entwicklungspunkte der Sensitivitätsmatrix zurückzuführen und bietet, wie die verbleibenden Aspekte ii bis v aus obiger Aufzählung, Raum für künftige Optimierungen der Berechnungsweise.

5.2.3 Eineindeutigkeit zwischen Systemzuständen und Wellenfront

Obschon in den bisherigen Rückrechnungen die Positionen der Elemente stets zu einem bzw. dem korrekten Systemzustand hin konvergiert sind, entspricht das keinem mathematischem

Nachweis der umfassenden Funktionsfähigkeit dieser Methode. Die Zuverlässigkeit, mit der im Laufe der umgekehrten Korrekturberechnung der richtige Systemzustand gefunden werden kann, hängt mit dem Verhältnis zwischen Systemzuständen und ihren Wellenfronten im Feld zusammen. Wie bereits für die 64 möglichen extremalen Systemzustände des Demonstratorsystems in Abbildung 5.7 untersucht, ergibt sich für den durchschnittlichen RMS der Wellenfront im Feld über jeweils 4 Systemzustände hinweg bei rotationssymmetrischen Funktionsflächen der gleiche Wert. Dies gilt jedoch nicht bei Betrachtung in jedem individuellen Feld, in denen sich die einzelnen Wellenfronten bzw. ihre Zernike Koeffizienten auch bei den 4 Fällen deutlich durch ihre Verteilung auf den Feldern unterscheiden.

Insbesondere bei komplexeren Systemen kann jedoch nicht ausgeschlossen werden, dass sich unterschiedliche Kombinationen von Freiheitsgraden und der Größe der Perturbation quasi gleich auf die Wellenfront der einzelnen Felder auswirken. Damit wären beide Systemzustände nicht nur für die konventionelle Vorwärtsrechnung, sondern für die umgekehrte Korrekturberechnung nicht mehr voneinander zu unterscheiden. Die Beziehung zwischen Position bzw. Systemzustand und zugehöriger Wellenfront im Feld würde sich von einer $1 \rightarrow 1$ zu einer $n \rightarrow 1$ Beziehung wandeln. Selbst bei konvergentem Verhalten der Rückrechnung wäre damit nicht sichergestellt, dass der richtige Systemzustand gefunden werden kann. Schon in der Simulation ist dieser Aspekt möglicherweise von Bedeutung, da die einzelnen Werte der Koeffizienten nur bis zu einer bestimmten Genauigkeit, z. B. bis zur 8. Nachkommastelle, berechnet werden.

Diesem Problem kann nicht analytisch begegnet werden. Wie in Tabelle 5.4, S. 81 bereits für ein Spektrum an optischen Systemen gezeigt wurde, steigt allein die Zahl der möglichen extremalen Systemzustände sehr schnell stark an und die Zahl der grundsätzlich möglichen Systemzustände ist beliebig groß. Infolgedessen kann mittels einer Monte Carlo Simulation nur eine statistische Einschätzung zum Zusammenhang zwischen Systemzustand und Wellenfront im Feld gegeben werden. Hierzu wurden 1200 zufällige Systemzustände des Euclid Teleskops ausgewählt, deren Wellenfront im Feld simuliert und in Form der Zernike Koeffizienten gegenübergestellt.

Ziel des Vergleichs war die Prüfung auf mindestens einen doppelten Satz an Zernike Koeffizienten. Mit den 17 Feldpunkten der Quellplatte ergeben sich bei 14 Zernike Koeffizienten in Summe 238 Werte für jeden Systemzustand. Für den Vergleich wurden alle Koeffizienten jedes Systemzustands mit den korrespondierenden Koeffizienten jedes anderen Systemzustands verglichen und die Differenz aufgezeichnet. Die Systemzustände werden dann als ausreichend unterschiedlich angenommen, sobald mind. 1 der 238 Differenzen größer als ein frei wählbarer Schwellwert ist. In Abhängigkeit dieses Schwellwerts lässt sich dann die Anzahl als gleich wahrgenommener Koeffizienten und damit Zustände ermitteln.

Die im oberen Detailbild von Abbildung 5.40 dargestellten Unstetigkeiten des Verlaufs resultieren aus der Wahl der Größe des Schwellwerts, der im späteren Verlauf des Graphen einen Einfluss auf die Selektion der gleichen Koeffizienten hat. Der interessantere Wert ist im unteren Detailbild aufgezeigt. Für den konkreten Fall der vglw. großen max. Perturbation von ±50 µm bzw. mgrad werden ab einem Wert von 0.0013 die ersten beiden Zustände als gleich wahrgenommen. Auch wenn dieser Wert als einfache Standardabweichung für konventionelle

SHS gut zu erreichen ist, muss berücksichtigt werden, dass eine statistisch zuverlässige Messung im Bereich mehrerer Standardabweichungen ungleich schwieriger zu realisieren ist. Darüber hinaus wäre dann lediglich die sichere Unterscheidung von Systemzuständen im für hochgenaue Justagezwecke ungeeigneten Bereich von ±50 µm bzw. mgrad gewährleistet.

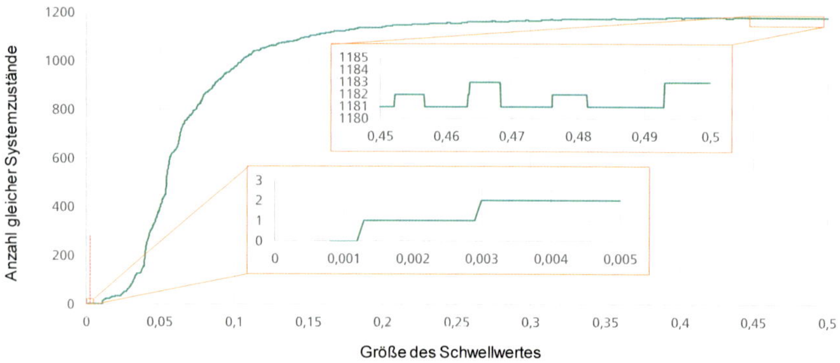

Abbildung 5.40: Anzahl gleicher Koeffizienten in Abhängigkeit eines Schwellwertes für 1200 Perturbationen von max. ±50 µm bzw. mgrad in 16 DOF

Für geringere Perturbationen und komplexere Systeme ist eine Verschärfung dieser Problematik zu erwarten. Bei nur noch ±5 µm bzw. mgrad max. Perturbation sinkt der Wert, ab dem die ersten beiden Systemzustände als gleich wahrgenommen werden, auf 0.0012, wie in Abbildung 5.41 gezeigt ist. Beachtenswerter ist allerdings der im Vergleich zur größeren maximalen Perturbation deutlich steilere Verlauf. 50 % der Zustände werden bereits ab einem Wert von 0.0077 als gleich wahrgenommen, während es in bei ±50 µm bzw. mgrad noch 0.0569 waren.

Abbildung 5.41: Anzahl gleicher Koeffizienten in Abhängigkeit eines Schwellwertes für 1000 Perturbationen von max. ±5 µm bzw. mgrad in 20 DOF

Für beide Auswertungen ist zu berücksichtigen, dass es sich hierbei lediglich um eine im Verhältnis zur Zahl der möglichen Systemzustände sehr kleine und zufällige Auswahl an Perturbationen handelt und die dargestellten Werte dementsprechend nur begrenzt aussagekräftig sind. Dessen ungeachtet vermitteln die beiden gezeigten Graphen einen guten Eindruck davon, welche grundsätzliche Präzision der Daten notwendig ist, um Wellenfronten zum Zwecke der Justage optischer Systeme ausreichend genau charakterisieren zu können. Dieses Vorhaben wird noch schwieriger, wenn ein gewisses Sensorrauschen berücksichtigt wird, welches die Daten und damit die Berechnungsgrundlage beeinträchtigt.

5.2.4 Verrauschen der Wellenfrontinformationen

Alle bisherigen Betrachtungen gingen von der maximalen Genauigkeit aus, mit welcher die Wellenfront in der optischen Simulation berechnet werden kann. Diese beträgt für die Zernike Koeffizienten bzw. die charakteristischen Parameter RMS und PV ca. $1 \cdot 10^{-8}$. Jedoch stellen sowohl für den Prozess der konventionellen wie der umgekehrten Korrektur reale und damit weniger präzise Daten eine große Herausforderung dar, weil im ersten Fall der jeweilige Systemzustand während jeder Iteration und im zweiten Fall zusätzlich der Soll-Zustand u. U. nicht ausreichend präzise erfasst werden kann.

Die Standardspezifikation von konventionellen SHS hinsichtlich der Wiederholpräzision beträgt z. B. 2 nm RMS bei einem (möglichst großen) Aperturdurchmesser von 4.7 mm und ohne Mittelung [OPTO14, S. 2]. Das entspricht bei einer Wellenlänge von 659 nm einem im Vergleich zu den oben genannten 10^{-8} deutlich geringeren Wert von $3 \cdot 10^{-3}$.

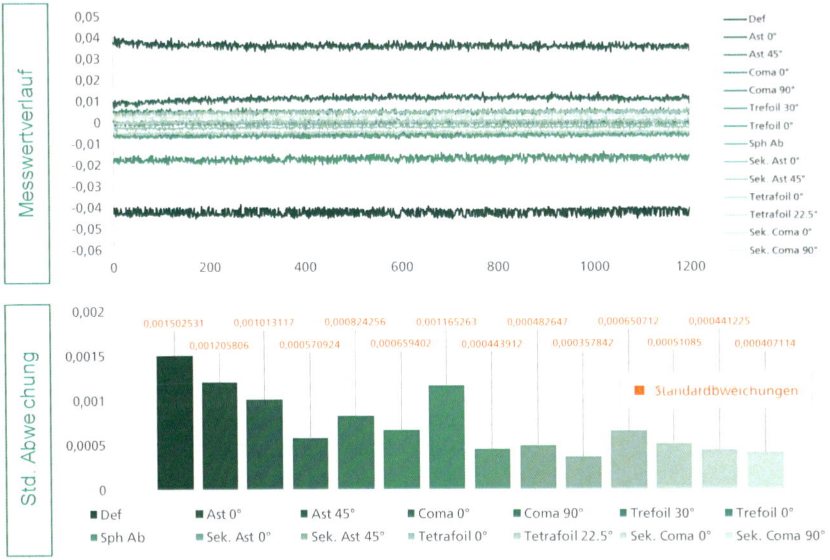

Abbildung 5.42: Aufzeichnung von Zernike Koeffizienten einer Dauermessung zur Abschätzung ihrer Streuung

Da der RMS der Wellenfront stets größer als der Wert aller individuellen Zernike Koeffizienten ist, ist mit diesen Angaben noch keine fundierte Aussage zur Wiederholpräzision der Messung für den Anwendungszweck der wellenfrontbasierten Justage möglich. Für erste belastbare Daten wurde eine Dauermessung mit einem konventionellen Sensor unter abgeschirmter Umgebung durchgeführt, d. h. ohne Einwirkung von Fremdlicht und Luftverwirbelungen. In

1200 Einzelmessungen wurden auf diese Weise die Zernike Koeffizienten 4 bis 17 aufgezeichnet, da diese dem zu Beginn dieses Kapitels definierten Standardfall entsprechen. Die Übersicht der zugehörigen Ergebnisse ist in Abbildung 5.42 illustriert.

Um den Einfluss einer im Vergleich zur Grundlage der bisherigen Ergebnisse signifikant ungenaueren Erfassung der Wellenfront quantifizieren zu können, sollen die berechneten Daten der Wellenfront mit einem künstlichen Rauschen in der Größenordnung der gezeigten realen Messungen beaufschlagt werden. Konkret betrifft das die bereits aus der Wellenfront extrahierten Zernike Koeffizienten, deren Werte mit einem Rauschen in der Größenordnung der Eigenschaften realer Sensoren versehen werden.

Für dieses reale Sensorverhalten wird i. d. R. bei einer ausreichend hohen Zahl an Messungen von einer Normalverteilung der Messwerte ausgegangen. Die Prüfung dieser Annahme erfolgt in Abbildung 5.43 durch die Darstellung der 14 Messwertreihen in Histogrammen, anhand deren Form es möglich ist, die Verteilung der jeweils 1200 Einzeldaten visuell zu beurteilen.

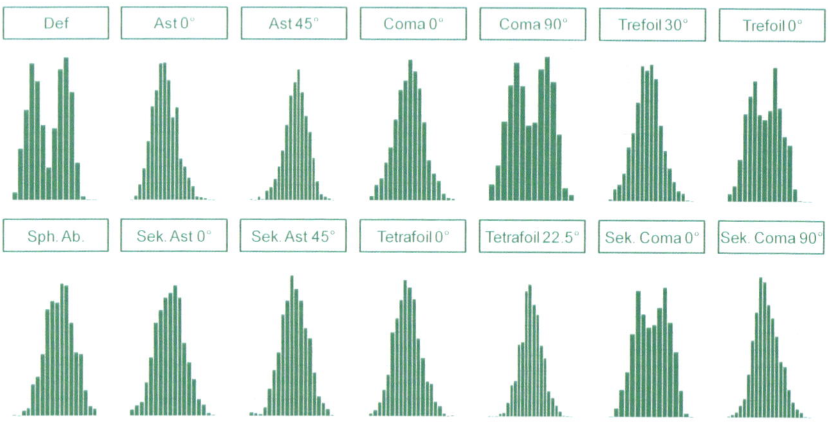

Abbildung 5.43: Histogramme der Koeffizienten der Messwertreihe zur Beurteilung der Verteilungsfunktion

Die Koeffizienten 4, 8, 10 und 16 zeigen in der zu Grunde liegenden Messreihe jeweils zwei ausgeprägte Maxima und damit vglw. starke Abweichungen von der typischen Form einer Glockenkurve bzw. Normalverteilung. Da jedoch für die anderen 11 Koeffizienten die Annahme auf Normalverteilung anhand der Form der Histogramme bestätigt werden kann, wird die Normalverteilung auch auf das künstliche Rauschen der Koeffizienten übertragen (genauere Untersuchungen zur Verteilung der Messdaten und zur Analyse ihrer Einflussfaktoren folgen in Abschnitt 6). Die Standardabweichung der Normalverteilung lässt sich dabei variieren, sodass unterschiedlich präzise Messwertreihen simuliert werden können.

Die Größenordnung der Standardabweichung ist ein Indikator für die Streuung bzw. zufällige Abweichung des späteren Messsystems. Bei normalverteilten Messdaten und vielen Einzelmessungen ist der Übergang zum systematischen Fehler allerdings fließend. Darüber hinaus wurde ein Wert implementiert, über den die Anzahl der Einzelmessungen gewählt werden kann, um ähnlich dem Vorgehen in der realen Applikation durch Mehrfachmessung die Unsicherheit des gemittelten Wertes zu reduzieren.

Infolgedessen kann über beide Parameter der eigentlich präzise Wert der Daten künstlich verrauscht und der Korrekturprozess beeinflusst werden. Sehr kleine Standardabweichungen führen in den verrauschten Daten zu einer unterschwelligen Änderung der Wellenfront, sodass über die zugehörigen Zernike Koeffizienten die Position der Elemente noch eindeutig codiert ist. Demgegenüber kann ausgehend vom zentralen Grenzwertsatz über eine größere Anzahl von Messungen die Präzision der Daten bzw. der Unterschied zwischen dem Mittelwert der Messwertreihe und dem wahren Messwert ausreichend minimiert werden, womit sich auch für größere Standardabweichungen die Eindeutigkeit zwischen Koeffizienten und Elementpositionen im angestrebten Genauigkeitsbereich wiederherstellen lässt.

Als Startwert für die Untersuchungen wurde zunächst die kleinste in oben dargestellter Messwertreihe ermittelte reale Standardabweichung von σ_{Ast2} = 0.000357842 und eine bereits vglw. hohe Zahl für die Anzahl der Mittelungen von 10000 Werten genutzt. Mit diesen Parametern sollte eine umgekehrte Korrekturberechnung von 20 Freiheitsgraden bei einer Perturbation von ±0.1 mm bzw. Grad für den Fall 3 durchgeführt werden. Abbildung 5.44 zeigt jeweils die absoluten Differenzen für die Positionen und den RMS der Wellenfront in allen Feldpunkten in logarithmischer Skalierung für 17 Iterationen.

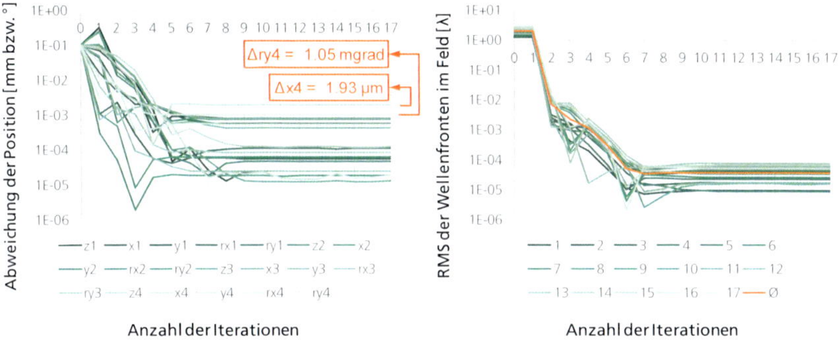

Abbildung 5.44: Umgekehrte Korrekturberechnung ±0.1 mm bzw. Grad bei 20 DOF mit Rauschen und Mittelung

Wie anhand des Verlaufs der Elementpositionen zu erkennen ist, gelingt es mit der verbesserten Korrekturberechnung, trotz des eingestellten Rauschens, 18 der 20 Freiheitsgrade unter die gewünschte Marke von 1 µm bzw. mgrad zu drücken. Lediglich die Werte für X4 und RY4 bleiben mit 1.93 µm bzw. 1.05 mgrad leicht oberhalb der Vorgabe. Im Vergleich dazu liegt Z3 als bester Wert bereits bei einem Delta von weniger als $1.28 \cdot 10^{-5}$ und damit bei nur noch 12.8 nm Abweichung zum Sollwert.

Bemerkenswert ist darüber hinaus die Tatsache, dass die meisten der Freiheitsgrade und Wellenfronten innerhalb der dargestellten 17 Iterationen ihr konvergentes Verhalten weitgehend abgeschlossen haben und sich nur noch stark asymptotisch ihrem Zielwert nähern. Bereits ab der 8. Iteration betragen die Änderungen nur noch Werte zwischen 10^{-5} und 10^{-7} und ab der 10. Iteration zwischen 10^{-6} und 10^{-8} µm bzw. mgrad, sodass auch durch weitere Iterationen der verbleibende Restfehler von X4 nicht mehr wesentlich korrigiert wird.

Auf Basis dieses Beispiels sollen anhand von 3 Korrekturberechnungen zunächst die Eckpunkte für eine geeignete Simulationsreihe ermittelt werden. Ausgangspunkt ist dabei die mit σ_{Ast2} = 0.000357842 geringste Standardabweichung, die in obiger Dauermessung erzielt werden konnte. Ohne Mittelung wird mit diesem Wert eingangs geprüft, in welchen Größenordnungen sich die verbleibenden Restfehler in den Elementpositionen bewegen. Zwei weitere Korrekturberechnungen dienen anschließend dazu, diejenigen Werte für die Standardabweichung und die Anzahl zu mittelnder Messwerte zu erfassen, die erforderlich sind, um in den sub-µm-Bereich vorzustoßen.

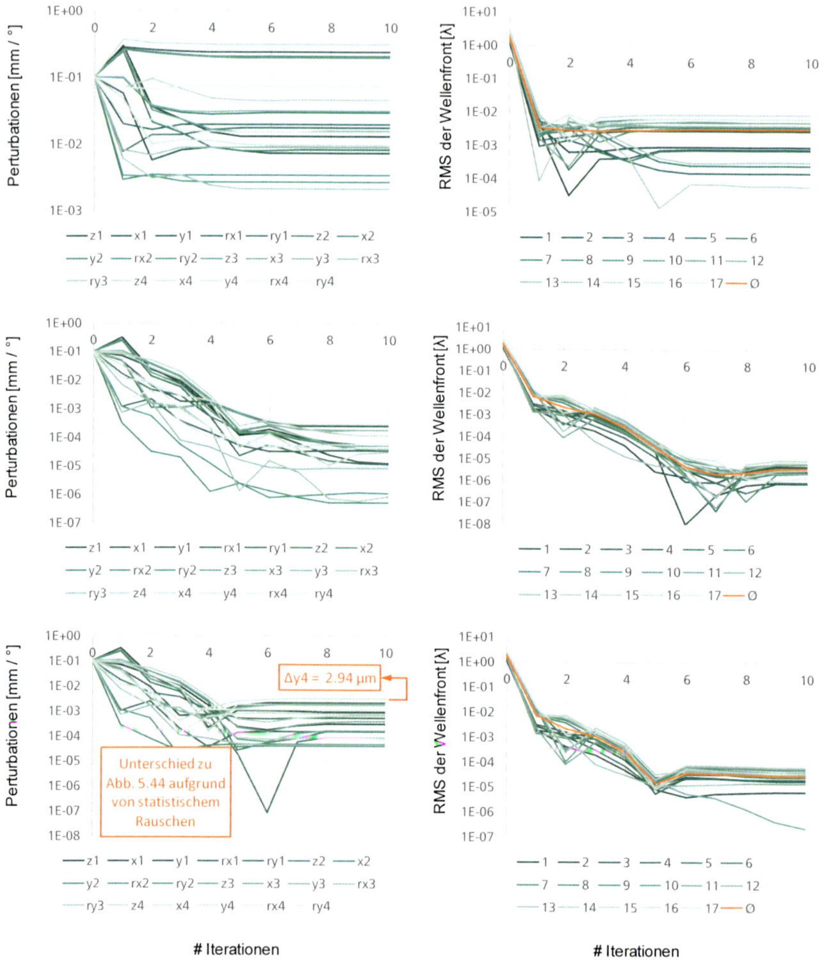

Abbildung 5.45: Umgekehrte Korrekturberechnung mit verrauschten Daten (oben), deutlich geringerer Standardabweichung (Mitte) und starker Mittelung (unten)

Wie im oberen Teil von Abbildung 5.45 zu erkennen ist, konvergieren die Elementpositionen und Wellenfronten in allen Feldpunkten gut zu einem bestimmten Systemzustand. Offensichtlich scheint jedoch die Standardabweichung σ_{Ast2} noch deutlich zu groß zu sein, da die Abweichungen in den Elementpositionen bis zu 314 µm für X4 betragen. Die erzielte Standardabweichung aus der initialen Messwertreihe ist ohne Mittelung also deutlich zu groß und für Justagezwecke unbrauchbar.

Für den mittleren Graphen wurde darum die Standardabweichung um 10^{-3} auf nur noch $\sigma_{Ast2}' = 0.357842 \cdot 10^{-6}$ verringert. Erst mit diesem signifikant kleineren Wert gelingt ohne Mittelung der verrauschten Daten eine Korrektur für alle Freiheitsgrade in den sub-µm-Bereich. Der untere Graph zeigt schließlich einen Korrekturverlauf mit der realen Standardabweichung, aber dafür einer Mittelung von jeweils 10000 Daten. Auch über diesen Weg kann die verbleibende Abweichung in den Freiheitsgraden unter bzw. an die Zielmarke heran gedrückt werden. Die Parameter in diesem Verlauf gleichen den Parametern in Abbildung 5.44, zeigen aber im Detail ein verändertes Ergebnis. Die größte verbleibende Differenz mit $\Delta Y4 = 2.94$ µm ist nicht nur größer als in Abbildung 5.44, sie betrifft auch einen anderen Freiheitsgrad.

Dieser Unterschied liegt an der letztlich zufälligen Veränderung der Daten durch das eingeführte Rauschen. Zwar ist das Rauschen durch die Größe der gewählten Standardabweichung und die Normalverteilung grundsätzlich bestimmt, der konkrete Wert, mit dem verrauscht wird, kommt jedoch nur mit einer jeweiligen Wahrscheinlichkeit aus einem bestimmten Bereich und ist daher im Vorhinein weder genau bekannt noch im Nachhinein zwischen zwei Datensätzen gleich.

Mit Hilfe der nun bekannten Größenordnungen für die Standardabweichung und Anzahl der Mittelungen wurde eine Simulationsreihe zur Quantifizierung ihrer jeweiligen Effekte definiert, bei der nach spätestens 10 Iterationen der Korrekturprozess abgebrochen und der verbleibende Restfehler in jedem der 20 Freiheitsgrade aufgezeichnet wird. Entscheidend ist dabei der über alle Freiheitsgrade hinweg verbleibende maximale Restfehler, der nachfolgend für die bekannten drei systematisch definierten Fälle aus Abbildung 5.28 aufgetragen ist.

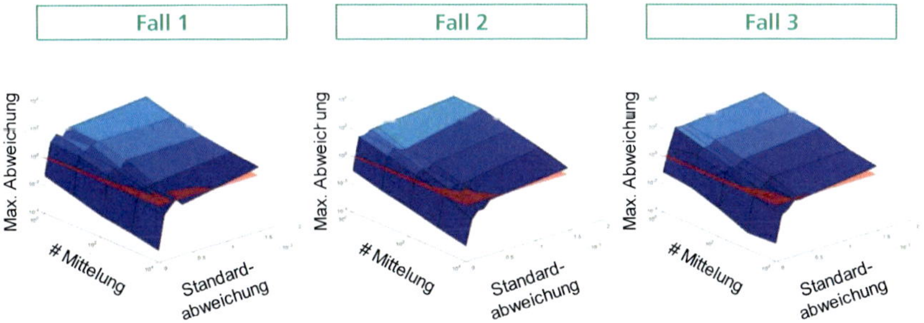

Abbildung 5.46: Einfluss von Standardabweichung und Mittelung verrauschter Sensordaten auf die erzielbare Justagegüte für die 3 systematischen Fälle

Die rot markierte Fläche beschreibt den Zielbereich der Justage, welcher in den meisten Kombinationen nicht erreicht bzw. unterschritten wird. Für alle 3 Fälle gelangen die Abweichungen der maximalen Endpositionen erst für kleinere Standardabweichungen und eine größere Anzahl an Mittelungen in den gewünschten Bereich. Die Unterschiede zwischen den Fällen sind auf einige Kombinationen begrenzt. Insgesamt müssen für das gezeigte Praxisbeispiel strenge Anforderungen an die Wiederholpräzision der Sensoren gestellt werden. Sie muss bei einer realistischen Anzahl an Einzelmessungen Werte kleiner 10^{-4} erreichen, um in den schmalen roten Bereich vor der abfallenden blauen Fläche zu gelangen.

Die jeweiligen Werte hängen natürlich auch von der Komplexität des optischen Systems und den zu erreichenden Spezifikationen ab. Eine geringere Zahl an Freiheitsgraden oder weniger strenge Positionstoleranzen der Elemente führen zu schwächeren Anforderungen an die Sensorfähigkeit. Insofern werden die Bedingungen für das erweiterte Demonstratorsystem aus Abschnitt 5.1.2 und seine Justage im noch kommenden Abschnitt 7 hinsichtlich der Sensorik weniger anspruchsvoll als die gerade gezeigten Zusammenhänge sein. Und dennoch sind die Eigenschaften realer Messgeräte ein entscheidender Aspekt zur Nutzung des wellenfrontbasierten Justageansatzes. Vor diesem Hintergrund soll als erster Aspekt der praktischen Evaluation geprüft werden, welche Wertebereiche hinsichtlich der Wiederholpräzision mit konventionellen Sensoren zu erreichen sind und welche Parameter einen wesentlichen Einfluss auf die Sensoreigenschaften haben.

6 Charakteristische Eigenschaften realer Wellenfrontsensoren

Bereits durch die detaillierte Untersuchung der Algorithmik und die ausführliche Analyse der Eigenschaften der wellenfrontbasierten Justage in den vorangegangenen Abschnitten wurde ein wichtiger Beitrag geleistet, um die Möglichkeiten dieses Justageansatzes zu charakterisieren. Über diese theoretischen Betrachtungen hinaus soll in den kommenden beiden Kapiteln 6 und 7 auch die praktische Umsetzung der vielversprechenden Eigenschaften mit realen Systemkomponenten und unter Laborbedingungen untersucht werden. Ziel dabei ist der quantifizierbare Brückenschlag zwischen Theorie und Praxis und die Ableitung konkreter Handlungsempfehlungen für den produktionstechnischen Einsatz dieses Verfahrens.

6.1 Untersuchung zur Wiederholpräzision

Zentraler Aspekt für die praktische Umsetzung der sehr guten Eigenschaften der wellenfrontbasierten Justage ist die hochpräzise und extrem wiederholgenaue Erfassung der Wellenfront als Grundlage des Verfahrens. Demgegenüber sind die in der Entwicklung von Wellenfrontsensoren vornehmlich adressierten Verbesserungen der lateralen Auflösung und des Dynamikumfangs für den Anwendungsfall der wellenfrontbasierten Justage eher von untergeordneter Bedeutung. Im Zusammenhang dieser Arbeit ist vielmehr die Fähigkeit gefordert, auch kleinste Unterschiede in der Wellenfront als Folge kleinster Positionsänderungen zuverlässig ermitteln zu können.

Je enger die Toleranzen für die Positionen spezifiziert werden, desto anspruchsvoller ist auch ihre messtechnische Erfassung. Die dabei z. B. für Qualitätsobjektive notwendige Größenordnung im niedrigen einstelligen µm-Bereich oder gar sub-µm-Bereich stellt aktuelle Sensoren vor eine große Herausforderung. Dies wird bei einem Blick in die zugehörigen Datenblätter schnell deutlich, in denen Werte für Messunsicherheit, Sensitivität und Wiederholpräzision z. T. unterschiedlich spezifiziert sind. Typische Werte für die Wiederholpräzision von Mittelklasse-Sensoren sind z. B. die bereits im letzten Kapitel genannten 2 nm RMS ohne Mittelung [OPTO13, S. 1]. Bezogen auf die im Labordemonstrator genutzte Lichtquelle der Wellenlänge 659 nm entspricht das einem Wert von ca. 0.003 λ.

Mit Blick auf den Demonstrator aus Abschnitt 5.1 resultieren Positionsänderungen von z. B. 1 µm lateraler Verschiebung oder 1 mgrad Rotation in den nachfolgend aufgeführten, sehr kleinen Änderungen der Wellenfront und der zugehörigen Zernike Koeffizienten. Die Beispieldaten zeigen die zentrale Wellenfront und insofern den kritischen Bereich, da Fehlstellungen der Elemente sich meist stärker im Feld auswirken.

Die ausgewählten Beispieldaten stehen repräsentativ für alle Freiheitsgrade sowie Zernike Koeffizienten und illustrieren die entsprechenden Zusammenhänge. Einerseits sinkt erwartungsgemäß die Größenordnung der Koeffizienten mit geringerer Größe der Perturbation (vertikale Änderung). Während z. B. eine Dezentrierung um 10 µm mit einer Änderung des RMS der Wellenfront einhergeht, die vergleichbar ist mit der oben genannten

Wiederholpräzision von konventionellen SHS, sinkt dieser Wert für den eigentlich relevanten Justagebereich von ca. 1 µm um 2 Zehnerpotenzen.

Tabelle 6.1: Überblick der Änderungen der Zernike Koeffizienten infolge kleiner Perturbationen am einfachen Demonstratorsystem

DOF	Pert. [mm/°]	Δ WF RMS [λ]	Δ WF PV [λ]	ΔZ_2^0	ΔZ_2^{-2}	ΔZ_2^2	ΔZ_3^{-1}	ΔZ_3^1	ΔZ_4^0
X1	0.1	0.05270257	0.32672228	0.011720	0	0.004949	0	0.22810	0.000239
	0.05	0.02087466	0.14421080	0.002930	0	0.001238	0	0.011383	0.000060
	0.01	0.00135537	0.02578585	0.000027	0	0.000050	0	0.002275	0.000002
	0.005	0.00035028	0.01270861	0.000029	0	0.000012	0	0.001138	0.000001
	0.001	0.00001417	0.00251212	0.000001	0	0	0	0.000228	0
RY2	0.1	0.00292151	0.03928949	0.000161	0	0.000189	0	0.003416	0.000003
	0.05	0.00078224	0.01920781	0.000040	0	0.000047	0	0.001708	0.000001
	0.01	0.00003209	0.00377872	0.000002	0	0.000002	0	0.000342	0
	0.005	0.00000803	0.00188656	0	0	0	0	0.000171	0
	0.001	0.00000032	0.00037500	0	0	0	0	0.000034	0

Andererseits gibt es auch eine Änderung entlang der zur Modellierung der Wellenfront genutzten Zahl an Koeffizienten (horizontale Änderung). Da die Koeffizienten höherer radialer und meridionaler Ordnung einen stetig kleineren Beitrag zur Nachbildung der Wellenfront leisten, sinkt ihr nomineller Wert z. T. deutlich. In Tabelle 6.1 ist das für den Defokus, die beiden primären Astigmatismus-Terme, die beiden primären Coma-Terme und der sphärischen Aberration gezeigt. Die Bandbreite beinhaltet also 3 radiale und 2 meridionale Ordnungen. Auch hier kann eine deutliche Verkleinerung der Werte nachvollzogen werden, durch welche selbst bei der größten gezeigten Perturbation die zuverlässige Erfassung der Koeffizienten höherer Ordnung vor dem Hintergrund des obigen Wertes für die Wiederholpräzision von SHS nur schwer möglich sein wird.

Der dritte Aspekt offenbart sich im Vergleich der beiden Freiheitsgrade. Die durch sie hervorgerufenen Änderungen der Wellenfront können sich deutlich in ihren Auswirkungen unterscheiden, mit Abweichungen von einer Größenordnung und mehr. Dies begrenzt aus sensortechnischer Sicht nicht nur generell die Präzision, welche mittels realer Messdaten in der Justage erzielt werden kann, sondern schränkt die Ausrichtung bestimmter Freiheitsgrade mehr ein, als die Korrektur anderer Freiheitsgrade.

Jenseits dieser grundsätzlichen Feststellungen ist daher die Analyse und Charakterisierung des realen Sensorverhaltens Ziel dieses Abschnitts. Damit soll statistisch geprüft werden, von welchen Faktoren die Präzision der Sensordaten wie stark abhängig ist und ob sie in ausreichendem Maße durch z. B. Mehrfachmessung verbessert werden kann.

6.1.1 Vorbetrachtungen und statistischer Hintergrund

Um jenseits der in Abschnitt 5.2.4 gezeigten Messwertreihe einen detaillierteren Eindruck typischer Sensordaten zu erhalten, sollen zunächst einige Vorbetrachtungen anhand einer deutlich größeren Messreihe mit 105000 Einzelmessungen durchgeführt werden. Die Daten wurden mit dem auch im Labordemonstrator eingesetzten Sensor WFS150-5C der Fa. Thorlabs über eine Dauer von 58 Stunden mit der maximalen Anzahl an Koeffizienten erfasst (10. radiale Ordnung = 65 Koeffizienten). Die Randbedingungen der Messwertreihe wurden auf Basis typischen Sensorverhaltens so gewählt, dass vermutlich eine größtmögliche Konstanz der Werte gewährleistet wird und daher nur die zufälligen Fehler in den Messdaten enthalten sind (vgl. [EMVA10] S. 6 zur Quantifizierung des Sensorrauschens). Zu den Aufnahmebedingungen gehören u. a. die völlige Abschirmung gegenüber Fremdlicht, eine maximal ausgeleuchtete Sensorfläche und eine hohe Messfrequenz, um die Kamera auf einem quasi stationären Temperaturniveau zu halten. Das sich so ergebende Rauschen des Sensors anhand des aufgenommenen RMS Werts der einzelnen Wellenfrontmessungen über diesen Zeitraum hinweg ist in Abbildung 6.1 links gezeigt.

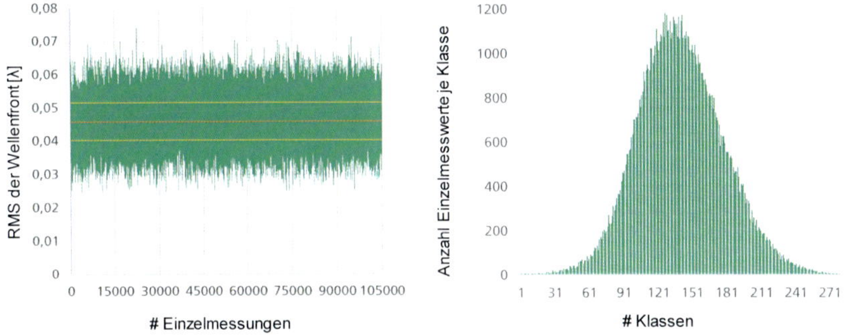

Abbildung 6.1: Rauschen der Sensorwerte in einer Dauermessung (links) und ihre Verteilung (rechts)

Die Standardabweichung σ der Messwertreihe berechnet sich über den Zusammenhang

$$\sigma = \sqrt{\frac{1}{n-1}\sum_{i=1}^{n}(x_i - \bar{x})^2}. \qquad \text{(Gl. 6.1)}$$

Sie beträgt 0.0057 λ und gibt ein erstes Indiz für die Unzulänglichkeiten der realisierbaren Wiederholpräzision im Vergleich zur oben genannten Angabe von 0.003 λ. Auch die Werte der zugehörigen Zernike Koeffizienten zeigen ähnliche Schwankungsbereiche zwischen 0.00249 und 0.000256.

Vor dem Hintergrund der signifikant geringeren Änderungen aus Tabelle 6.1 ist es also erforderlich, die Wiederholpräzision der Sensordaten zu verbessern und die statistische Restunsicherheit zu quantifizieren. Dabei enthalten selbst unter optimalen Bedingungen Messdaten zufällige Fehler, die z. B. schon aus dem Sensor selbst kommen und aufgrund derer neben dem eigentlichen Messwert die Angabe zu seiner Unsicherheit erforderlich ist. Im Falle normalverteilter Messdaten ist diese Unsicherheit durch die Angabe der Standardabweichung gegeben. Entspricht die Standardabweichung beispielsweise der halben spezifizierten Toleranzbreite, ist damit lediglich gesichert, dass der zu erwartende Messwert mit einer Wahrscheinlichkeit von (nur) 68.26 % innerhalb der Toleranz liegt. Verringert sich die Standardabweichung im Verhältnis zur Toleranz um den Faktor 2, 4 etc., steigt diese

Wahrscheinlichkeit auf 95.44 %, 99.73 % etc. Diese Werte ergeben sich aus der Normalverteilung in Abhängigkeit der Standardabweichung σ und dem Erwartungswert μ entsprechend der Funktion

$$f(x,\mu,\sigma) = \frac{1}{\sigma\sqrt{2\pi}} e^{-\frac{1}{2}\left(\frac{x-\mu}{\sigma}\right)^2}. \qquad \text{(Gl. 6.2)}$$

Während der Erwartungswert lediglich die Kurve der Normalverteilung entlang der Abszisse verschiebt, beeinflusst die Standardabweichung die Form der Verteilung deutlich. Je kleiner die Standardabweichung ist, desto schlanker und höher ist die sich ergebende Verteilung und umgekehrt. Die prozentualen Angaben können für unterschiedliche Anwendungsfälle auch in (kurzfristige oder langfristige) Fähigkeitsindizes für (Mess-)Prozesse oder Defektmöglichkeiten DPMO (engl. defects per million opportunites) umgerechnet werden.

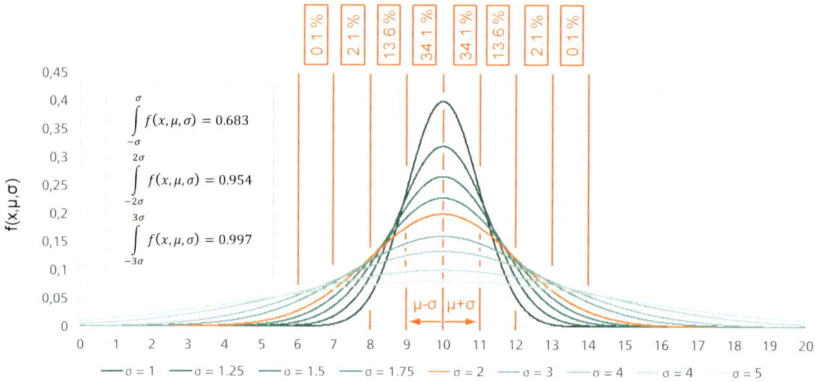

Abbildung 6.2: Normalverteilung in Abhängigkeit von Standardabweichung σ und Erwartungswert μ

Diese Zusammenhänge lassen sich umgekehrt dazu nutzen, aus einer vorgegebenen Toleranz inkl. gewünschtem Vertrauensintervall auf die max. zulässige Standardabweichung zur Erreichung dieser Vorgaben zurückzuschließen. Dafür muss jedoch zunächst die Normalverteilung der Daten geprüft werden, wozu bereits in Abbildung 6.1 rechts ihre Verteilung in einem Histogramm aufgetragen wurde. Die rein visuelle Prüfung auf Normalverteilung anhand der sich ergebenden Form scheint zunächst die Annahme einer Normalverteilung zu bestätigen, ist aber keine statistisch valide Prüfung. Diese kann z. B. über ein Wahrscheinlichkeitsnetz durchgeführt werden, bei dem sich ein p-Wert oberhalb von 0.05 ergeben muss. Beispielhaft ist dies für 2 Werte der Messwertreihe in Abbildung 6.3 gezeigt.

Damit können die Gesetzmäßigkeiten der Normalverteilung genutzt werden. Als Ausgangsbasis bzw. Toleranz wird die Größenordnung der Zernike Koeffizienten genutzt, die sich bei einer Perturbation von z. B. 1 µm ergeben. Wenn diese Werte mit 95 %iger Wahrscheinlichkeit erkannt werden sollen, ergibt sich am Beispiel des RMS der Wellenfront eine hierzu notwendige Standardabweichung von $\pm 2\,\sigma = 1.42 \cdot 10^{-5}\,\lambda$ bzw. $\sigma_{Soll} = 7.09 \cdot 10^{-6}\,\lambda$. Sie entspricht dem zulässigen mittleren Fehler einer Einzelmessung, der unter Ausschluss aller systematischen Fehler und Minimierung aller zufälligen Fehler erzielt werden muss. Die oben erwähnten Werte realer Standardabweichung stellen in dieser Hinsicht bereits den unter

Laborbedingungen optimalen Bereich dar und sind trotzdem noch ca. 3 Größenordnungen von dem gerade berechneten Wert entfernt.

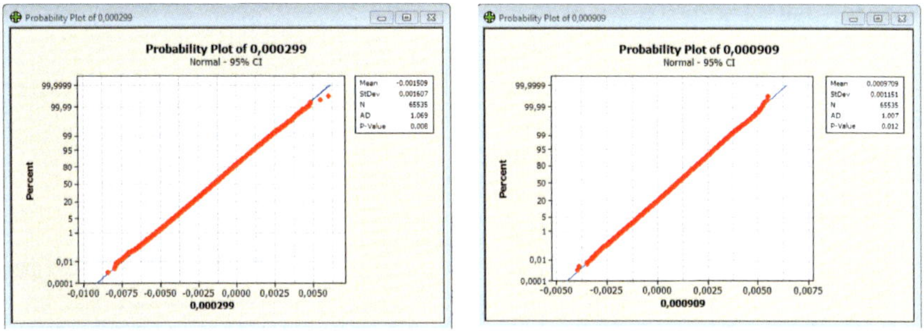

Abbildung 6.3: Wahrscheinlichkeitsnetz am Beispiel von 2 Koeffizienten zur Überprüfung der Normalverteilung

Diesem Umstand kann durch die Nutzung einer Messwertreihe, also einer Stichprobe aus n Einzelmessungen, begegnet werden. Der Mittelwert dieser Messwertreihe zeigt eine Standardabweichung $\bar{\sigma}$ von nur noch

$$\bar{\sigma} = \frac{\sigma}{\sqrt{n}} = \sqrt{\frac{1}{n(n-1)} \sum_{i=1}^{n} (x_i - \bar{x})^2} \qquad \text{(Gl. 6.3)}$$

und ist insofern um den Faktor $\sqrt{n}$ geringer als die Standardabweichung einer Einzelmessung σ. Über die Anzahl der Messungen lässt sich also die Unsicherheit der Gesamtmessung reduzieren. Das geschieht vor allem zu Lasten der Effizienz des Prozesses, da die gemittelte Mehrfachmessung keinen besonders effektiven Hebel für eine Verbesserung der Genauigkeit darstellt. Um eine Verbesserung bspw. um den Faktor 10 zu erreichen, müssen bereits 100 Einzelmessungen durchgeführt werden. Für die gerade berechnete Verbesserung der Sensorwerte um 3 Größenordnungen hieße das $10^{3\cdot 2}$ also 10^6 (!) Messungen.

Diese fast schon erschreckend hohen Werte sind Resultat des ungünstigsten Szenarios, da die zu Grunde liegenden Werte aus Tabelle 6.1 der jeweils zentralen Wellenfront entnommen sind. Die Auswirkungen auch kleiner Perturbationen wachsen im Feld mitunter stark an und führen insofern auch zur größeren Änderungen in der Wellenfront, die leichter zu detektieren sind. Diese Unterschiede können die notwendige Präzision z. T. mehrere Größenordnungen herabsetzen. Werden zudem die möglichen Messfrequenzen mancher Sensoren im Bereich von bis zu 1 kHz berücksichtigt, relativieren sich die hergeleiteten Werte.

Trotzdem bleibt die zur Verfügung stehende Präzision von SHS ein für die wellenfrontbasierte Justage kritischer Punkt. Neben der erwähnten Messfrequenz ist natürlich die Wiederholpräzision selbst ein geeigneter Hebel für Verbesserungen und kann z. B. durch die Vergrößerung der Brennweite der Mikrolinsen gesteigert werden. Diesen Änderungen in der Sensorkonfiguration sind jedoch die bereits in Abschnitt 2.2.2 beschriebenen Grenzen gesetzt. Problematisch ist darüber hinaus die Tatsache, dass die in Datenblättern angegebenen Spezifikationen hinsichtlich der (Wiederhol-)Präzision von Sensoren meist keine oder nur unzureichende Angaben dazu enthalten, unter welchen Bedingungen die Werte zu Stande gekommen sind. Hierzu zählt vor allem die Anzahl etwaiger Mittelungen, wodurch ein direkter Rückschluss auf die notwendige Zahl der Mehrfachmessung erschwert wird.

Im Rahmen dieser Arbeit wurden konventionelle Sensoren genutzt, weshalb keine Einflussmöglichkeit hinsichtlich Sensordesign und -konfiguration möglich waren. Allerdings soll durch eine gezielte Charakterisierung der Sensoreigenschaften in Abhängigkeit bestimmter Parameter der Einfluss der jeweiligen Parameter quantifiziert werden, um für die Umsetzung im prototypischen Labordemonstrator optimale Voraussetzungen zu schaffen.

6.1.2 Design of Experiments zur gezielten Analyse der Sensoreigenschaften

Die bisherigen Auswertungen beruhten auf einer initial aufgenommen Messwertreihe mit dem Sensor WFS150-5C der Fa. Thorlabs unter solchen Randbedingungen, deren Ausprägung auf Basis des vermuteten Sensorverhaltens gewählt wurden. In diesem Abschnitt sollen die konkreten Einflüsse auf die Wiederholpräzision der Wellenfrontdaten für diesen Sensor statistisch überprüft und quantifiziert werden. Zu diesem Zweck wurden zunächst die relevanten Einflüsse und Randbedingungen für eine optimale Messung identifiziert:

1. Die auf dem Markt verfügbaren **Sensortypen** unterscheiden sich in der Anzahl an Mikrolinsen, der Auflösung des CCD-Chips etc. und damit auch in ihren Spezifikationen hinsichtlich ihrer Wiederholpräzision. Variation = Thorlabs, Optocraft, Trioptics, Phasics
2. Ein stabiles Polynomfitting erfordert eine möglichst hohe Anzahl an Stützstellen bzw. eine große laterale Auflösung des Sensors, die durch die Anzahl der Mikrolinsen bzw. den **Aperturdurchmesser** der eintreffenden Wellenfront begrenzt ist. Variation = Ø 1 mm, Ø 3 mm, Ø 5 mm, Ø 7 mm
3. Als **Lichtquelle** wird ein Laser verwendet, dessen Güte maßgeblich von der Stabilität der Resonatoren abhängig ist und als Grundsignal die Sensordaten entscheidend beeinflusst. Variation = Schäfter+Kirchhoff @ 659 nm, WaveMaster @ 637 nm, Sios @ 632.8 nm
4. Breitbandiges **Störlicht** in Form von Tageslicht oder Laborbeleuchtung kann mit seinen Anteilen im Wellenlängenbereich des eingesetzten Lasers ebenfalls zur Verfälschung des Messwertes führen. Variation = abgeschirmt, Bandpassfilter, Umgebungslicht
5. Unter Umständen zeigt sich bei den Sensoren ein Einfluss der **Messfrequenz** durch höhere thermische Beanspruchung des Sensors bei der Messung. Unterschiedliche thermische Lasten würden zu verschiedenen durchschnittlichen Sensorwerten führen. Variation = 1Hz, 3 Hz, 5Hz
6. Koeffizienten höherer Ordnung zeichnen sich durch höherfrequente Änderungen über ihren Umfang und ihren Radius hinweg aus. Eine geringe Anzahl zur Verfügung stehender Stützstellen beeinflusst die Stabilität und Wiederholpräzision vor allem dieser Koeffizienten, sodass die **Anzahl der Koeffizienten**, die zur Rekonstruktion der gemessenen Wellenfront genutzt werden, für die Stabilität der Gesamtmessung bedeutend sein kann. Variation = 3. Ordnung (10 Koeffizienten), 4. Ordnung (15 Koeffizienten), 5. Ordnung (21 Koeffizienten)

7. Die **Form der Wellenfront** wirkt sich unmittelbar auf die Werte der einzelnen Zernike Koeffizienten aus. Eher ebene Wellenfronten führen zu geringen Werten für alle Koeffizienten, wohingegen eher steile Wellenfronten höhere Werte der Koeffizienten zur Folge haben. Variation = Stark konkav, konkav, eben, konvex, stark konvex

Ein vollfaktorieller Versuchsplan würde $2^7 = 128$ Versuche mit den beschriebenen Parametern erfordern. Anhand der Voruntersuchungen kann abgeschätzt werden, dass jede Versuchsreihe mehrere tausend Messungen bedingt und somit viele Stunden in Anspruch nimmt. Infolgedessen soll mit einem teilfaktoriellen Versuchsplan überprüft werden, welche der vermuteten Einflussfaktoren tatsächlich eine signifikante Korrelation zur (Wiederhol-)Präzision der Wellenfrontmessung aufweisen.

Da nicht alle Sensoren für die Untersuchungen permanent zur Verfügung standen, wird hierzu ein teilfaktorieller Versuchsplan 6 der 7 genannten Faktoren mit einer Auflösung von 6 bei $2^5 = 32$ Versuchen verwendet. Dieser Versuchsplan verringert die notwendigen Testaufwände deutlich, ohne die Aussagefähigkeit der Ergebnisse zu sehr einzuschränken. So sind Haupteffekte lediglich mit Vierfachwechselwirkungen und Zweifachwechselwirkungen mit Dreifachwechselwirkungen vermengt. Da diese Mehrfachwechselwirkungen nicht in ausgeprägtem Maße erwartet werden, ist diese Vermengung unkritisch. Der Einfluss unterschiedlicher Sensoren wird separat im Abschnitt 6.2 behandelt.

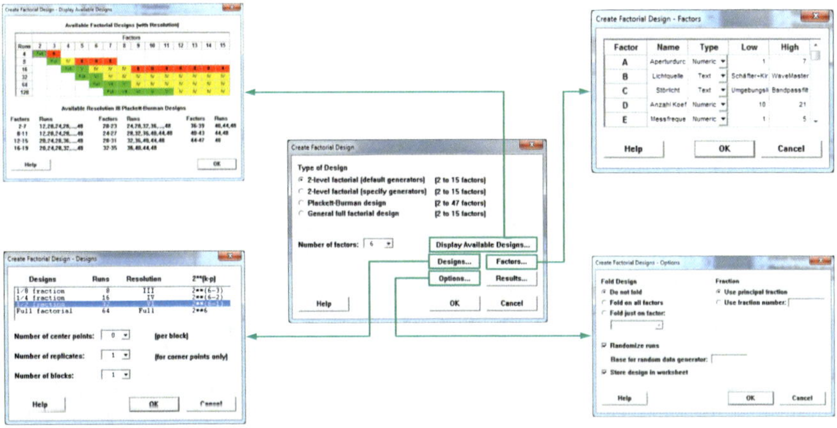

Abbildung 6.4: Erstellung des teilfaktoriellen Versuchsplans in Minitab

Der zugehörige Versuchsplan wurde mit der Statistik-Software Minitab erstellt. Für die unterschiedlichen Faktoren wurden die jeweiligen Extremwerte herangezogen, um einen möglichst großen Einfluss zu generieren. Die zufällig vorgegebene Versuchsreihenfolge soll sicherstellen, dass keine systematischen Einflüsse erfasst und dadurch etwaige Korrelationen überlagert werden. Der vollständige Versuchsplan ist in Anhang A.4 enthalten.

Exemplarisch soll in kommender Abbildung 6.5 lediglich auf die Faktoren eingegangen werden, die im Laufe der Untersuchung als signifikanteste Einflüsse identifiziert worden sind. Zu diesen gehören das Störlicht, der Aperturdurchmesser und die Messfrequenz. Ferner wurden jeweils bestimmte Koeffizienten zur Darstellung des grundsätzlichen Effekts ausgewählt. Auf Basis der jeweils gleich definierten Skalierung der Ordinate lässt sich der individuelle Einfluss direkt ablesen. Die Variation der Parameter zwischen der rechten und linken Seite erfolgte jeweils in den extremalen Ausprägungen aus der obigen Beschreibung der einzelnen Einflüsse, d. h. z. B. für den Aperturdurchmesser links 1 mm, rechts 7 mm. Jeder Verlauf setzt sich aus mehreren 1000 Einzelmessungen zusammen.

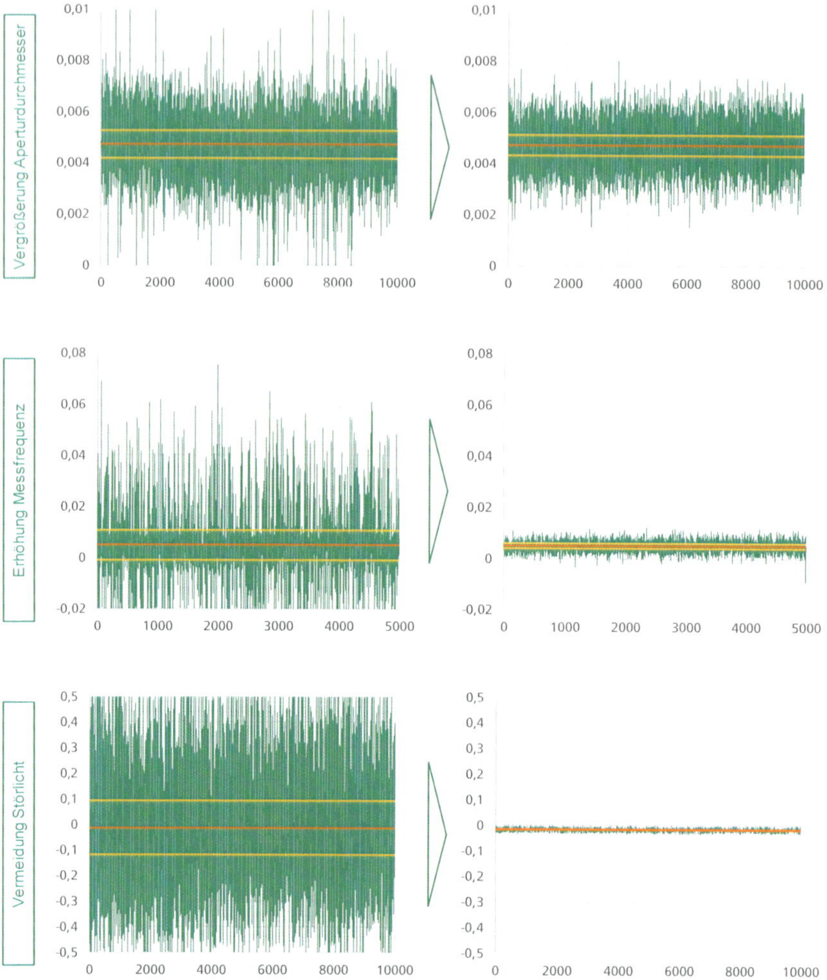

Abbildung 6.5: Einflussfaktoren Störlicht, Aperturdurchmesser und Messfrequenz auf die Wiederholpräzision der Sensordaten

Darüber hinaus sind in jedem Graphen der Mittelwert (dunkel orange) und die jeweils erzielte Standardabweichung (hell orange) zum direkten Vergleich aufgetragen. Um eine bessere Gegenüberstellung zu ermöglichen, wurden die leicht unterschiedlichen Mittelwerte angeglichen, sodass sie einem gewissermaßen gleichen Erwartungswert μ der

Messwertreihen entsprechen. In Anlehnung an Abbildung 6.2 korrespondiert dieser Umstand mit einer übereinstimmenden Zentrierung beider Messwertreihen. Der im Interesse stehende Unterschied liegt in der Verteilungsform aufgrund der deutlich veränderten Standardabweichungen σ.

Zusammenfassend lassen sich die am Sensor WFS150-5C der Firma Thorlabs nachgewiesenen Effekte beziffern zu:

- Vergrößerung des Aperturdurchmessers von 1 mm auf 7 mm – Reduktion um 25 % von 0.001084 auf 0.000814
- Erhöhung der Messfrequenz von 1 Hz auf 5 Hz (bei gleicher Anzahl von Messdaten von jeweils 5000) – Reduktion um 82 % von 0.011658 auf 0.002123
- Ausschluss von Störlicht – Reduktion um 98 % von 0.213195 auf 0.003879

Nicht alle der quantifizierten Parameter können so trivial umgesetzt werden wie die Vermeidung von Störlicht. Beispielsweise steht die Nutzung eines möglichst großen Aperturdurchmessers im Gegensatz zur korrigierbaren Perturbationsgröße. Infolge der Störung der Elementposition wird die Wellenfront nicht nur in ihrer Form, sondern auch in ihrem Verlauf beeinflusst. Dezentrierungen oder Verkippungen führen zu einem Versatz des Spots auf dem Sensor, der in Abhängigkeit der optischen Konfiguration im Falle einer ungünstigen Kombination der Positionsfehler im System viele Millimeter betragen kann.

Diese Problemstellung kann durch zusätzliche Kinematiken adressiert werden, mit Hilfe derer die laterale Position des Sensors entsprechend der Verschiebung des Spots nachgeführt wird. Ein derartiger Ansatz wird im prototypischen Laboraufbau verfolgt (vgl. Abschnitt 7.1.1.1). Allerdings gehen mit den zusätzlichen Aktuatoren auch weitere Unsicherheiten in der Positionierung etc. einher, welche die Performanz des Gesamtsystems beeinflussen. Dies trifft im Übrigen nicht nur bei Perturbationen einer bestimmten Größe zu, sondern auch für die Messungen im Feld. Wie in den Untersuchungen der simulierten Daten gezeigt wurde, sind größere Feldwinkel sowohl für die Präzision als auch die Effizienz des Verfahrens von entscheidender Bedeutung. Auch hierzu ist eine flexible Positionierung des Sensors unabdinglich, um diese Feldwinkel messtechnisch in realen Systemen zugänglich zu machen, ohne dabei den Aperturdurchmesser unnötig verkleinern zu müssen.

Ferner spielen auch andere Faktoren eine, wenn auch im Vergleich zu den ausgeführten Aspekten, untergeordnete Rolle. Als Beispiel soll an dieser Stelle auf die als Punkt 7 der einleitenden Aufzählung erwähnte Form der Wellenfront verwiesen werden. Ein Rückblick auf Abbildung 5.42 und die Messreihe, die zur Untersuchung des künstlichen Rauschens auf die Eigenschaften der Korrekturberechnung genutzt wurde, zeigte bereits die Einflüsse der Form der Wellenfront auf die Wiederholpräzision der extrahierten Zernike Koeffizienten. Die zugehörige Wellenfront wies eine vglw. starke Verkippung und damit einen recht großen PV Wert von ca. 86 λ auf. Dies hat zur Folge, dass die berechneten Werte der zugehörigen Koeffizientenpaare mit positiver und negativer meridionaler Ordnung z. T. stark unterschiedliche Standardabweichungen beinhalten.

In Summe konnten mit Hilfe der Daten aus der DoE die relevanten Einlussfaktoren und die Größe ihres Effekts auf die Messunsicherheit bestimmt werden, um sie bei der Auslegung des prototypischen Labordemonstrators bestmöglich zu berücksichtigen. Hierzu gehört in absteigender Reihenfolge sortiert die absolute Abschirmung gegenüber Fremdlicht, die Höhe der Messfrequenz, die Größe des genutzten Aperturdurchmessers und eine möglichst ebene Wellenfront. Für die unterschiedlichen Lichtquellen und die Anzahl der Koeffizienten konnte im Betrachtungsraum kein signifikanter Einfluss erfasst werden.

6.2 Wellenfrontsensoren und ihre Spezifika

Die bislang in diesem Kapitel diskutierten Daten wurden mit dem auch im späteren Labordemonstrator genutzten SHS WFS150-5C der Fa. Thorlabs erfasst. Dieser Sensor ist ein vglw. kostengünstiges Modell, welches über eine nur geringe laterale Auflösung von 39x31 Mikrolinsen verfügt. Wie der Vergleich zwischen den Änderungen der Wellenfront infolge kleinster Perturbationen und den Messreihen unter möglichst optimalen Bedingungen gezeigt hat, ist die laterale Auflösung nicht der entscheidende Faktor, ungeachtet der Vorteile, die sie insbesondere für das Sampling von Zernike Koeffizienten höherer Ordnungen mit sich bringt. Ausschlaggebend ist die Wiederholpräzision des Sensors. Zu Lasten der lateralen Auflösung bringt das genannte Modell dazu passable Voraussetzungen mit, denn die wenigen Mikrolinsen stehen einem Kamerachip mit 1280x1024 Pixeln gegenüber. Chips vergleichbarer Pixelzahl werden auch in anderen Sensoren genutzt, die allerdings über eine ungleich größere Anzahl an Mikrolinsen verfügen.

Abbildung 6.6: Ausgewählte Beispiele von Herstellern und konkreten Wellenfrontsensoren

Ein Beispiel hierfür ist der Sensor der SHSLab BR-110-GE-PRO der Fa. Optocraft. Sein Kamerachip umfasst 1392x1040 Pixel, während das Mikrolinsenarray bereits bis zu 58x43 Linsen beinhaltet. Die damit zur Verfügung stehenden Kamerapixel je Mikrolinse und damit die potenzielle Sensitivität und Wiederholpräzision des Sensors sinkt also um mehr als 25 %. Zusätzlich unterscheiden sich auch die Brennweiten der Mikrolinsen zwischen 3.7 mm (Thorlabs) und 2.537 mm (Optocraft) um einen mit ca. 32 % ähnlich großen Faktor. Dadurch wird der Unterschied im Verhältnis aus Kamerapixeln und Anzahl der Mikrolinsen noch verstärkt, sodass rein von der Konfiguration des Sensors her sehr gering geneigte Wellenfronten mit dem System von Thorlabs eher zu erfassen sein sollten.

Gleichwohl sind diese Aspekte der Sensorauslegung nur ein Teil des Gesamtsystems, dessen Eigenschaften zu wesentlichen Teilen auch durch unterschiedliche Software und Auswertealgorithmen des Kamerabildes geprägt werden. Eine stabile Subpixelauswertung kann dabei den Unterschied im Verhältnis zwischen Kamerapixeln zu Mikrolinsen mehr als kompensieren. Insofern sollen auch unterschiedliche Sensoren einer vergleichenden Untersuchung unterzogen werden, um ihre grundsätzliche Eignung für den Anwendungsfall der wellenfrontbasierten Justage zu beurteilen. Hierzu zeigt Abbildung 6.6 eine Auswahl möglicher Sensoren und Hersteller. Dabei standen Geräte der jeweils farbig dargestellten Unternehmen (mitunter nur kurzzeitig) für Untersuchungen zur Verfügung.

Die Messreihen des Sensors der Fa. Thorlabs wurden bereits diskutiert. Sie stellen die Referenzdaten dar und sollen insofern die Beurteilungsbasis für die sensorspezifischen Eigenschaften der weiteren Sensoren bilden. Folgende Tabelle gewährt einen Überblick zu den jeweils eingesetzten Sensoren und einigen ihrer charakteristischen Spezifikationen. Nicht angegebene Daten sind entsprechend durch (n. a.) gekennzeichnet:

Tabelle 6.2: Übersicht zu den Spezifikationen der eingesetzten Wellenfrontsensoren

	Thorlabs	**Optocraft**	**Trioptics**	**Phasics**
Bezeichnung	WFS150-5C	BR-110-GE-PRO	WaveMaster LAB	SID4-HR
Lichtformendes Element	Mikrolinsen (f_{ML} = 3.7 mm)	Mikrolinsen (f_{ML} = 2.537 mm)	Mikrolinsen	Beugungsgitter
Laterale Auflösung	39x31	58x43	150x150	300x400
Kamera Auflösung	1280x1024	1392x1040	(n. a.)	(n. a.)
Kamera Bittiefe	8	12	(n. a.)	(n. a.)
Messfrequenz	15 Hz	10 Hz	16 Hz	10 Hz
Messunsicherheit	42 nm PV	30 nm PV	32 nm RMS	15 nm RMS
Sensitivität	12 nm RMS	(n. a.)	15 nm PV	2 nm RMS
Wiederholpräzision	(n. a.)	3 nm RMS	3 nm RMS	<2 nm RMS

Ausschlaggebend für die Performanz der Systeme im Kontext der wellenfrontbasierten Justage sind vor allem die letzten beiden Angaben. Sie entscheiden über die Fähigkeiten des Sensors, auch kleinste Änderungen der Wellenfront mit einer hohen Wiederholpräzision zu charakterisieren. Anhand exemplarischer Messreihen soll daher untersucht werden, wie sich die unterschiedlichen Spezifikationen in der Erfassung der Messdaten niederschlagen.

Während die ersten 3 der aufgeführten Sensoren klassische SHS sind, stellt das Gerät der Fa. Phasics eine Besonderheit im Rahmen der für diese Arbeit betrachteten Geräte dar. Die Strahlformung wird bei ihm nicht in der klassischen SHS Konfiguration über ein Mikrolinsenarray erzeugt, sondern mit Hilfe eines diffraktiven Beugungsgitters, dessen hexagonale Strukturen in einem Abstand von 100 µm angeordnet sind. Es teilt die eintreffende Wellenfront vielfach in jeweils 4 Bestandteile auf, die untereinander interferieren und auf dem dahinterliegenden Kamerachip in Phase und Intensität ausgewertet werden können. Für eine detaillierte Beschreibung des Funktionsprinzips und eine historische sowie mathematische

Herleitung der interferometriebasierten Wellenfronterfassung sei auf [VBDW11] und [CHAN05] verwiesen.

Dieses Sensorprinzip ermöglicht eine Reihe von Vorteilen, zu denen primär eine deutlich größere laterale Auflösung zählt, welche im Vergleich zu konventionellen SHS ca. um den Faktor 3-4 erhöht ist. Darüber hinaus kann durch die Kombination von Interferenz und Beugung der Einfluss der Wellenlänge kompensiert werden, sodass der Sensor über weite Strecken des Spektrums achromatische Eigenschaften aufweist. Prinzipbedingt muss bei diesem Sensor die Maske zur Kennzeichnung derjenigen Kamerapixel, die zur Auswertung genutzt werden sollen, so gewählt werden, dass ihr Durchmesser dem zu charakterisierenden Strahl entspricht. Daher kann der weiter oben bereits angesprochene laterale Versatz der zu erfassenden Wellenfront in Abhängigkeit des Systemzustands und des gewählten Feldwinkels im Ablauf der Messung weniger gut kompensiert werden, als dies bei konventionellen SHS der Fall ist, die eine permanente Nutzung des gesamten Kamerabereichs ermöglichen.

Ungeachtet dieser Besonderheit soll für diesen und die anderen Sensoren aufgrund der unterschiedlichen und z. T. nicht verfügbaren Spezifikationen der Einfluss des jeweiligen Sensors auf die mit ihm erzielbare Wiederholpräzision getestet werden. Hierzu wurden Vergleichsuntersuchungen mit allen Sensoren unter den gleichen Randbedingungen durchgeführt, die nach den Untersuchungen des vorangegangenen Abschnitts ausgewählt wurden. Dazu zählt u. a. ein gleicher Aperturdurchmesser von Ø = 5 mm, die gleiche Lichtquelle und Form der Wellenfront etc. Die Untersuchung wurde dabei auf die Koeffizienten der 2. bis 4. radialen Ordnung beschränkt, da diese für die Korrekturberechnung von größter Relevanz sind (vgl. Abschnitt 5.1.1.2).

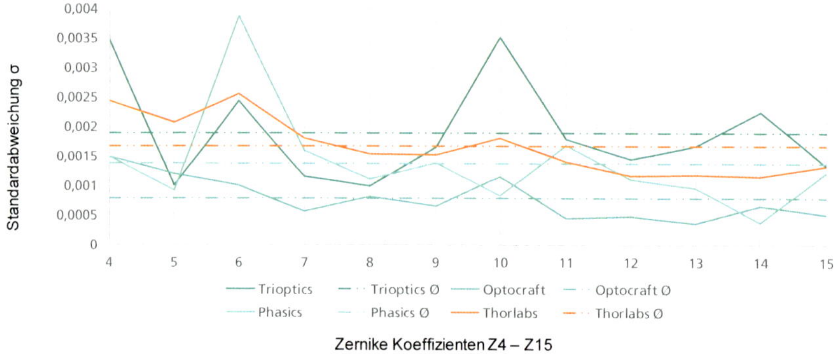

Abbildung 6.7: Standardabweichungen unterschiedlicher Sensoren für relevante Zernike Koeffizienten

Die Verläufe der unterschiedlichen Sensoren über die Koeffizienten hinweg erscheinen vglw. eng beieinander und unterscheiden sich um maximal 0.00288 bei Z6 bzw. im Schnitt über alle Koeffizienten um 0.0015. Eine solche Differenz kann allerdings im Vergleich mit Tabelle 6.1 je nach Freiheitsgrad und Koeffizient schon einen erheblichen Unterschied ausmachen. Am Beispiel von Z6 bzw. Z_2^2 beträgt er bereits ca. 50 µm für X1. Vor diesem Hintergrund sind derartige Unterschiede für den Einsatzzweck der wellenfrontbasierten Justage von durchaus großer Bedeutung. Der orange hervorgehobene und auch später genutzte Sensor der Fa.

Thorlabs verfügt über eine nur mäßige Güte der Standardabweichung, die im Vergleich zum besten Gerät durchschnittlich um 0.00089 schlechter ist (vgl. Strich-Punkt-Linien in Abbildung 6.7). Gleichwohl soll im nächsten Kapitel geprüft werden, welche praktischen Ergebnisse sich mit einem Sensor dieser Leistungsklasse erzielen lassen. Im Übrigen unterscheiden sich nicht nur die Spezifikationen und die Leistungsfähigkeit der Sensoren, auch die Anschaffungskosten differieren deutlich. Zwischen dem günstigsten und dem teuersten Sensor obiger Auflistung liegt ca. der Faktor 10, der sich zumindest nicht 1:1 in einer um den gleichen Wert besseren Leistungsfähigkeit niederschlägt.

7 Messtechnische Überprüfung und Verifizierung der simulierten Ergebnisse

Über die sensortechnischen Eigenschaften des vorangegangenen Abschnitts hinaus ist die Basis der praktischen Untersuchungen ein prototypischer Laboraufbau, der in seiner Struktur die Fülle an Erfordernissen der wellenfrontbasierten Justage widerspiegelt. Dazu gehören primär zahlreiche Aktuatoren, die die Positionierung der beiden Elemente des erweiterten Demonstratorsystems aus Abschnitt 5.1.2 in möglichst vielen Freiheitsgraden erlaubt. Überdies müssen auch die Lichtquelle, Sensor und Teleskop über eigene Kinematiken bewegt und alle Einzelsysteme über eine zentrale Einheit angesteuert werden können. Die dadurch entstehende Komplexität des Laboraufbaus ermöglicht eine detaillierte Charakterisierung grundlegender Justageeigenschaften – von der erfassten Wellenfront bis zur Korrektur gezielt induzierter Perturbationen.

7.1 Grundzüge des Labordemonstrators

Während ihrem Wesen nach in der Simulation in kurzer Zeit komplexe Systeme aufgebaut und untersucht werden können, ist die praktische Umsetzung mit ungleich größerem Aufwand und Restriktionen verbunden. Das beginnt bei der Erzeugung einer möglichst gut kollimierten Beleuchtung, erstreckt sich über die exakte Positionierung mehrerer Elemente in zahlreichen Freiheitsgraden bis hin zu den Eigenschaften und dem realen Verhalten verfügbarer Sensoren.

Entsprechend der Darstellung in Abbildung 7.1 folgt der Labordemonstrator in seiner Grundstruktur den erforderlichen Elementen des optischen Aufbaus bestehend aus Lichtquelle (1), einer kollimierenden Strahlformung (2), zwei zu justierenden Linsen (3 und 4), einer optionalen Abbildungsoptik (5) und dem Wellenfrontsensor (6). Die beiden zu justierenden Linsen entsprechen dem einfachen Demonstratorsystem aus Abschnitt 5.1 bzw. Abbildung 5.5. Insgesamt sind 7 Aktuatoren mit in Summe 17 Freiheitsgraden verbaut. Die zur Steuerung der Hardware notwendigen Controller wurden im Interesse einer möglichst kompakten Gesamteinheit nach extern verlegt. Lediglich die Steuereinheiten zur Positionierung des Wellenfrontsensors sind im Kopf der Anlage untergebracht.

Der strukturelle Rahmen des Demonstrators besteht aus Aluminiumprofilen, auf denen alle Komponenten vertikal übereinander angeordnet sind. Die notwendige Flexibilität in den Abständen der einzelnen Ebenen zur Prüfung unterschiedlicher optischer Systeme wird bei größeren Änderungen durch diesen variablen Rahmen gewährleistet, in dem die Ebenen verschoben werden können. Die notwendige Rechtwinkligkeit und Steifigkeit wird in Montage und Rekonfiguration durch ein Feder-Nut-System sichergestellt. Der so aufgebaute Prüfstand zeigt sich erstaunlich robust auch gegenüber größeren mechanischen Belastungen, z. B. durch Transport.

Kleinere Änderungen in der optischen Konfiguration können durch die verbauten Komponenten selbst ausgeglichen werden. Fixpunkt für die Relativabstände der Ebenen ist der Aktuator des zweiten zu justierenden Elements, da seine Position in z-Richtung fix ist. Alle anderen Komponenten lassen sich entlang der optischen Achse großenteils automatisiert ausrichten, um so auch Prüflinge bzw. optische Systeme mit anderen Brennweiten etc. aufnehmen zu können.

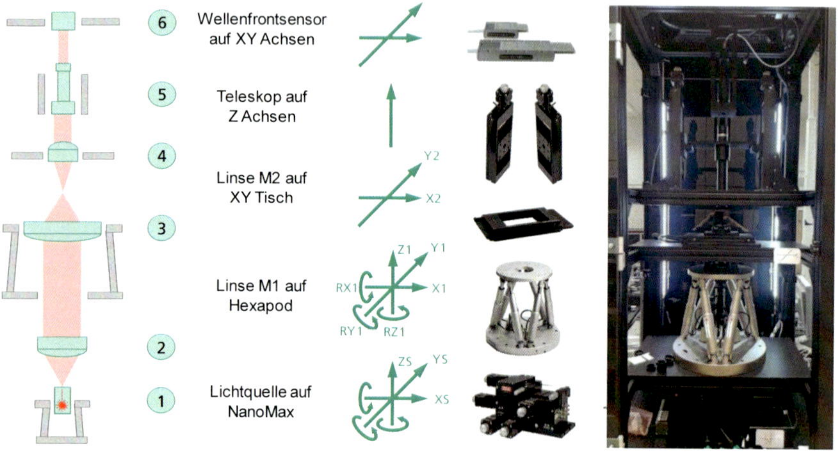

Abbildung 7.1: Prinzipieller Aufbau, verfügbare Freiheitsgrade, eingesetzte Komponenten und praktische Umsetzung des Labordemonstrators

7.1.1 Komponenten, Mechanik und Aktuatorik

Die Auswahl der verwendeten Hardwarekomponenten folgte in ihren Spezifikationen den Erfordernissen der wellenfrontbasierten Justage, hing allerdings auch von rein praktischen Erwägungen und Rahmenbedingungen ab. Insofern sind alle der oben genannten Prüfstandskomponenten mit individuellen Aktuatoren verbunden und können in bestimmten Freiheitsgraden bewegt werden.

7.1.1.1 Kollimation und Positionierung der Beleuchtung

Zur Beleuchtung wird ein fasergekoppelter Diodenlaser mit einer Wellenlänge von 659 nm eingesetzt. Die NA der Faser beträgt 0.12, was einem vollständigen Öffnungswinkel von 15.32° entspricht. Zur Kollimation des divergenten Strahls stehen reflektive Kollimatoren mit einem Spiegel oder transmissive Kollimatoren mit unterschiedlicher Linsenanzahl zur Verfügung. Die Auswahl einer asphärischen Kollimationslinse erfolgte dabei anhand dezidierter Messreihen. Die Relativposition zwischen Lichtquelle und Kollimationsoptik kann sowohl über ein Verkippen der Lichtquelle als auch über eine Fokussierung der Kollimationsoptik beeinflusst werden. Die laterale Positionierung ist über die Zentrierung beider Komponenten innerhalb des gemeinsamen Cage-Systems sichergestellt.

Um den so geformten Strahl in geeigneter Weise in seinem weiteren Verlauf zu beeinflussen, muss er gekippt werden können. Hierzu wird als Komponente 1 in Abbildung 7.1 ein 6-Achs-Aktuator eingesetzt. Seine Plattform lässt sich über eine Parallelkinematik hochpräzise bewegen. Alle rotatorischen Freiheitsgrade verfügen über einen gemeinsamen Pivotpunkt, der im Gegensatz zu z. B. Hexapoden aufgrund der Parallelkinematik nicht frei gewählt oder verschoben werden kann. Deswegen musste in der konstruktiven Gestaltung des Aufbaus darauf geachtet werden, dass der Pivotpunkt exakt in der optischen Achse des Systems liegt (vgl. Abbildung 5.21). Alle nachfolgenden lateralen Positionen der Justage-Aktuatoren und des Wellenfrontsensors orientieren sich an der Position dieses Pivotpunktes und können im Rahmen einer Vorjustage entsprechend ausgerichtet werden (vgl. Abschnitt 7.2.2).

Spezifikationen Thorlabs NanoMax MAX606/M		
Verfahrbereich	x, y, z	±2 mm
	θx, θy, θz	±3°
Auflösung	x, y, z	60 nm
	θx & θy, θz	0.015° / 0.0034°, 0.0047° / 0.0032°
Bidirektionale Wiederholbarkeit der Stepper Motoren für alle DOF		500 nm

Abbildung 7.2: Aktuatoren zur Kollimation und Positionierung der Lichtquelle (Bild © Thorlabs)

Um überdies die optische Simulation und die Messung am Prototypen in Einklang zu bringen, ist die Lage des Pivotpunkts in Relation zum ersten Element des zu justierenden Systems entscheidend. Ein Ausgleich unterschiedlicher Abstände kann im Prototypen durch eine vertikale Korrekturbewegung oder einfacher in der Simulation durch eine Anpassung des Abstands erfolgen. Begrenzender Faktor für die Korrektur im Prototypen ist der maximale vertikale Verfahrbereich mit ±2 mm. Bei einem vorrangig durch die Höhe des eingesetzten Hexapoden bestimmten Abstand von ca. 470 mm ergibt sich ein durch den maximalen Verfahrweg begrenzter Feldwinkel von 0.25°.

7.1.1.2 Aktuatoren für die zu justierenden Elemente

Für die Justage der Einzelelemente des optischen Systems müssen Aktuatoren ausgewählt werden, die die notwendigen Freiheitsgrade in der erforderlichen Präzision zur Verfügung stellen. Wie in Abschnitt 5.1.1.2 erläutert, sind zur Positionierung jedes Elements maximal 6 Freiheitsgrade möglich, zzgl. 6 weiterer Freiheitsgrade für die Relativposition zwischen dem Gesamtsystem und der Lichtquelle. Die auf diese Weise maximal 18 Freiheitsgrade werden im Prototypen durch den Einsatz eines Hexapoden für die erste und einer XY-Stage für die zweite Linse auf lediglich 11 Freiheitsgrade beschränkt. Zur Nomenklatur wird in der Programmierung wie in der Bedienoberfläche des Demonstrators (engl. graphical user interface GUI) die z. T. bereits aus der Simulation bekannte Codierung verwendet:

- **XS**, **YS**, **ZS**, RXS, RYS, RZS: für die Freiheitsgrade des gesamten optischen Systems in Relation zur Lichtquelle
- **X1**, **Y1**, **Z1**, **RX1**, **RY1**, **RZ1**: für die Freiheitsgrade der 1. Linse M1
- **X2**, **Y2**, Z2, RX2, RY2, RZ2: für die Freiheitsgrade der 2. Linse M2

Die fett markierten Freiheitsgrade lassen sich auf Basis der eingesetzten Hardware im Prototypen ansteuern (vgl. Beschriftungen der Koordinatensystem in Abbildung 7.1). Über ein Verkippen der Lichtquelle können grundsätzlich auch die Freiheitsgrade RXS und RYS adressiert werden, allerdings lässt sich aufgrund des oben beschriebenen fixen Pivotpunktes für alle Rotationen der Lichtquelle dieser Freiheitsgrad nicht beliebig kontrollieren.

Der vglw. groß dimensionierte Hexapod als Komponente 3 in Abbildung 7.1 erlaubt mit seinen Spezifikationen minimale vertikale Bewegungen in Z1 von 1 µm, wohingegen die kleinste laterale Schrittweite in X1 und Y1 3 µm beträgt. Insofern kann allein durch den Hexapod eine Positionierung der 1. Linse M1 im sub-µm-Bereich nur bedingt gewährleistet werden. Damit eine solche Bewegung im Prototypen dennoch ausgeführt werden kann, verfügt die XY-Stage (Komponente 3 in Abbildung 7.1) als Aktuator der 2. Linse M2 über eine kleinste laterale Schrittweise in X2 und Y2 von 0.1 µm. Im Zusammenspiel zwischen dieser XY-Stage und den sehr exakten Positionierungseigenschaften der Aktuatoren von Lichtquelle und Sensor können auch Bewegungen <3 µm der 1. Linse realisiert werden.

Spezifikationen PI H840.5 DG		
Verfahrbereich	x, y, z	±50 mm, ±50 mm, ±25 mm
	θx, θy, θz	±15°, ±15°, ±30°
Kleinste Schrittweite	x, y, z	3 µm, 3 µm, 1 µm
	θx & θy, θz	5 µrad
Wiederholbarkeit	x, y, z	±5 µm, ±5 µm, ±2 µm
	θx & θy, θz	±20 µrad

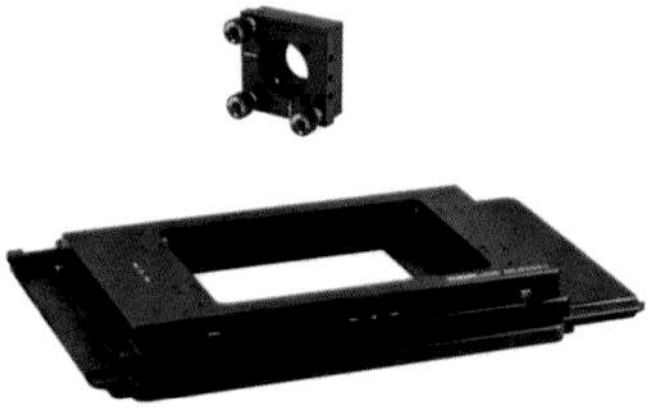

Spezifikationen Thorlabs MLS203-1		
Verfahrbereich	x, y	110 mm, 75 mm
Kleinste Schrittweite	x, y	0.1 µm
Bi- und unidirektionale Wiederholbarkeit		0.25 µm

Abbildung 7.3: Aktuatoren zur Positionierung der zu justierenden Elemente (Bilder © PI und Thorlabs)

Die Verbindung zwischen Linsen und Aktuatoren wird über mechanische Adapterplatten und ein Cage-System erreicht, in welchem die gefassten Linsen über ein zölliges Spezialgewinde (SM1) eingeschraubt sind. Da vertikale Linsenposition und Aktuatorebene des Hexapoden nicht übereinstimmen, muss für die rotatorischen Freiheitsgrade des Hexapoden RX1 und RY1 eine Korrektur des Pivotpunktes vorgenommen werden, sodass die Linse korrekt in sich gekippt wird. Der Abstand der Linsen zueinander kann über den vertikalen Freiheitsgrad des Hexapoden Z1 eingestellt werden.

Um zumindest im Rahmen einer manuellen Vorjustage eine rotatorische Ausrichtung auch des zweiten Elements zu ermöglichen, wird an der XY-Stage eine kinematische Halterung angebracht, welche Verkippungen des Elements um die laterale Ebene erlaubt. Dies entspricht den Freiheitsgraden RX2 und RY2, die jedoch nur manuell eingestellt werden können und daher nicht in der obigen Auflistung fett dargestellt sind. Ein weiterer Nachteil dieser Freiheitsgrade liegt in der Tatsache, dass wie bei den Verkippungen des ersten Elements der Pivotpunkt nicht innerhalb der Linse liegt. Die Korrektur des Pivotpunkts kann lediglich durch die Kombination mit einer zusätzlichen translatorischen Bewegung um die orthogonal zur Rotationsachse gelegene laterale Achse erfolgen (z. B. RX2 und Y2).

7.1.1.3 Positionierung des Wellenfrontsensors

Um den am Ende des Abschnitts 6.1.2 beschriebenen Anforderungen an eine laterale Zustellung des Wellenfrontsensors zu begegnen, werden im Prototypen zwei orthogonal gestapelte Linearachsen eingesetzt. Diese halten einen Schneckentrieb, der ein Cage-System inkl. Sensor trägt, und eine rotationsfreie Vertikalbewegung ermöglicht. Über diese Einheit kann manuell die Position des Sensors entlang der optischen Achse stufenlos eingestellt werden.

Bei den beiden Linearachsen (Komponente 5 in Abbildung 7.1) handelt es sich um Aktuatoren mit Linearantrieb und integrierter Führung, durch die keine Kabel am Achsschlitten mitgeführt werden müssen. Das ist insbesondere für die Positionstreue des Sensors von Bedeutung, die sich aufgrund der in Abschnitt 6 beschriebenen Mehrfachmessung direkt auf die für die Justage essentielle Wiederholpräzision der Messdaten auswirkt.

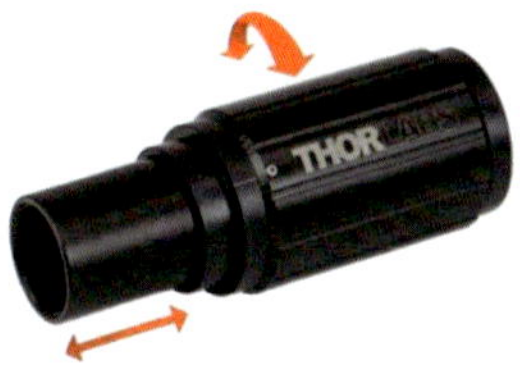

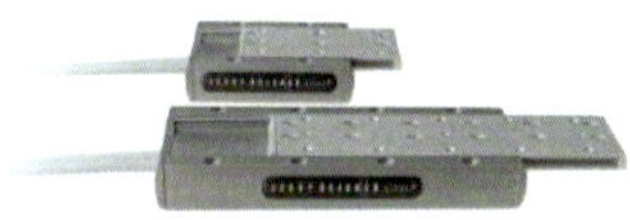

Spezifikationen Thorlabs SM1NR1		
Verfahrbereich	z	50.8 mm
Kleinste Schrittweite	z	250 µm / Strichteilung
Wiederholbarkeit		(n.a.)

Spezifikationen Jenny Science Linax Lxc		
Verfahrbereich	x, y	110 mm, 75 mm
Kleinste Schrittweite	x, y	1 µm
Genauigkeit		±2 µm

Abbildung 7.4: Aktuatoren zur Positionierung des Wellenfrontsensors (Bilder © Thorlabs und Jenny Science)

Die Zustellung der Achsen ist über die Steuerungssoftware des Rechners direkt mit den Ausgabewerten des Wellenfrontsensors verbunden. Wird kein Signal auf dem Sensor detektiert, wechselt die Steuerung in eine Suchroutine und fährt den gesamten möglichen Bereich mit dem Sensor ab. Da das Signal i. d. R. durch die Bewegung von Freiheitsgraden während der Erfassung der Sensitivitätsmatrix oder der Korrektur von Perturbationen verloren geht, prüft die Suchroutine ausgehend von der aktuellen Position in einer spiralförmigen Bewegung alle umliegenden Bereiche mit einem einstellbaren Überlapp der einzelnen Sensorfelder. Sobald das Signal gefunden wurde, wechselt die Steuerung in eine Zentrierroutine, in welcher über den intensitätsbasierten Mittelpunkt des Strahls auf dem Sensor die Position der Achsen korrigiert und so der Sensor zuverlässig zentriert wird.

7.1.2 Software und Ansteuerung

Jenseits der rein mechanischen Auslegung der unterschiedlichen Hardware beinhaltet vor allem die softwaretechnische Integration aller Komponenten zur übergreifenden Ansteuerung ein hohes Maß an Komplexität. Das resultiert einerseits aus der Tatsache, dass die Komponenten über unterschiedliche Schnittstellen (USB, Ethernet, RS232) und

Datenprotokolle (ActiveX, TCP, Datasocket) verfügen und ergibt sich andererseits aus der für die Justage notwendigen Verflechtung von Steuerung, Berechnung und Simulation.

Abbildung 7.5 zeigt eine abstrahierte Darstellung der implementierten Schnittstellen zu Hard- und Software. Dreh- und Angelpunkt ist dabei das graphische Programmiersystem LabVIEW, in dem alle Kommunikationskanäle zusammenlaufen und zentral gesteuert werden. In der unteren Hälfte betrifft das sämtliche Aktuatoren sowie die in Abbildung 6.6 gezeigten Wellenfrontsensoren, die über Programmbibliotheken, ActiveX Control Elemente, TCP Datenprotokolle etc. angesteuert bzw. ausgelesen werden. Auf der oberen Seite der Darstellung sind die Verbindungen zur Kalkulation und Simulation gezeigt. Die komplexen Matrizenrechnungen aus Kapitel 4 werden über sogenannten Skriptknoten an die numerische Berechnungssoftware MATLAB ausgelagert. Auf diese Weise ist es möglich, Skripte und Funktionen von MATLAB aus LabVIEW heraus aufzurufen, um bestimmte Inputdaten auszuführen und das Resultat zurück an LabVIEW zu übergeben. In Abhängigkeit des gewählten Programmablaufs sind für die Berechnung wiederum Daten aus der Optiksimulation des zu justierenden Systems erforderlich, wie z. B. der Nominalzustand oder die Sensitivitätsmatrix. In diesen Fällen wird im ausgeführten MATLAB Skript über eine sogenannte ZOS-API.Net Schnittstelle die Optiksimulation OpticStudio ausgeführt, die notwendigen Daten ermittelt und an MATLAB übergeben. U. U. werden also im Rahmen eines Korrekturablaufs mehrere Softwareinstanzen durchlaufen.

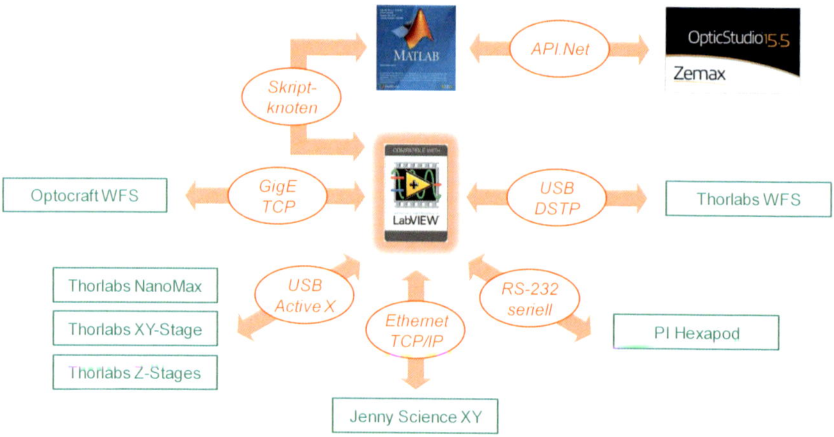

Abbildung 7.5: Übersicht der benötigten Schnittstellen aller Prüfstandskomponenten [SCHÄ16, S. 33]

Alle Vorgänge werden über ein GUI durch den Anwender gesteuert und können mit individuellen Vorgaben versehen werden. Hierzu war es notwendig, 4 spezielle Programmabläufe zu konzipieren, deren softwaretechnische Umsetzung eine ereignisbasierte Ansteuerung erforderte. Beide Aspekte wurden speziell für den prototypischen Labordemonstrator entwickelt bzw. programmiert.

Die Struktur des Programms zur Ansteuerung des Prototypen lässt sich grundsätzlich in eine Initialisierungsroutine und eine darauf folgende Hauptprogrammroutine gliedern. Während die Initialisierung eine rein sequentielle Struktur aufweist, kommen im Hauptprogramm sowohl

Sequenzen als auch ereignisgesteuerte Routinen zum Einsatz. Für die Initialisierung selbst werden flache Sequenzen genutzt, die erst dann ausgeführt werden, wenn alle erforderlichen Daten an der Sequenz anliegen. Für jeden Aktuator existiert ein eigenes Unterprogramm (engl. virtual instrument VI), welches sich in einer Casestruktur befindet, deren Selektoranschluss den auszuführenden Teil der Casestruktur bestimmt. Die zugehörige Vorgabe erfolgt über boolesche Werte von Bedienfeldern aus der Benutzeroberfläche des Programms.

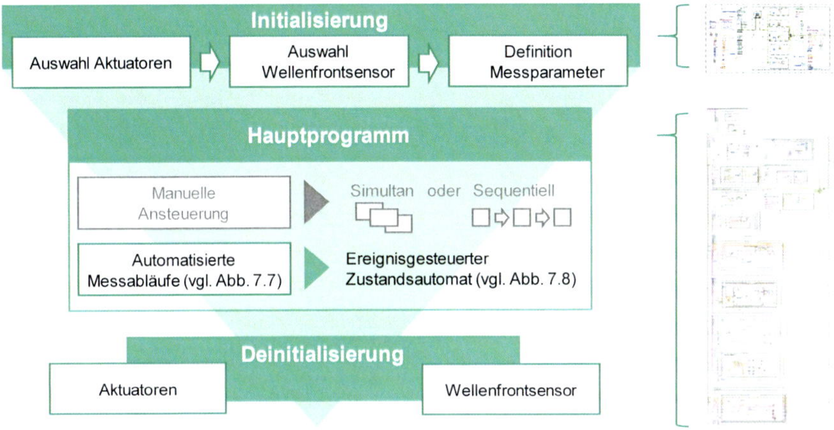

Abbildung 7.6: Prinzipskizze der umgesetzten Programmstruktur in LabVIEW

Zur Zusammenfassung der zahlreichen Einstellungs- und Eingabemöglichkeiten werden eine Reihe von Clustern verwendet, in denen verschiedene Elementtypen wie Strings, boolesche Angaben, Graphen etc. gruppiert und nach Typ oder Bezeichnung wieder aufgeschlüsselt werden können. Solch ein Datencluster kommt auch für die unterschiedlichen Wellenfrontsensoren zum Einsatz. Damit die zugehörigen Daten an jeder Stelle des Programms zur Verfügung stehen, ist ein spezielles VI nachgeschaltet, welches aus einer permanent ausgeführten While-Schleife ohne Abbruchbedingung und einer integrierten Casestruktur besteht.

Aus dem Datencluster werden die Referenzen für sämtliche mit dem Sensor verknüpften Elemente ausgelesen und über entsprechende Eigenschaftsknoten sichtbar geschaltet. Die Übergabe der Werte an die While-Schleife erfolgt mit einem speziellen Shift-Register, welches die einmal geschriebenen Daten für jeden Durchlauf der Schleife erneut übergibt. Aufgrund der fehlenden Abbruchbedingung befinden sich die im Shift-Register enthaltenen Daten bis zum Beenden des Hauptprogramms im Arbeitsspeicher und stehen so effizient in allen anderen Teilen und Unterebenen des Programms ohne zusätzliche Verknüpfungen permanent zur Verfügung. Diese geschickte Lösung wurde nicht nur für die Wellenfrontsensoren, sondern auch für die Referenzen aller Aktuatoren umgesetzt, damit bei manuellen Verfahrbefehlen und im Rahmen der automatisierten Programmabläufe jederzeit auf die Referenzen zurückgegriffen werden kann.

Damit die bislang nur in der Simulation eruierten Eigenschaften der wellenfrontbasierten Justage in entsprechendem Detaillierungsgrad auch praktisch analysiert werden können, muss die Software zudem über unterschiedliche Programmabläufe verfügen. So ist z. B. der zur oberen Hälfte von Abbildung 7.5 skizzierte, vollständige Umlauf über alle 3 Softwareinstanzen hinweg immer dann erforderlich, wenn Daten aus Messung und Simulation mehr oder weniger stark miteinander verknüpft werden sollen. Konkret geht es dabei um (i) die zu korrigierende Perturbation des optischen Systems, (ii) die Sensitivitätsmatrix des Systems in allen relevanten Freiheitsgraden und (iii) den Nominalzustand des optimal ausgerichteten Systems. Unter Beibehaltung der genannten Reihenfolge können die einzelnen Glieder entweder gemessen oder simuliert werden, sodass sich in Summe die Konstellationen I bis IV aus Abbildung 7.7 ergeben. Darin sind jeweils in weißen Kästen die real gemessenen und in grünen Kästen die simulierten Daten dargestellt.

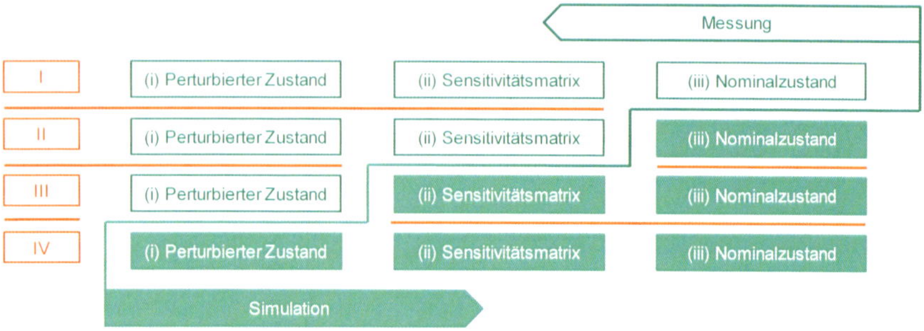

Abbildung 7.7: Fälle zur Verknüpfung gemessener und simulierter Daten im Programmablauf

Vor allem der Nominalzustand stellt in der Messung eine Herausforderung dar, weil naturgemäß dieser Zustand des optimal ausgerichteten Systems am realen Prototypen unbekannt ist. Um den Nominalzustand dennoch messtechnisch erfassen zu können, wurde ein zusätzliches Programmmodul »Prealignment« implementiert, welches eine möglichst gute Vorpositionierung der Komponenten ermöglichen soll. Hierzu sind alle Komponenten entlang der optischen Achse anhand der Lichtquelle auszurichten, wofür der Wellenfrontsensor über mechanische Adapter sukzessive in die unterschiedlichen Aktuatoren eingesetzt, die laterale Position des kollimierten Strahls erfasst und ein etwaiger Versatz bzw. seine Fehlstellung durch die Software automatisch minimiert wird.

Den für das Alignment notwendigen Gliedern sind je nach Konstellation LabVIEW-Prozesse oder MATLAB-Funktionen zugeordnet, aus denen die Daten gewonnen und weiterverarbeitet werden. Je nach Kombination von Messung und Simulation werden die unterschiedlichen Programmabläufe über Ereignisstrukturen ausgelöst. Darüber hinaus müssen auch aktive Abläufe durch den Nutzer unterbrochen werden können, weshalb im Hauptprogramm eine übergeordnete While-Schleife enthalten ist, die die Zustände »Init«, „Start Measurement« und »Stop Measurement« innerhalb einer Ereignisstruktur behandelt. Im zugehörigen SubVI »Select Case« wird der vom Nutzer ausgewählte Programmablauf durch Ausgabe des signalisierenden Werts im Eigenschaftsknoten verarbeitet.

Dieser Eigenschaftsknoten gleicht einem Remote Control, löst in der zweiten While-Schleife des Hauptprogramms das jeweils gekoppelte Ereignisfeld aus und steuert somit den ausgewählten Programmablauf. Inhalt der zweiten While-Schleife sind eine Reihe von

Zustandsautomaten, die in einer Ereignisstruktur angeordnet sind. Dazu gehören nicht nur die gerade skizzierten unterschiedlichen Fälle, sondern auch andere Teile des Programmablaufs wie ein manuelles Verfahren aller Aktuatoren oder die Deinitialisierung. Über die ereignisgesteuerten Zustandsautomaten wird nicht nur eine, soweit in grafischer Programmierung möglich, übersichtliche und nachvollziehbare Programmstruktur umgesetzt, sondern vor allem die Funktion realisiert, Nutzereingaben auch in laufenden Programmroutinen verarbeiten zu können.

Grundsätzlich besteht die Struktur des ereignisgesteuerten Zustandsautomaten (engl. event driven case structure) aus einer While-Schleife mit integrierter Ereignisstruktur (engl. Event Box), die wiederum eine Fallstruktur (engl. case structure) beinhaltet. Der eigentliche Zustandsautomat (engl. state machine) wird durch die Fallstruktur mit dem Auswahlfeld (engl. state enum) als Zeiger für die verschiedenen Status realisiert. Durch die Verknüpfung des Auswahlfeldes mit einer Typdefinition können die Status unkompliziert modifiziert werden. Über ein Schieberegister (engl. shift register) werden die Inhalte des Auswahlfeldes an den Rändern der While-Schleife gespeichert und an die Ereignisstruktur bzw. Fallstruktur übergeben, sodass über den Eingang der Struktur die entsprechenden Status ausgeführt werden.

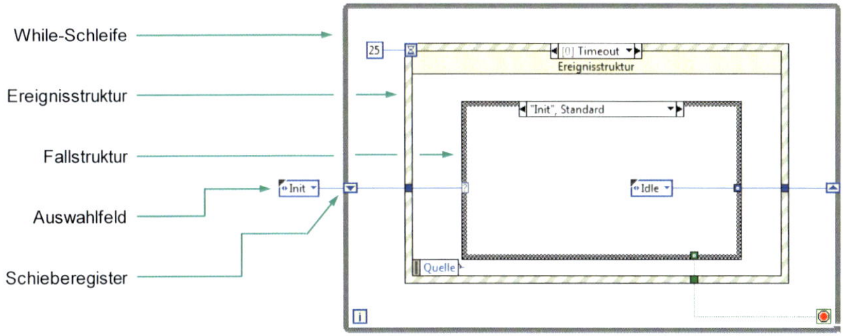

Abbildung 7.8: Grundstruktur des ereignisgesteuerten Zustandsautomaten

Der Zustandsautomat befindet sich im Timeout Modus der Ereignisstruktur, das heißt nach Verstreichen einer definierten Zeit ohne Auslösen eines Ereignisses (in Abbildung 7.8 oben links bspw. 25 Millisekunden), wird der Automat durchlaufen. Der wesentliche Vorteil hierbei ist die Möglichkeit, den Ablauf des Zustandsautomaten durch das Auslösen von Ereignissen auf Basis von Nutzereingaben zu steuern. Der ereignisgesteuerte Zustandsautomat wird solange durchlaufen, bis der boolesche Wert »True« am Anschluss der Abbruchbedingung der While-Schleife anliegt. Dieser Wert wird bspw. im Zustand »Stop« übergeben, der entweder nach Programmablauf, oder durch den User zum Abbruch des aktiven Programms aufgerufen wird.

Der an dieser Stelle nur angerissene Funktionsumfang der Prüfstandssteuerung kann vollständig über ein GUI verwaltet werden. Strukturiert über unterschiedliche Registerkarten (oben links in Abbildung 7.9) können in jeweiligen Programmbereichen einerseits alle relevanten Einstellungen und Nutzereingaben vorgenommen werden. Das beinhaltet die manuelle oder automatische Steuerung der Aktuatoren und Sensoren inkl. des Limits für den maximal zulässigen Verfahrweg, die Auswahl der beschriebenen Messabläufe sowie die Einstellung zu den Parametern, mit welchen sich der Justagevorgang beeinflussen lässt.

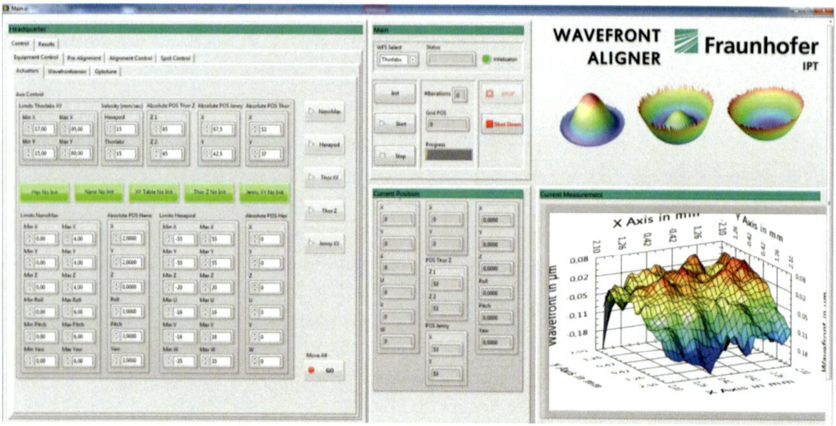

Abbildung 7.9: Übersicht der GUI zur zentralen Ansteuerung aller Prüfstandsfunktionen

Andererseits erfolgt im GUI bereits eine Auswertung und Ergebnisdarstellung der durchgeführten Justage. Hier können die Sensitivitätsmatrix, der Vektor des aktuellen Systemzustands, wie auch die Ergebnisse der Iterationen in tabellarischer und grafischer Form abgerufen werden. Zeitgleich wird permanent das Ergebnis der jeweils aktuellen Wellenfrontmessung als intensitätsbasiertes Kamerabild oder rekonstruierte Wellenfront angezeigt.

7.2 Charakterisierung des Prüfstands

Die Charakterisierung des Prüfstands stellt das praktische Pendant zur theoretischen Simulation der Matrixeigenschaften aus Kapitel 5 dar und beinhaltet am Labordemonstrator eine Reihe von Restriktionen, welche in den bisherigen Erläuterungen schon z. T. angeklungen sind. Dazu gehört vor allem die Begrenzung des maximalen Feldwinkels und der verfügbaren Freiheitsgrade, aber auch die nicht idealen Eigenschaften von Lichtquelle, Aktuatorik und Sensorik.

7.2.1 Betrachtungen zur Effizienz des realen Justageprozesses

Schon bei der Simulation sind in Abhängigkeit der gewählten Parameter manche Untersuchungen mit einem nicht unerheblichen zeitlichen Aufwand verbunden. Dieser Effekt verstärkt sich für die Analyse des realen Laboraufbaus aufgrund der hier beteiligten Aktuatoren und Sensortechnik. Insofern sind alle durchzuführenden Bewegungen und Messungen mit einem gewissen Zeitbudget verbunden, sodass eine angemessene Variation der Parameter zur ebenso detaillierten wie zeitlich realistischen Charakterisierung des Prüfstands eine Analyse dieses Zeitbudgets voraussetzt. Hierzu sind zunächst die entsprechend des

Programmablaufs wesentlichen Faktoren zu identifizieren, die einen Einfluss auf die Dauer der Messung haben. Dazu gehören die:

- Anzahl der Einzelmessungen n
- Anzahl der Freiheitsgrade m
- Anzahl der Feldpunkte v^2
- Anzahl der maximalen Iterationen w

Für die umfänglichste Konstellation I der Messung aller notwendigen Daten aus Abbildung 7.7 besteht der Messablauf aus der Erfassung des perturbierten Zustands »Pert«, der Sensitivitätsmatrix »Msens« und dem Nominalvektor »Nom«. Dabei setzt sich die Sensitivitätsmatrix aus so vielen Vektoren zusammen, wie Freiheitsgrade im System ausgewählt wurden. Zzgl. der Vektoren des perturbierten und des nominalen Zustands ergibt sich die Anzahl der in Summe erforderlichen Messungen Σ zu

$$\Sigma = w \cdot Pert + Sens + Nom \qquad \text{(Gl. 7.1)}$$

$$\Sigma = w(v^2n) + (mv^2n) + (v^2n) = (w + m + 1)v^2n. \qquad \text{(Gl. 7.2)}$$

Vor diesem Hintergrund gewinnen auch die Ergebnisse zur Untersuchung der Eigenschaften des Feldpunktenetzes eine große praktische Relevanz. Jeder weitere Feldpunkt würde aufgrund seines quadratischen Einflusses einen deutlich größeren Aufwand erfordern, sodass sich eine geringe Anzahl an Feldpunkten bei ausreichender Präzision der Korrekturberechnung in hohem Maße effizienzsteigernd auf die Justage auswirkt. Diese rein formeltechnischen Zusammenhänge müssen jedoch auch um die praktischen Randbedingungen des Prüfstands ergänzt werden. Aufgrund von im realen Aufbau notwendigen Zwischenschritten von Bewegung und Zentrierung stellt die reine Anzahl an Messungen keinen ausreichenden Indikator für die Erfassung des zeitlichen Aufwands dar. So erfolgen Einzelmessungen am gleichen Feldpunkt mit der Frequenz des Sensors und damit vglw. schnell. Die Verbindung zwischen Sensorik und Steuerungssoftware über einen Data-Socket-Server erlaubt dabei eine Messfrequenz von ca. 3 Hz. Erst ein Repositionieren von Lichtquelle und Sensor, wie sie bei jedem neuen Feldpunkt und bei jedem neuen Freiheitsgrad notwendig ist, hat eine längere Wartezeit von einigen Sekunden zur Folge, wodurch der Ablauf insgesamt verlangsamt wird. Tabelle 7.1 konkretisiert die zeitlichen Zusammenhänge anhand eines Beispiels.

Tabelle 7.1: Übersicht zu den realen Messzeiten in Abhängigkeit der Zahl der Feldpunkte und Einzelmessungen

# Feld-punkte	DOF	# Einzel-messungen	Summe Messungen	Ø Zeit je Feldpunkt [s]	Ø Zeit je DOF [s]	Σ Zeit [s]
3x3	6	5	315	10	90	645
3x3	6	10	630	11	104	728
3x3	6	20	1260	14	129	906

Ein Blick auf die summierten Zeiten in der rechten Spalte zeigt, dass die Zahl der Wiederholmessungen nur einen gedämpften Einfluss auf die notwendige Messdauer hat. Für eine Vervierfachung der Messwerte ist bei sonst gleichen Parametern nur ein ca. 50 %

längerer Prozess erforderlich, dessen größerer Zeitbedarf sich fast ausschließlich aus der reinen zusätzlichen Messzeit bei 3 Hz ergibt.

Diese Erhebung dient nicht nur dazu, den Parameterraum für die Versuchsreihen des Prüfstands geeignet abzustecken. So ist es z. B. nicht ohne Weiteres möglich, intensive Versuche zu größeren Feldpunktenetzen wie in Abbildung 5.10 durchzuführen, da ein Durchlauf nach obigen Daten bereits mehrere Stunden benötigt. Der Einfluss einer größeren Anzahl an gemittelten Einzelmessungen je Feldpunkt kann dahingegen gut nachgeprüft werden. In Kenntnis geeigneter Parameter aus den simulierten Daten erlaubt der Labordemonstrator damit die Evaluation des wellenfrontbasierten Justageansatzes. Auf Basis der Daten aus Tabelle 7.1 kann ein dazu geeigneter Versuchsplan definiert werden, dessen Grundzustand ähnlich wie in der Simulation durch einen Standardfall beschrieben wird. Die vorgesehene Variation der Parameter ist in nachfolgender Tabelle dargestellt, wobei die Werte für den Standardfall grün hervorgehoben sind.

Es werden maximal 15 Iterationen zugelassen, wodurch die resultierenden Messzeiten ca. zwischen 0.75 und 5 Stunden liegen. Die Begrenzung der Iterationen soll sich nicht negativ auf die Korrekturberechnung auswirken, was nach der Vorjustage des Aufbaus an initialen Messreihen untersucht wird.

Tabelle 7.2: Übersicht der Parameter zur Charakterisierung des Labordemonstrators

# Feldpunkte	max. Feldwinkel [°]	# Einzel-messungen	# DOF	Größe der Perturbation [µm bzw. mgrad]
3x3	0.0625	1	1	5
		5	2	25
4x4	0.125	25	3	50
		50	4	100
5x5	0.25	75	5	200
		100	6	300

7.2.2 Vorjustage des Aufbaus

Um möglichst gute Ausgangsvoraussetzungen für die eigentliche Ausrichtung zu schaffen, ist ein Prozess zur Vorjustage notwendig, der für optimale Grundeinstellungen des Prüfstands Sorge trägt. Dieser Prozess orientiert sich sukzessive an den Ebenen des Labordemonstrators und den beteiligten Aktuatoren. Für den Sensor sind an jeder Ebene kinematische Halterungen vorgesehen, die eine schnelle und wiederholpräzise Positionierung und damit eine effiziente Vorjustage ermöglichen. Direkt nach der Strahlformung gibt es ferner eine Blende, über die der erzeugte Strahldurchmesser eingestellt werden kann. Bei ausreichend geöffneter Blende wird dazu an jeder Position die Ebenheit der Wellenfront durch Kippbewegungen der Aktuatoren optimiert, wohingegen sich bei kleinem Blendendurchmesser die Zentrierung des Strahls auf dem Sensor durch laterale Korrekturen sicherstellen lässt.

Beginnend bei der Ausrichtung des Freistrahls muss zunächst anhand der unmittelbar am Cage System der Lichtquelle gemessenen Wellenfront die Kollimationslinse fokussiert werden, um eine möglichst ebene Wellenfront zu erhalten. Darüber hinaus wird über manuelles Neigen der Lichtquelle ein möglicher lateraler Versatz des Strahls minimiert, sodass optische und mechanische Achse des Aufbaus möglichst gut in Einklang gebracht sind und als Basis für die weitere Vorjustage genutzt werden können.

Anschließend werden die beiden Aktuatoren ausgerichtet, welche die später zu korrigierenden Demonstratorlinsen aufnehmen. Zu diesem Zweck wird der Sensor zuerst auf dem Hexapoden aufgesetzt und bei kaum geöffneter Apertur der oben erwähnten Blende die laterale Position des Hexapoden an der Lichtquelle ausgerichtet. Hiernach kann bei stark geöffneter Apertur die Planparallelität der Aktuatorebene zur Lichtquellenebene über die Erfassung und Minimierung der Verkippung der Wellenfront sichergestellt werden, wodurch auch seine mechanische Achse mit der optischen Achse übereinstimmt.

In Abbildung 7.10 sind beispielhafte Zwischenstatus dieses Prozesses für die Hexapod-Ebene dargestellt. Die Zentrierung erfolgt automatisiert über die Prüfstandssoftware, wobei sich der Intensitätsmittelpunkt aller gemessenen Spots vom Sensor nutzen lässt. Als max. Abweichung zum Mittelpunkt des Sensors wird dabei ein Wert von z. B. 30 µm angestrebt, der i. d. R. innerhalb von 2 Iterationen erreicht bzw. unterschritten wird. Als Restfehler verbleibt daher ein völlig ausreichender Wert im niedrigen zweistelligen µm-Bereich oder darunter.

In der Aufbauphase des Grundkonstrukts des Prüfstands erfolgte die Ausrichtung der einzelnen Ebenen unter Nutzung einer hochgenauen Maschinenwasserwaage mit einer Steigungsanzeige von 200 $\mu m \cdot m^{-1}$ = 0.012°. Trotz großer Sorgfalt in der Ausrichtung der einzelnen Ebenen zueinander verbleiben im Vergleich zur genannten Auflösung vglw. große Restfehler im System, die anhand des Kippens der Wellenfront deutlich werden. Der angegebene PV der Wellenfront von ca. 36 λ entspricht bei einer Wellenlänge von 659 nm und einem Strahldurchmesser von ca. 4 mm einem Winkel von ca. 0.342°. Wie im mittleren Teilbild von Abbildung 7.10 zu erkennen, herrscht die Kippung der Wellenfront nicht nur um eine der lateralen Achsen vor, sodass Korrekturen in der berechneten Größenordnung für RX1 und RY1 notwendig sind.

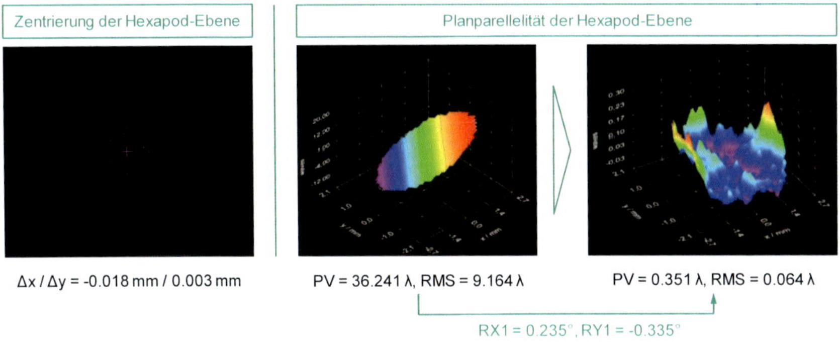

Abbildung 7.10: Zwischenstatus im Laufe der Vorjustage des Aufbaus am Beispiel der Hexapod-Ebene

Da im Falle des Hexapoden der Pivotpunkt aufgrund der Parallelkinematik auf die Sensorebene eingestellt werden kann, beeinflussen sich die beiden Bewegungen nicht und es sind keine Korrekturen notwendig. Im Gegensatz dazu werden Kippen und Schieben beim

Aktuator der zweiten Linse über getrennte Kinematiken erzeugt, wodurch sich der Pivotpunkt nicht einstellen lässt und der Kipppunkt des Sensors nicht mit der Sensorebene übereinstimmt. Über mehrere Iterationen kann der damit erzeugte Fehler aber zwischen den beiden Bewegungen minimiert werden.

Letztlich wird der Sensor auf seine eigentliche Position im oberen Teil des Aufbaus platziert und das Teleskop eingesetzt. Noch ohne die zu justierenden Linsen lässt sich nun der Sensor auf die erzielte Wellenfront kalibrieren, wodurch unerwünschte Einflüsse der Strahlformung und des Teleskops eliminiert werden. Nachdem die beiden zu justierenden Linsen eingesetzt sind, kann abschließend ihr Abstand über eine Höhenverstellung des Hexapoden eingestellt werden. Vor allem der Defokus und mit ihm die gesamte Wellenfront können über eine vertikale Zustellung des Hexapoden minimiert werden. Nun befindet sich das System in einem möglichst gut ausgerichteten Zustand und steht für die Justage zur Verfügung.

Während der Großteil des beschriebenen Prozesses einmalig bzw. nur in größeren Abständen durchlaufen werden muss, ist die abschließende Kalibrierung des Sensors ohne das zu justierende System für verlässliche Daten in kürzeren Abständen durchzuführen. Ein längerer Betrieb des Aufbaus ohne Kalibrierung führt sonst zur zunehmenden Degradation des vorjustierten Zustands, was sich schnell negativ auf die erzielbare Justagegüte auswirkt.

7.2.3 Untersuchungen zur praktischen Fähigkeit des Labordemonstrators

Vor der systematischen Charakterisierung des Prüfstands sollen über einige initiale Messreihen die grundsätzlichen Eigenschaften der Korrektur am prototypischen Labordemonstrator analysiert werden. Hierzu wurde der in Tabelle 7.2 in grün definierte Standardfall zu Grunde gelegt, also die Auslenkung eines Freiheitsgrades um 100 µm bei einem max. Feldwinkel von 0.25°, einem Feldpunktenetz von 3x3, jeweils 5 Einzelmessungen und 15 Iterationen. Den zugehörigen Verlauf des Freiheitsgrads X1 zeigt Abbildung 7.11.

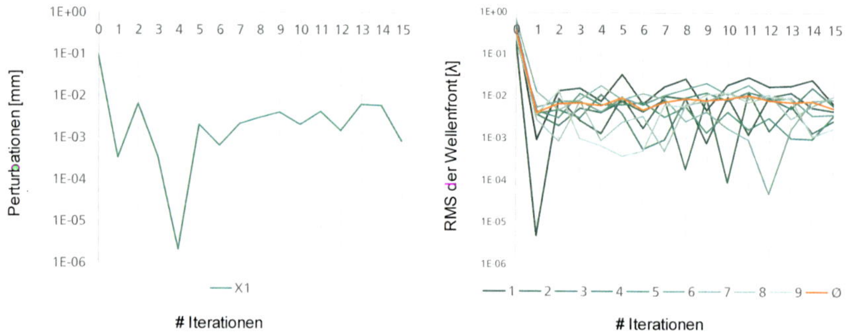

Abbildung 7.11: Korrekturverlauf einer Dezentrierung X1 um 100 µm am Labordemonstrator

Die erste Korrekturanweisung betrug -100.34 µm, sodass die Position bereits nach der 1. Iteration eine sub-µm-Präzision aufweist. Danach folgen einige Korrekturen im einstelligen µm-Bereich. In der logarithmischen Darstellung nicht zu erkennen, schwanken sie im Wechsel leicht oberhalb bzw. unterhalb des gesuchten Zielwerts, wobei sich die jeweiligen Positionen nie mehr als 6.3 µm vom Zielwert entfernen und in ihrem Minimum nach der 4. Iteration auf 2.02 nm genau justiert wurde.

Diese Präzision ist ein Stück weit Zufall, wie ein Blick auf den durchschnittlichen RMS der Wellenfronten im Feld zeigt. Nach anfänglich großen Werten infolge der Perturbation wird bereits nach der 1. Iteration ein Grundniveau erreicht, dass sich über die weiteren Iterationen hinweg nicht mehr wesentlich ändert. Trotz einiger Ausschläge bestimmter Feldpunkte nach unten, zeigt die orangene Durchschnittslinie einen vglw. konstanten Verlauf mit nur kleinen Änderungen, selbst zur besten Justage bei der 4. Iteration.

Ein Vergleich dieses Graphen mit dem zuvor behandelten Demonstratorsystem und dem Praxisbeispiel des Euclid Teleskops zeigt die Limitierungen im Übergang zwischen Simulation und realer Messung. Während mit Hilfe der exakt berechneten Daten aus dem Ray Tracing auch bei späteren Iterationen kontinuierliche Verbesserungen erzielt werden konnten (vgl. Abbildung 5.34), wird in der realen Messung ein stationärer Bereich erreicht, in dem das System nicht weiter optimiert werden kann. Die Auf- und Abbewegung der berechneten Elementpositionen sowie der RMS Werte einzelner Feldpunkte illustriert die Grenze des Genauigkeitsbereichs, welcher durch die reale Justage für die gewählte Konfiguration zu erzielen ist. Die limitierenden Aspekte setzen sich dabei hauptsächlich aus den Positionsunsicherheiten der Kinematik und dem Sensorverhalten zusammen.

Dies trifft gleichermaßen auch auf die anderen Freiheitsgrade des Labordemonstrators zu, die in gleicher Konfiguration getestet wurden und zusammenfassend in Abbildung 7.12 dargestellt sind. Alle Verläufe zeigen ein vglw. ähnliches Bild. In den Wellenfronten ist für die Freiheitsgrade RX1, RY1, X2 und Y2 der deutlich stärkere Einfluss auf die durchschnittliche Wellenfront im Feld an um ca. den Faktor 7 größeren Anfangswerten zu erkennen. Schon nach der 1. Iteration ist dieser Unterschied aber weitgehend kompensiert und der weitere Verlauf unterscheidet sich nicht mehr signifikant.

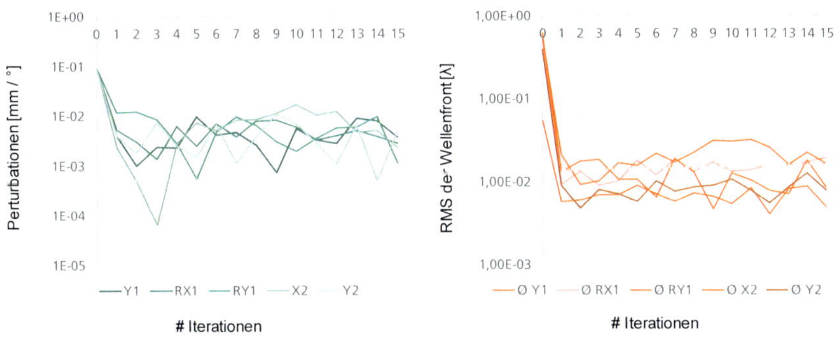

Abbildung 7.12: Korrekturverlauf der Freiheitsgrade Y1, RX1, RY1, X2 und Y2 am Labordemonstrator

Diese Ähnlichkeit ist umso bemerkenswerter, wenn die unterschiedliche Kinematik berücksichtigt wird, welche in den jeweiligen Freiheitsgraden zum Einsatz kommt. So sind die Spezifikationen des Hexapoden als Aktuator des ersten Elements hinsichtlich seiner Positionsgenauigkeit und Auflösung deutlich schlechter als die der XY-Stage des zweiten

Elements (vgl. Abbildung 7.3). Ein sich daraus ergebender Unterschied ist in den Korrekturverläufen jedoch nicht zu erkennen, was die Schlussfolgerung zulässt, dass der Einfluss der Sensorik signifikanter ist als die Unsicherheiten der beteiligten Aktuatoren.

Jenseits der grundsätzlichen Korrekturfähigkeit der bisherigen Verläufe soll in einer zweiten initialen Messreihe ermittelt werden, in welchen Größenordnungen sich die Wiederholbarkeit der Messreihen bewegt. Dazu wurden 10 Messreihen zur Korrektur einer Perturbation von X1 = 100 µm aufgenommen. Die Verläufe für die Elementposition und dem Durchschnitt des RMS der Wellenfront in allen Feldpunkten sind in den nachfolgenden Graphen der Abbildung 7.13 dargestellt.

Wie im orange gehaltenen durchschnittlichen Positionsverlauf zu erkennen ist, erfolgt bereits durch die 1. Iteration über alle Wiederholungen hinweg eine Korrektur des Positionsfehlers auf 8.54 µm. Wird der vglw. schlechte Verlauf der 10. Wiederholung (hellste grüne Linie mit 46 µm verbleibender Perturbation nach der 1. Iteration) außen vor gelassen, sinkt der verbleibende Positionsfehler nach der 1. Iteration bereits auf 4.35 µm. Im weiteren Ablauf der Justage aus stets neuer Messung und Korrekturberechnung verlaufen die Elementpositionen, wie schon für die Einzelmessungen beobachtet, unter Schwankungen von im Schnitt 14.4 µm von Iteration zu Iteration, sodass sich der charakteristische gezackte Verlauf ergibt.

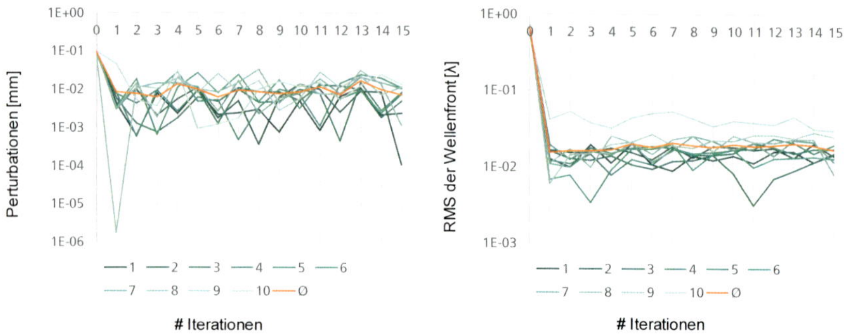

Abbildung 7.13: 10 Wiederholungen des Korrekturverlaufs einer Perturbation von X1 = 100 µm

Zum Vergleich der 10 Wiederholungen untereinander wird der im Folgenden als »Güte« bezeichnete durchschnittlich verbleibende Betrag der Abweichung zur optimal ausgerichteten Position über alle Iterationen hinweg genutzt. An einem fiktiven Beispiel mit 3 Iterationen von +5 µm, -10 µm und +3 µm ergibt sich eine Güte von 6 µm. Der präziseste Verlauf aus Abbildung 7.13 erreicht hier einen Wert von 6.08 µm, der bei der schlechtesten Wiederholung auf 19.68 µm steigt. Diese vglw. starke Spreizung verdeutlicht eine nur moderate Wiederholpräzision der Messreihe. Die Standardabweichung dieses Kennwerts zwischen den 10 Wiederholungen beträgt 4.83 µm.

Als abschließender Aspekt der initialen Messreihen wurde für einen Freiheitsgrad eine Langzeitkorrektur mit 200 Iterationen aufgenommen, um die Varianz in den Positionsanweisungen und den zugehörigen Wellenfronten auch im langfristigen Verlauf zu untersuchen und zu quantifizieren. Im Gegensatz zu den bisherigen Messreihen betrug die Startperturbation nunmehr 300 µm in 2 Freiheitsgraden X1 und Y1.

Im Wesentlichen ergibt sich auch für diese Einstellungen das bereits bekannte Bild, bei dem in nur wenigen Iterationen der Grenzbereich der Korrektur erreicht ist und weitere Verbesserungen nicht mehr erzielt werden können. Aufgrund der größeren Perturbation sind hierzu allerdings 3 Iterationen erforderlich. Das Grundniveau im Schnitt beider Freiheitsgrade über die letzten 197 Iterationen hinweg beträgt in dieser Konfiguration bereits vglw. große 19.7 µm und steht damit in deutlichem Gegensatz zu den Ergebnissen bei nur einem Freiheitsgrad und geringerer Perturbation.

Im Langzeitverhalten sind leichte Verbesserungen zwischen der 150. und der 175. Iteration zu erkennen, die sich aber nicht bis zum Ende der Messwertreihe fortsetzen. Über den in orange eingezeichneten Maximalwert beider Positionen ist zu erkennen, dass zu keinem Zeitpunkt für beide Freiheitsgrade der sub-µm-Bereich erreicht wird. Der beste Wert liegt bei 7.78 µm. Die Standardabweichung im gleichen Iterationszeitraum beträgt 11.06 µm.

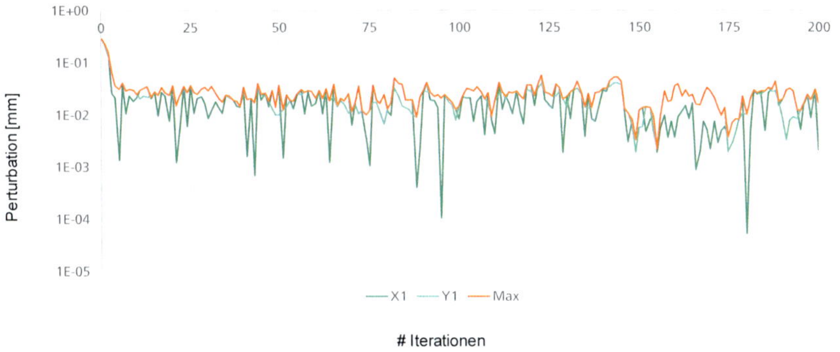

Abbildung 7.14: Langzeitmessung des Korrekturverlaufs von X1 und Y1 bei einer Perturbation von je 300 µm

Aufgrund der initialen Untersuchungsergebnisse kann zunächst die grundsätzliche Fähigkeit des wellenfrontbasierten Justageansatzes zur Ausrichtung bis in den sub-µm-Bereich auch in der Praxis festgestellt werden. Entgegen den Ergebnissen der Simulation scheint mit realen Messungen jedoch ein bestimmtes Genauigkeitsniveau nicht unterschritten werden zu können. Darüber hinaus lassen die gezeigten Unterschiede zur Langzeitmessung vermuten, dass die Komplexität des zu korrigierenden Systems, durch z. B. mehr Freiheitsgrade und einer größeren Perturbation, die Korrekturfähigkeit limitiert. Diese Umstände sollen in dezidierten Messreihen nach Tabelle 7.2 im folgenden Abschnitt mit Daten untermauert und analysiert werden.

7.2.4 Charakterisierung der Parameter des Labordemonstrators

Im Rahmen einer systematischen Charakterisierung des Labordemonstrators sollen die wesentlichen Einflüsse, wie sie in der optischen Simulation ermittelt werden konnten, am realen Prototypen überprüft werden. Zwar ist die Komplexität des Demonstratorsystems aufgrund fehlender Freiheitsgrade des zweiten Elements gegenüber der Simulation leicht reduziert, aufgrund der mitunter langen Dauer realer Messungen konzentrieren sich die Untersuchungen jedoch ebenfalls auf die Identifikation ausgewählter Haupteffekte ohne Mehrfachwechselwirkungen gezielt zu überprüfen.

Begonnen wird mit einer Variation des Feldpunktenetzes, zunächst hinsichtlich der Anzahl der genutzten Feldpunkte. Vor dem Hintergrund der Zusammenhänge aus der Simulation wurde die Standardkonfiguration der Feldpunkte auf 3x3 gesetzt und im Rahmen der Charakterisierung zu 4x4 und 5x5 variiert. Aufgrund der zu erwartenden Schwankungen zwischen den Messwertreihen wurden jeweils 10 Verläufe aufgenommen, um mit ihrem Durchschnitt eine repräsentativere Gegenüberstellung in Abbildung 7.15 vornehmen zu können.

Wie auch schon in der Simulation, zeigt die Variation der Anzahl an Feldpunkten keinen signifikanten Einfluss auf die Korrekturberechnung. Die Unterschiede in den gezeigten Verläufen resultieren eher aus den Schwankungen zwischen den einzelnen Iterationen und zwischen den Messreihen, denn aus einer Reaktion auf eine Änderung des Parameters. Rein numerisch können Unterschiede anhand der Güte der jeweils durchschnittlichen Verläufe festgemacht werden. Diese beträgt für die Feldpunkte von 3x3, 4x4 und 5x5 13.76 µm, 11.58 µm und 14.77 µm. Die Änderung beträgt also nur gut 3 µm und ist geringer als die weiter oben hergeleitete Standardabweichung zwischen den Messwertreihen. Insofern ist sie eher der Messunsicherheit des gesamten Aufbaus und nicht einem gezielten Effekt zuzuordnen.

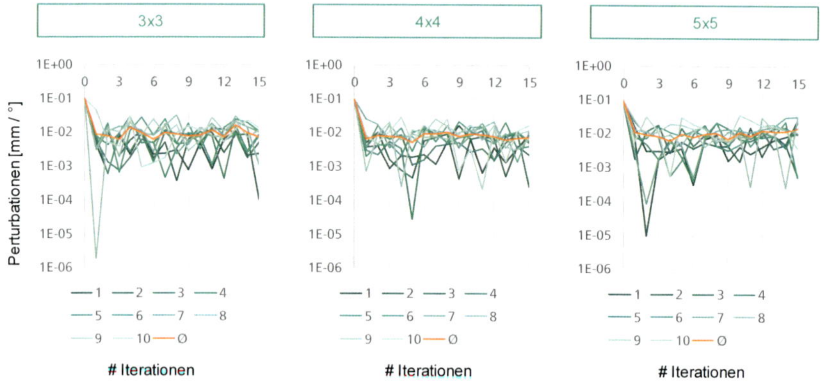

Abbildung 7.15: Einfluss der Anzahl der Feldpunkte auf die Korrekturberechnung mit gemessenen Daten

Als zweite Eigenschaft des Feldpunktenetzes wird die Größe des maximalen Feldwinkels variiert. Aufgrund praktischer Restriktionen ist der maximale Feldwinkel im prototypischen Laboraufbau auf 0.25° beschränkt, sodass die Bandbreite der Feldwinkel im Vergleich zur Untersuchung mittels simulierter Daten aus Abbildung 5.10 stark eingeschränkt ist. Entsprechend Tabelle 7.2 werden als Stützstellen der Analyse jeweils halbierte Feldwinkelgrößen von 0.25°, 0.125° und 0.0625° genutzt. Auch hier wurden jeweils 10 Verläufe aufgezeichnet.

Im Vergleich der 3 Verläufe können nur geringe Unterschiede identifiziert werden. Das grundsätzliche Niveau des jeweils durchschnittlichen Korrekturverlaufs ist in allen Szenarien sehr ähnlich und bewegt sich im Bereich um 10 µm herum, wobei in einigen Messwertreihen Ausschläge zu mitunter deutlich besseren Korrekturen zu erkennen sind. Ein zumindest numerischer Unterschied kann anhand der Güte der Messwertreihen festgemacht werden. Unter Feldwinkeln von 0.25° und 0.125° beträgt die Güte sehr vergleichbare 13.76 bzw. 12.07 µm. Dieser Wert steigt erwartungsgemäß bei einer weiteren Reduzierung des maximalen Feldwinkels zu nur noch 0.0625° auf 18.29 µm an und bestätigt insofern die Untersuchungen anhand der rein simulierten Daten, als dass sich größere Feldwinkel positiv auf die Stabilität der Korrekturberechnung auswirken. Allerdings sind die Unterschiede vglw. klein, vor allem im Verhältnis zu den Schwankungen zwischen den einzelnen Messwertreihen. Ein starker Effekt, bei dem die sich ergebende Differenz größer ist als die Bandbreite der Streuung der Messwerte, kann insofern nicht nachgewiesen werden.

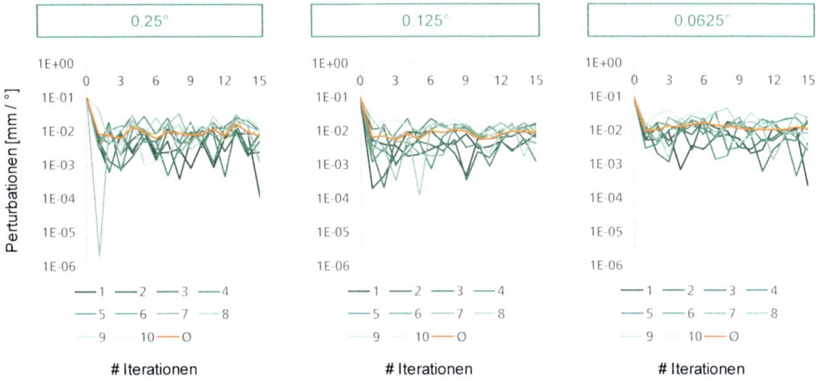

Abbildung 7.16: Einfluss der max. Feldwinkel auf die Korrekturberechnung mit gemessenen Daten

Als Zwischenfazit lassen sich damit die Einflüsse der Eigenschaften des Feldpunktenetzes und der Anzahl der Messungen für reale Daten nur bedingt nachvollziehen und bestätigen. Einen Erklärungsansatz hierfür liefern die nur in Abbildung 7.11 und Abbildung 7.12 gezeigten Wellenfronten im Feld. Über alle Versuche hinweg sind ihre Schwankungen zwischen den Iterationen und Messwertreihen vglw. groß und scheinen nicht nur mit Positionszuständen des optischen Systems zusammenzuhängen. Daher zeigen die auf Basis dieser Daten berechneten Korrekturanweisungen den charakteristisch gezackten Verlauf mit oben beschriebener Streuung.

Vor diesem Hintergrund ist der 3. Aspekt in der Untersuchung die Anzahl der Einzelmessungen. Wie in den vorangegangenen Abschnitten 5.2.4 und 6.1 beschrieben, sollte über die Mittelwertbildung einer erhöhten Anzahl an Einzelmessungen die Präzision der Korrekturberechnung gesteigert werden können. Mit Hilfe von (Gl. 6.3) und Tabelle 6.1 können entsprechende Größenordnungen ermittelt werden, die sich in der Kombination zwischen genutztem Sensor und Demonstratorsystem bereits im Bereich mehrerer 100 Messungen bewegen.

Die Kommunikation und Ansteuerung des Wellenfrontsensors im prototypischen Labordemonstrator erfolgt über ein Datasocket Transferprotokoll. Ab einer Anzahl von einigen

1000 Messungen bzw. übermittelten Werten verlangsamt es sich stetig bei laufender Verbindung und verhindert so einen effizienten Prozess. Grund hierfür ist die Tatsache, dass der Puffer zwischen Sensor und Steuerungssoftware des Labordemonstrators permanent durch den Sensor beschrieben, aber nur in geringerer Rate vom Programm ausgelesen wird. Die sich im Puffer ansammelnden Messdaten verlangsamen zunehmend die Kommunikation. Dies führt leicht zu Laufzeiten von z. B. mehr als 12 Stunden je Iteration, weshalb die Anzahl der Iterationen für die Variation der Anzahl an Einzelmessungen im Vergleich zu den bisherigen Darstellungen deutlich geringer ist.

Im Ergebnis sind daher in Abbildung 7.17 nur 9 Iterationen für Korrekturverläufe aufgetragen, bei denen die Anzahl der Messungen im Vergleich zu den bisher 5 gemittelten Werten 10, 25, 50 und 100 betragen. In der nicht logarithmischen Darstellung ist der Einfluss dieser unterschiedlichen Zahl an Einzelmessungen über den Verlauf der Iterationen hinweg gut zu erkennen. Sind mehr Einzelmessungen an der Bildung des jeweiligen Messwertes beteiligt, hat das eine dämpfende Wirkung auf die sonst zackenförmigen Ausschläge der Elementpositionen. Dies äußert sich konkret anhand der Standardabweichung der einzelnen Messwertreihen, die um ca. 60 % sinkt, und damit zumindest im Ergebnis der einzelnen Iterationsergebnisse nicht ganz der nach (Gl. 6.3) eigentlich erwarteten Verbesserung von ca. 78 % entspricht. Gleichwohl ist auch die Güte der Korrektur mit einer größeren Zahl an Einzelmessungen deutlich besser. Bei 100 Einzelmessungen beträgt sie 3.2 µm und ist damit der beste über mehrere Iterationen hinweg erzielte Wert.

Aufgrund der beschriebenen Limitierung der Data Socket Verbindung haben die 9 Iterationen bei 100 Einzelmessungen bereits eine Dauer von 2:39 Stunden in Anspruch genommen. Das ist nicht nur ein für die meisten Anwendungsfälle ineffizienter Zeitraum, er ist auch hinsichtlich der Messpräzision gefährlich lang. Die Mittelung der Einzelmessungen wirkt sich natürlich nur dann positiv auf die erzielbare Präzision aus, solange systematische Fehler infolge von Änderungen der Umgebungsbedingungen ausgeschlossen werden können. Mehrstündige Messzeiten sind in dieser Hinsicht eine Herausforderung, der durch (deutlich) gesteigerte Messfrequenzen anderer Sensoren begegnet werden könnte.

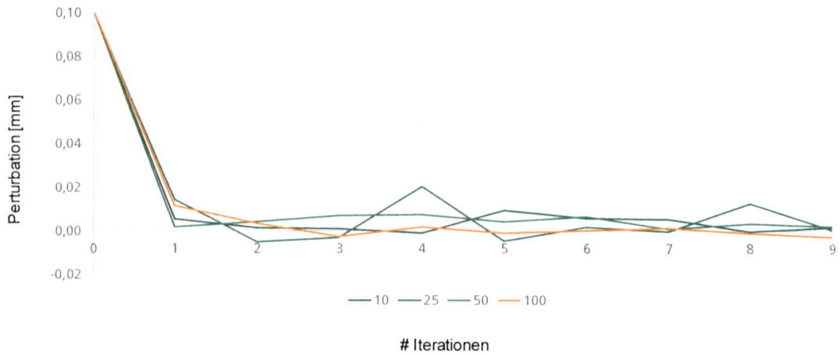

Abbildung 7.17: Einfluss der Anzahl an Einzelmessungen auf die Korrekturberechnung mit gemessenen Daten

In Ergänzung zur bisherigen Charakterisierung soll letztlich auch der Einfluss der externen Faktoren und die diesbzgl. Fähigkeiten des prototypischen Labordemonstrators untersucht werden. Die Variation in der Größe der Perturbation beträgt dazu 100, 200 und 300 µm. Dies entspricht für die Freiheitsgrade X1 und Y1 dem Maximum, welches in der gegebenen Konfiguration an Versatz zugelassen werden kann, ohne zu einer Vignettierung des Strahls zu führen (die Werte für RX1, RY1, X2 und Y2 sind etwas niedriger).

Die Ergebnisse für eine Verdopplung bzw. Verdreifachung der Standardperturbation zeigen, dass über alle Messreihen hinweg der einstellige µm-Bereich nicht mehr innerhalb der 1. Iteration erreicht werden kann. Je nach konkreter Messreihe sind dazu bei vergrößerter Perturbation 2 oder 3 Iterationen notwendig. Während sich dieser Einfluss zu Beginn der Korrekturberechnung mit den Betrachtungen anhand simulierter Daten deckt, zeigen die Messungen darüber hinaus auch Auswirkungen im späteren Verlauf der Iterationen. Eine größere Perturbation führt zu einem grundsätzlich höheren Niveau der verbleibenden durchschnittlichen Positionsabweichung auch über alle 15 Iterationen hinweg. Die Güte der 10 Messreihen verschlechtert sich über alle Iterationen hinweg von 10.5 µm bei 0.2 mm Perturbation zu 19.7 µm bei 0.3 mm Perturbation.

Das ist auch gut am Verlauf der orangenen Durchschnittswerte zu erkennen. Im linken Teil von Abbildung 7.18 ist diese Linie konstant unterhalb $1 \cdot 10^{-2}$ mm, wohingegen im rechten Diagramm dieser Wert fast immer überschritten wird. In dieser Hinsicht beeinflusst die Startperturbation die reale Korrekturberechnung auch noch nach zahlreichen Iterationen. Das betrifft im Übrigen nicht nur die bereits erwähnte Güte, auch die Schwankungen zwischen den Iterationen bleiben über den Gesamtverlauf hinweg größer und können an den Standardabweichungen von 4.0 µm zu 10.4 µm abgelesen werden.

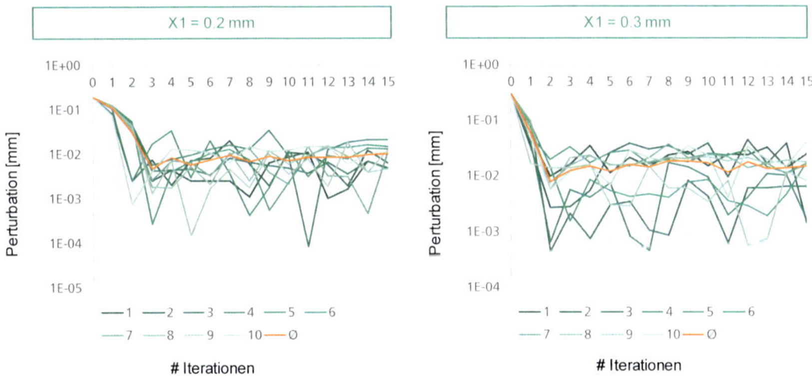

Abbildung 7.18: Einfluss der Größe der Perturbationen auf die Korrekturberechnung mit gemessenen Daten (vgl. **Abbildung 7.13**)

Abschließender Test und quasi Königsdisziplin der Justage ist die Steigerung der Komplexität des zu korrigierenden Systemzustands. Hierzu werden als Beispiel zeitgleich die 4 Freiheitsgrade X1, Y1, X2 und Y2 um jeweils 0.1 mm ausgelenkt und einer Korrekturberechnung mit insgesamt 10 Iterationen zugeführt. Abbildung 7.19 zeigt die zugehörigen Verläufe der Freiheitsgrade in normaler und logarithmischer Darstellung, jeweils in grün für die Freiheitsgrade und orange für deren Durchschnitt.

Die stark schwankenden Positionsverläufe zu Beginn der Korrektur illustrieren, dass die Justage des gewählten Systemzustands für den prototypischen Labordemonstrator bereits eine durchaus anspruchsvolle Aufgabe darstellt. Anfänglich werden dabei in den Freiheitsgraden X1 und Y2 vglw. große Überkorrekturen durchgeführt, die sich erst nach der 3. Iteration abschwächen. Im weiteren Verlauf bewegen sie sich stets wechselseitig und alternierend zwischen dem positiven und dem negativen Bereich und bauen dabei ihre Differenz von anfänglich 216.3 µm stetig ab, bis sie bei der 10. Iteration noch 17.7 µm beträgt. Dies entspricht der max. verbleibenden Abweichung aller Freiheitsgrade nach der 10. Iteration.

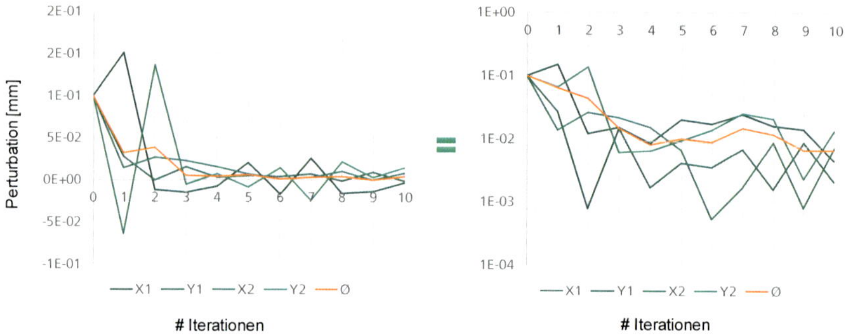

Abbildung 7.19: Einfluss der Anzahl der Freiheitsgrade auf die Korrekturberechnung mit gemessenen Daten

Mit diesem abschließenden Beispiel können in Summe aller Untersuchungen zur Charakterisierung des prototypischen Labordemonstrators seine Eigenschaften und ihre Abhängigkeiten von den bereits als wesentlich identifizierten Parametern überprüft werden. Die außerordentlichen Eigenschaften der wellenfrontbasierten Justage zur Ausrichtung kleinaperturiger optischer Systeme ließen sich nur zum Teil auch im Praxistest bestätigen und validieren. Obwohl in Einzelfällen eine Korrektur von bis zu 2.02 nm erzielt wurde, war eine systematisch beugungsbegrenzte Korrektur auf $\lambda/4$ = 659 nm/4 = 165 nm nicht zuverlässig möglich, da aus den Beiträgen von Sensorik und Aktuatorik eine gewisse Unschärfe in der Beurteilung des Prüfstandsverhaltens im Vergleich zu den simulierten Eigenschaften der Korrekturberechnung resultiert. Gleichwohl konnten in Abhängigkeit der Komplexität der Justageaufgabe selbst mit Geräten in nur bedingt geeigneten Leistungsklassen Justagen im sub-µm-Bereich erzielt werden. Ergebnisse dieser Güte auch in komplexeren Szenarien zu ermöglichen, muss Inhalt und Ziel weiterer Forschungsarbeiten sein.

8 Zusammenfassung, kritische Reflexion und Ausblick

Die Herstellung optischer Systeme stellt nicht nur hinsichtlich der Fertigung der einzelnen Komponenten eine große Herausforderung für die Produktionstechnik dar. Auch die Montage und Ausrichtung der einzelnen Komponenten ist von besonderer Bedeutung, da durch sie die Leistungsfähigkeit des gesamten Systems maßgeblich beeinflusst wird. Den fortwährend steigenden Anforderungen hinsichtlich der Positionsgenauigkeit einerseits sowie den speziellen Herausforderungen in der Justage stark asphärischer oder freigeformter optischer Komponenten andererseits tragen die aktuellen Technologien nur unzureichend Rechnung.

Die wellenfrontbasierte Justage bietet hierzu einen potenziell umfassenden Ansatz, die Komponenten eines optischen Systems so auszurichten, dass die bestmögliche optische Funktion gewährleistet ist. Vorteilhaft wirkt sich dabei die Nutzung der Wellenfront als Beurteilungsgrundlage des Systemzustands aus, da sie das entscheidende Gütekriterium eines optischen Systems ist, und mit ihr alle relevanten Einflüsse wie Form und Oberflächenbeschaffenheit der Funktionsflächen sowie die Materialeigenschaften in nur einer Messung erfasst werden können. In Abhängigkeit der ermittelten optischen Funktion lassen sich damit für alle relevanten Freiheitsgrade des Systems geeignete Korrekturanweisungen berechnen und umsetzen. Im Vergleich zum Stand der Technik ist damit die Justage beliebig komplexer Funktionsflächen und Komponenten in sehr vielen Freiheitsgraden möglich.

Trotz dieser Vorteile ist die automatisierte wellenfrontbasierte Justage in der Fertigung anspruchsvoller optischer Systeme wenig verbreitet. Diese Diskrepanz war Grundlage der vorliegenden Arbeit. Es sollte unter produktionstechnischen Gesichtspunkten untersucht werden, was die Möglichkeiten und Grenzen des praktischen Einsatzes der wellenfrontbasierten Justage sind, welche Parameter die entscheidende Rolle spielen und was für Wertebereiche geeignet sind, um einen intensiveren Einsatz der wellenfrontbasierten Justage in der Montage optischer System zu befördern. Dieser Fragenkomplex wurde in den Kernabschnitten 4 bis 7 der vorliegenden Arbeit adressiert. Ausgehend von den theoretischen Zusammenhängen einer geeigneten Korrekturberechnung, über die detaillierte Auseinandersetzung ihrer Parameter und Eigenschaften sowie die Fähigkeitsanalyse realer Wellenfrontsensoren, bis hin zur praktischen Evaluation am prototypischen Laboraufbau konnten in allen Teilbereichen unbekannte Zusammenhänge aufgedeckt und wertvolle Informationen erarbeitet werden.

8.1 Zusammenfassung der Ergebnisse

Ausgangspunkt der Untersuchung war eine geeignete Berechnungsweise, mit der sich in einem stabilen Verfahren aus der Wellenfront eines optischen Systems präzise Korrekturanweisungen für alle seine Freiheitsgrade erzielen lassen. Hierzu wurden zunächst bestehende Algorithmen auf ihre Tauglichkeit hin geprüft und weiterentwickelt. Fokus dieser Betrachtung war, wie im gesamten Verlauf der Arbeit, der produktionstechnische Kontext. Insofern beziehen sich die entwickelten Verbesserungen in der Korrekturberechnung zum einen auf eine sinnvolle Erweiterung aller im Rahmen einer Feldmessung zur Verfügung stehenden Informationen durch die Berücksichtigung von Datenpunkten in den

Randbereichen. Dies ist vor allem für reale Sensoren mit ihrem begrenzten Auflösungsvermögen von großer Bedeutung, da sich Änderungen der Wellenfront infolge von Positionsfehlern der einzelnen Komponenten in diesem Randbereich am deutlichsten zeigen und aus diesem Grund dort am leichtesten messtechnisch zu erfassen sind.

Als zweiter Punkt in diesem Bereich kann die automatisierte und robuste Auswahl geeigneter Koeffizienten angeführt werden, mit Hilfe derer sich für unterschiedliche Anwendungsfälle die zielführendsten Informationen der Wellenfront für die Korrekturberechnung identifizieren und nutzen lassen. Auf Basis einiger weniger Regeln kann die Linearität der Koeffizientenverläufe auch ohne Kenntnis des optischen Systems sehr schnell quantifiziert werden. Über die eingeführten Parameter der Dominanz und Größenordnung wird auch der sensortechnische Aspekt berücksichtigt, nur solche Daten als geeignet einzustufen, die später auch verlässlich erfasst werden können. Insgesamt lässt sich damit die Güte der Korrekturanweisungen z. T. deutlich steigern, wodurch vor allem im Vergleich zu alternativen Technologien ein wichtiger Beitrag zur Effizienz der wellenfrontbasierten Justage geleistet wird.

Im Anschluss daran folgte die detaillierte Analyse zahlreicher Parameter der Korrekturberechnung und die Quantifizierung ihres Einflusses auf die Präzision und Effizienz der Justage. Dabei wurde unterschieden zwischen internen Faktoren, also den Einstellmöglichkeiten der Korrekturberechnung, und den externen Faktoren, die i. d. R. durch das zu justierende System vorgegeben sind. Zunächst konnten anhand eines einfachen Demonstratorsystems die einzelnen Faktoren, wie die Anzahl der zur Berechnung genutzten Koeffizienten, die Größe der induzierten Perturbation oder die Eigenschaften des Feldpunktenetzes, mit Blick auf ihre Bedeutung in realen Applikationen gegenübergestellt und bewertet werden. In allen Aspekten lässt sich der Mehrwert dieser Untersuchung direkt ablesen. Bspw. würde eine Vergrößerung der Zahl an Feldpunkten in der realen Anwendung sehr viel Zeit kosten, erzeugt aber keinen Mehrwert für die Korrektur des Demonstratorsystems. Ganz im Gegenteil zur Wahl des Feldwinkels, dessen Größe ausschlaggebend für Präzision und Effizienz des Justageprozesses ist. Insofern liefert dieser Abschnitt erstmals genau die wechselseitigen Abhängigkeiten und Rahmenbedingungen, die es in der Auslegung entsprechender Anlagen zur wellenfrontbasierten Ausrichtung optischer Systeme zu berücksichtigen gilt.

Jenseits des abstrakten einfachen Demonstratorsystems wurde die Fähigkeit der Korrekturberechnung auch am Praxisbeispiel des Euclid Teleskops untersucht und konnte dort erfolgreich validiert werden. Das betrifft einerseits die grundsätzliche Funktionsfähigkeit der Korrekturberechnung bei einem deutlich komplexeren optischen System mit 4 Elementen und 20 Freiheitsgraden. Andererseits beinhaltet das aber auch eine Reihe von Adaptionen der Berechnungsweise, die für das Praxisbeispiel umgesetzt wurden. Hierzu gehört vor allem die Verzweigung der Korrekturberechnung, um auswirkungsähnliche Freiheitsgrade behandeln und damit auch komplexe optische System erfolgreich korrigieren zu können. Ferner ist die Umkehr der Berechnungsweise zu nennen, durch die zur Interpretation von Messdaten von einem perfekt ausgerichteten System zu genau dem perturbierten Zustand zurückgerechnet wird, den das System aufgewiesen haben muss, um die zu Grunde liegende Wellenfront zu erzeugen. Abschließend erfolgten erste Betrachtungen dazu, welchen Einfluss bestimmte

Größenordnungen an Rauschen in den Messdaten auf die Korrekturberechnung haben und wie sich das auf die Konvergenz der Justage und den entstehenden Fehler im berechneten Systemzustand auswirkt.

Mit diesen Betrachtungen wurde bereits zum praktischen Teil der Arbeit übergeleitet, in dessen erstem Abschnitt zunächst die Fähigkeit vorhandener Sensoren anhand intensiver Messreihen analysiert wurde. Durch gezielte Variation unterschiedlicher Umgebungsparameter konnten die wesentlichen Einflussfaktoren auf die für die Korrekturberechnung entscheidende Wiederholpräzision der Sensoren nicht nur identifiziert, sondern auch quantifiziert werden. Damit stellte diese Analyse eine wichtige Ausgangsbasis für die erfolgreiche praktische Umsetzung und Validierung der wellenfrontbasierten Justage dar.

Im Zusammenspiel der Informationen zu den theoretischen Fähigkeiten der Korrekturberechnung und den praktischen Eigenschaften realer Wellenfrontsensoren konnte abschließend ein prototypischer Labordemonstrator konzeptioniert und aufgebaut werden. Seine Konfiguration wurde gezielt nach den bisherigen Erkenntnissen entworfen, um einen optimalen Transfer der Ergebnisse sicherzustellen. Mit einer komplexen Aktuatorik und mehreren verknüpften Softwareinstanzen für optische Simulation, Matrizenrechnung und Hardwaresteuerung konnten die real erzielbaren Eigenschaften der wellenfrontbasierten Justage evaluiert werden. Trotz praktischer Limitierungen, z. B. hinsichtlich der Wiederholpräzision und des maximalen Feldwinkels, waren damit hochgenaue Justagen des Demonstratorsystems und eine Charakterisierung des Aufbaus zur Überprüfung der wechselseitigen Abhängigkeiten möglich. In weniger komplexen Systemzuständen konnten Korrekturen mitunter bis in den sub-µm-Bereich erfolgreich durchgeführt werden.

8.2 Kritische Reflexion und Beantwortung der Forschungsfrage

In Summe aller Abschnitte zeigt diese Arbeit anhand konkreter Beispiele, welche weitreichenden Möglichkeiten die wellenfrontbasierte Justage für die Ausrichtung komplexer optischer Systeme bietet. Besonders hervorzuheben sind die Erkenntnisse zu praxisorientierten Verbesserungen der Korrekturberechnung, zur Analyse der Parameter der Justage und ihres Einflusses auf die Präzision und Effizienz des Prozesses sowie die Betrachtungen und praktischen Evaluationen zur Auswirkung verrauschter Daten auf die Güte der erzielbaren Korrektur.

Darüber hinaus wird insbesondere durch die Untersuchungen des letztgenannten Aspekts deutlich, welche technischen Herausforderungen es in der Übertragung der theoretisch herausragenden Leistungsfähigkeit der wellenfrontbasierten Justage in ein für industrielle Zwecke geeignetes System gibt. Das betrifft vor allem die hochpräzise Erfassung der Wellenfront als Basis der Korrektur. Je anspruchsvoller die Vorgaben für die Positionierung der einzelnen Komponenten sind, desto kritischer und schwieriger sind die exakte und wiederholpräzise Erfassung der Wellenfront. An dieser Stelle sind konventionell erhältliche Sensoren limitiert. Sowohl ihre spezifizierte als auch die unter normalen Laborbedingungen erzielbare Präzision reicht nicht aus, um das ganze Potenzial der wellenfrontbasierten Justage auszuschöpfen. Die zu große Messunsicherheit in der Erfassung realer Wellenfronten führt dazu, dass das optische System zwar zum Zielzustand korrigiert wird, dieser aber ein Delta zum eigentlichen Sollzustand aufweist, dessen Größe vom Rauschen des Sensors abhängig ist. In komplexen Systemen mit vielen Komponenten und zahlreichen Freiheitsgraden kann so eine Justage im niedrigen einstelligen oder gar sub-µm-Bereich nicht erzielt werden.

Gleichwohl konnte diese Arbeit auch zeigen, dass für weniger komplexe Konstellationen mit der wellenfrontbasierten Justage sehr wohl eine Präzision im sub-µm-Bereich realisierbar ist. Das ist insofern ein vielversprechendes Ergebnis, als dass selbst bei anspruchsvollen optischen Systemen i. d. R. nicht alle möglichen Freiheitsgrade korrigiert werden sollen bzw. müssen, sondern entsprechend dem optischen Design die Justage über bestimmte Korrekturglieder in einer überschaubaren Anzahl an Freiheitsgraden erfolgt.

In diesem Zusammenhang kann mit den beschriebenen Einschränkungen die der Arbeit zu Grunde liegende Forschungsfrage

Kann die wellenfrontbasierte Justage zur hochgenauen und effizienten Montage mehrkomponentiger optischer Systeme eingesetzt werden?

mit *ja* beantwortet werden. In den Untersuchungen der jeweiligen Teilfragen zeigt sich dabei die skizzierte Abstufung zwischen den außerordentlichen Justageeigenschaften auf Basis simulierter Daten und den sehr guten bis moderaten Ergebnissen unter Nutzung konventioneller Geräte für reale Applikationen.

8.3 Ausblick

Eine noch bessere Ausnutzung des bemerkenswerten Potenzials der wellenfrontbasierten Justage im Brückenschlag zwischen Simulation und Messung muss das Ziel weiterer Arbeiten sein. Hierzu ist zunächst die Auslegung entsprechender Aufbauten gemäß den optimalen Parametern der Einflussfaktoren zu nennen, die im Rahmen der Arbeit nur bedingt umgesetzt werden konnte. In Kenntnis der Wirkzusammenhänge sind z. B. durch die Implementierung geeigneterer Aktuatoren für den optischen Aufbau Verbesserungen der praktischen Leistungsfähigkeit zu erwarten.

Ein größeres Potenzial zur signifikanten Leistungssteigerung lässt sich jedoch nur mit Entwicklungen in der Sensortechnik heben. Entgegen der Bemühungen, die laterale Auflösung oder den Dynamikbereich der Sensoren zu erhöhen, sind für die Anwendungen der wellenfrontbasierten Justage die Sensitivität und Wiederholpräzision der Sensoren die entscheidenden Kriterien. Entsprechend angepasste Sensorkonfigurationen bieten geeignete Ansatzpunkte, z. B. durch den Einsatz hochauflösender Kamerachips, um das Verhältnis zwischen Mikrolinsen und Kamerapixel und damit die Sensitivität des Sensors weiter zu vergrößern. Auch der Einsatz von Wellenfrontsensoren ohne Mikrolinsenarray kann ein Ausgangspunkt weiterer Verbesserungen sein. So bieten bspw. DMD-basierte Sensoren grundsätzlich die Möglichkeit, über ihre geometrische Anordnung größere Sensitivitäten zu ermöglichen.

Ein weiterer Hebel zu Verbesserungen der praktischen Justageergebnisse jenseits des sensortechnischen Aufbaus sind deutlich höhere Messfrequenzen. Mit Hilfe von Sensoren, die mit eingeschränkter lateraler Auflösung Messfrequenzen von mehreren 100 Hz erreichen, können über die Mittelung von deutlich mehr Einzelmessungen geringere Messunsicherheiten in der Erfassung realer Wellenfronten ermöglicht werden.

Vor dem Hintergrund der im Rahmen der Simulationen gefundenen Zusammenhänge zwischen z. B. der Größe des maximalen Feldwinkels und der erreichbaren Präzision bzw. Effizienz des Justageprozesses wird sich eine optimierte Gestaltung des Aufbaus positiv auf die praktisch zugänglichen Ergebnisse auswirken. Hierzu gehört u. a. die Verwendung passenderer Aktuatoren, damit der Pivotpunkt für die Einstellung der Feldwinkel frei gewählt werden kann und der maximale Feldwinkel nicht unnötig eingeschränkt ist. Durch die Nutzung entsprechender Goniometer oder Parallelkinematiken ließen sich so mit einem kompakteren Aufbau genauere Ergebnisse erzielen.

Darüber hinaus kann in einem ganzheitlicheren Ansatz nicht nur die optische Funktion des Systems, sondern der gesamte Justageprozess nachgebildet werden. Mit Hilfe entsprechender Modelle zur Mehrzieloptimierung und Robustheitsbewertung gehören dazu neben dem Einfluss der zu justierenden Komponenten auch die Eigenschaften und das Verhalten der Aktuatoren und Sensoren auf die gemessene optische Funktion. Auf diese Weise könnte abgewogen werden, ob bspw. der Mehrwert eines lateral verfahrbaren Sensors und des damit erzielbaren, größeren Feldwinkels die Positionsunsicherheit der zusätzlichen Kinematik und ihren Einfluss auf die Messunsicherheit des Sensors übersteigt oder nicht.

Im Kontext zunehmend digitalisierter und vernetzter industrieller Prozesslandschaften kann darin ein Beitrag stecken, die Komplexität der Fertigungskette optischer Systeme als Chance für einen adaptiven Gesamtprozess zu verstehen. Gerade im Vergleich zum konventionellen Vorgehen stetig engerer Toleranzen in den Einzelschritten, können damit in Abhängigkeit des aktuellen Produktstatus variable Fertigungspfade eingeschlagen und geeignete Prozessparameter gewählt werden, sodass sich die einzelnen Glieder der Fertigungsfolge von zu anspruchsvollen Spezifikationen entlasten lassen. Hierin kann eine zentrale Antwort auf die produktions- und messtechnischen Herausforderungen in der Fertigung künftiger optischer Systeme liegen.

III Literaturverzeichnis

[AERO16] Aerotech GmbH: ABRT Series – Air-Bearing Rotary Stage. Nürnberg, 2016. Firmenschrift

[ANSI10] Norm ANSI Z80.28-2010 (März 2010). For Ophtalmics – Methods for Reporting Optical Aberrations of Eyes

[ASPH16] Asphericon GmbH: Gefasste SPA™ Axicons & Asphären. Jena, 2016. Firmenschrift

[BBGP16] Bodendorf, C.; Bode, A.; Geis, N.; Penka, D.; Grupp, F.; Bender, R.: Performance measurement of high precision optical assemblies for cosmological observations: Comparison of different approaches. Third European Seminar on Precision Optics Manufacturing 2016. In: Proc. of SPIE Vol. 10009, 100090F. DOI: 10.1117/12.2235210

[BESC04] Bergmann, L.; Schaefer, C.: Optik – Wellen und Teilchenoptik (Reihe: Lehrbuch der Experimentalphysik, Bd. 3). 10. Aufl., Berlin: de Gruyter, 2004. ISBN: 3-11-017081-7

[BEIE12] Beier, M.: Justierdrehen – Technologie zur Herstellung von Objektiven hoher Abbildungsqualität. Vortrag auf der 6. Tagung „Feinwerktechnische Konstruktion“ vom 8. November 2012 in Dresden. ISBN 978-3-00-038084-6

[BEPD05] Beyerlein, M.; Pfund, J.; Dorn, R.: Automatisierte 100 % Charakterisierung mikrooptischer Bauelemente. In: Photonik 4/2005, S. 64-66

[BERN13] Bernhardt, F.: Präzisionsblankpressen im Zeitraffer – Neuer Versuchsstand verkürzt Entwicklungszeiten bei der hochpräzisen Optikfertigung. In: Laser + Photonik 1/2013, S. 42-45

[BEGT12] Beier, M.; Gebhardt, A.; Eberhardt, R.; Tünnermann, A.: Lens centering of aspheres for high-quality optics. In: Advanced Optical Technologies 2012 1(6), S. 441-446. DOI 10.1515/aot-2012-0052

[BLIE09] Bliedtner, J.; Gräfe, G.: Optiktechnologien – Grundlagen, Verfahren, Anwendungen, Beispiele. 2. Aufl. München: Carl Hanser, 2009. ISBN: 978-3-446-42215-5

[BMBF11] Photonik Forschung Deutschland – Licht mit Zukunft. Hrsg. vom Bundesministerium für Bildung und Forschung BMBF. Bonn, Berlin: Siebel 2011

[BODE16] Bodendorf, C.: Euclid und die dunkle Seite des Universums. Vortrag auf dem Optocraft Workshop „Charakterisierung und Justage optischer Systeme mittels Shack-Hartmann Wellenfrontsensoren“ am 16.11.2016 in Erlangen.

[BOUD97] Boudreau, R.: Passive Optical Alignment Methods. In: 3rd International Symposium on Advanced Packaging Materials, S. 180-181. DOI: 10.1109/ISAPM.1997.581290

[BOUD05] Boudreau, R.; Boudreau, S.: Passive Optical Alignment Methods. Taylor & Francis, 2005. ISBN 978-0-8247-0706-4.

[BRJA13] Braat, J. J. M.; Janssen, A. J. E. M. - Double Zernike expansion of the optical aberration function from its power series expansion. In: Journal Optical Society America, Vol. 30, No. 6, Juni 2013, S. 1213-1222. DOI 10.1364/JOSAA30.001213

[BUNG66] Bunge, M.: Technology as applied science. In: Technology and Culture, Jg. 7 (1966), Nr. 3, S. 329-347

[BUNG74] Bunge, M.: Technology as applied science. In: Contributions to a Philosophy of Technology, S. 19-39. Springer, 1974. ISBN 978-94-010-2184-5

[BUSS15] Buß, C.: High Precision Lens Alignment with Alignment Turning Machines – On Machine Metrology for the Alignment Turning Process. White Paper, Trioptics GmbH, September 2015

[CHAN05] Chanteloup, J.-C.: Multiple-wave lateral shearing interferometry for wave-front sensing. In: Applied Optics, Vol. 44, No. 9, März 2005, S. 1559-1571

[CAST16] Castillo, S.: Axicons in Action – Unique wavefront sensing for adaptive optics. In: Optik & Photonik 5/2016, S. 39-39

[DANI98] Daniel, H.: Optik, Thermodynamik, Quanten (Reihe: Physik, Bd. 3). 1. Aufl., Berlin: de Guyter, 1998. ISBN: 978-3110146301

[DEUM80] Deumlich, F.: Surveying Instruments. 7. Aufl., Berlin: VEB Verlag für Bauwesen, 1980. ISBN 3-11-007765-5

[DIN15] Norm DIN ISO 9334 (Dezember 2015). Optik und Photonik – Optische Übertragungsfunktion – Begriffe und mathematische Beziehungen (ISO 9334:2012)

[DIN16a] Norm DIN EN ISO 10110-6 (Juni 2016). Optik und Photonik – Erstellung von Zeichnungen für optische Elemente und Systeme – Teil 6: Zentriertoleranzen (ISO 10110-6:2015)

[DIN16b] Norm DIN EN ISO 10110-12 (April 2016). Optik und Photonik – Erstellung von Zeichnungen für optische Elemente und Systeme – Teil 12: Asphärische Oberflächen (ISO 10110-12:2007)

[DIET03] Dietrich, D.: Wellenfrontsensoren nach dem Hartmann-Shack Prinzip. Vortrag zum Seminar „Elektrische und optische Sensoren“ der Universität Mannheim am 15. Juli 2003

[DISH07] Dietrich, E.; Schulze, E.: Eignungsnachweis von Prüfprozessen - Prüfmittelfähigkeit und Messunsicherheit im aktuellen Normenfeld. 3. Auflage, München, Wien: Carl Hanser, 2007. ISBN: 13: 978-3-446-40732-9

[DOPF15] Dorn, R.; Pfund, J. - Effiziente Qualitätssicherung mittels multifunktionaler Optikprüfung. In: Photonik 1/2015, S. 30-33

[EMVA10] European Machine Vision Association EMVA Standard 1288: Standard for Characterization of Image Sensors and Cameras. Release 3.0. November 29, 2010

[ESA09] European Space Agency: Euclid – Mapping the geometry of the dark universe. Assessment Study Report, Dezember 2009

[ESA11] European Space Agency: Euclid – Mapping the geometry of the dark universe. Definition Study Report, September 2011

[FISC08] Fischer, E. R.; Tadic-Galeb, B.; Yoder, P. R.: Optical System Design. 2. Aufl. New York: McGraw-Hill, 2008. ISBN: 978-0-07-147248-7

[GDGS04] Schutzrecht DE 2004/001057 (14. Mai 2004). Guynot, V.; Damm, C.; Gebhardt, A.; Siebenhaar, C.; Peschel, T.: Verfahren und Vorrichtung zur Herstellung von Referenzflächen an Fassungen optischer Elemente durch eine spanende Bearbeitung sowie damit hergestellte optische Elemente

[GEAR93] Geary, J. M.: Introduction to optical Testing. 2. Aufl., Bellingsham: SPIE 1993. ISBN 978-0-81-941377-2

[GEBH10] Gebhardt, A.: Feinwerktechnik für Hochleistungsobjektive. Vortrag auf der 4. Tagung „Feinwerktechnische Konstruktion“ vom 04.11.2010 in Dresden

[GERH16] Gerhard, C.: Tutorium Optik – Ein verständlicher Überblick für Physiker, Ingenieure und Techniker. Berlin: Springer, 2016. ISBN 978-3-662-48574-3

[GEST07] Gebhardt, A.; Steinkopf, R.: Lens centering by servo turning. 7th International Conference of the European Society for Precision Engineering and Nanotechnology 2007. In: Proc EUSPEN Vol.1: 20.-24.5.2007, Bremen: Seite 229-232. ISBN: 978-0-9553082-2-2

[GIER77] Gierlich, G.: Vektor- und Tensorrechnung für die Physik. Braunschweig: Vieweg, 1977. ISBN 978-3-528 -03030-8

[GPGB14] Grupp, F.; Prieto, E.; Geis, N.; Bode, A.; Katterloher, R.; Bodendorf, C.; Penka, D.; Bender, R.: The EUCLID NISP tolerancing concept and results. Space Telescope Instrumentation 2014. In: Proc. SPIE 9143, 91432X. DOI: 10.1117/12.2055398

[GULI78] Guenther, A.H.; Liebenberg, D. H.: Optical Interferograms – Reduction and Interpretation. ASTM SMP 666. Ft. Lauderdale: American Society for Testing and Materials, 1978. ISBN: 0-466-60004-6

[HAUS06] Haus, J.: Optical Sensors – Basics and Applications. Weinheim: Wiley, 2006. ISBN 978-3-527-40860-3

[HART00] Hartmann, J: Bemerkungen über den Bau und die Justierung von Spektrographen. In: Zeitschrift für Instrumentenkunde. 20. Jg. 1900, S. 17-27

[HART04] Hartmann, J: Über ein neues Kameraobjektiv für Spektrographen. In: Zeitschrift für Instrumentenkunde. 24. Jg., 1904, Nr. 4, S. 97-117 & Nr. 9, 257-268

[HAFE03] Haferkorn, H.: Optik – Physikalisch-technische Grundlagen und Anwendungen. 4. Aufl., Weinheim: Wiley, 2003. ISBN: 3-527-40372-8

[HECH09] Hecht, Eugene: Optik. 5. Auflage, München: Oldenbourg, 2009. ISBN: 978-3-486-58861-3

[HEIN08] Heinisch, J.: Zentrierfehler messen, Optiken automatisch justieren und montieren. In: Photonik 6/2008, S. 46-48

[HETT04] Hettwer, M. - Der Shack-Hartmann-Wellenfrontsensor - Aufbau, Funktion und Anwendung. In: Laser Technik Journal 02/2004, S. 60-62

[HHYR11] Hünten, M.; Hollstegge, D.; Wang, Y.; Krappig, R.; Dambon, O.; Klocke, F.: WaferLevelOptics – Enabling Ever-Smaller Micro-Optics. In: EuroPhotonics, 2/2011, S. 26-28

[HOPK50] Hopkins, H. H.: The Wave Theory of Aberrations. Oxford: Clarendon Press 1950.

[HSGS15] Haag, S.; Sauer, S.; Garlich, T.; Seelert, W.; Brecher, C.; Müller, T.; Zontar, D.: Simultaneous Power and Beam-Shaping Optimization of an OPSL Resonator. Conference on Vertical External Cavity Surface Emitting Lasers 2015. In: Proc. SPIE 9349. DOI: 10.1117/12.2078370

[HUKR12] Hünten, M.; Krappig, R.: WaferLevelOptics – Herstellung mikrooptischer Komponenten aus Glas. In: Tools 1/2012, S. 2-7

[KAHM06] Kahmen, H.: Angewandte Geodäsie – Vermessungskunde. 20. Aufl., Berlin: deGruyter, 2006. ISBN 978-3-11-018464-8

[KAST10] Kast, M.: High-Precision Wafer-Level Optics Fabrication and Integration. In: Photonics Spectra, 12/2010, S. 34-36

[KICH05] Kim, E. D.; Choi Y.-W.; Kang, M.-S.: Reverse-optimization Alignment Algorithm using Zernike Sensitivity. In: Journal of the Optical Society of Korea, Vol. 9, No. 2, 2005, S. 68-73.

[KILI07] Kim S.; Yang, H.S.; Lee, Y.-W.; Kim, S.W.: Merit function regression method for efficient alignment control of two-mirror optical systems. In: Optics Express 5059, Vol. 15, No. 8, Optical Society of America April 2007

[KOER15] Koerfer, F.: Simulation und Analyse geometrischer Einflüsse in elektronisch durchstimmbaren Weißlicht-Interferometern. Diss. RWTH Aachen, 2015. ISBN: 978-3-86359-438-1

[KOHL96] Kohlrausch, F.: Praktische Physik 2. 24. Aufl., Stuttgart: B.G. Teubner, 1996. ISBN 978-3-322-87208-1

[KSTI83] Küchel, F. M.; Schmieder, T.; Tiziani, H. J.: Beitrag zur Verwendung von Zernike-Polynomen bei der automatischen Interferenzstreifenauswertung. In: Optik 65, No. 2 (1983), S. 123-142

[KREY10] Krey, S.: Optische Funktionsprüfung. Vortrag auf dem Seminar „Messtechnik und Qualitätssicherung in der Optikproduktion" am 16. September 2010 in Aachen

[KUYP12] Kuypers, F.: Elektrizität, Optik und Wellen (Reihe: Physik für Ingenieure und Naturwissenschaftler, Bd. 2). 3. Auflage, Weinheim: Wiley, 2012

[KWBR93] Kweet, I. W.; Braat, J. J. M. - Double Zernike expansion of the optical aberration function. In: Pure Applied Optics 2, 1993, S. 21-32

[LBSH17] Loosen, P.; Brecher, C.; Stollenwerk, J.; Haag, S.; Holters, M.; Prochnau, M.: Self-optimizing Assembly of Optical Systems. In: Integrative Production Technology – Theory and Application. Cham: Springer, 2017, S. 69-99. ISBN: 978-3-319-47451-9

[LDEG10] Laureijs, R. J.; Duvet, L.; Escudero Sanz I.; Gondoin, P.; Lumb, G. H.; Oosterbroeck, T.; Saavedra Criado, G.: The Euclid Mission. Space Telescopes and Instrumentation 2010. In: Proc. SPIE, 7731, 77311H; DOI: 10.1117/12.857123

[LEIT13] Leitner, D.: Als das Licht laufen lernte – Eine kleine Geschichte des Universums. 1. Aufl., München: Random House, 2013. ISBN: 978-3570101841

[LHBW14] Langehanenberg, P.; Heinisch, J.; Buß, C.; Wilde, C. - High Precision Mounted Lens Production. In: Optik & Photonik 2/2014, S. 41-45

[LITF05] Litfin, G.: Technische Optik in der Praxis. 3. Aufl., Berlin, Heidelberg, New York: Springer, 2005. ISBN: 978-3540218845

[LOMA12] Löffler-Mang, M.: Optische Sensorik – Lasertechnik, Experimente, Light Barriers. Wiesbaden, Vieweg+Teubner, 2012. ISBN: 978-3834814494

[MAHA78] Mahajan, V. M.: Zernike Polynomials and Wavefront Fitting. In: Optical Shop Testing. New York: John Wiley & Sons, 1978, S. 498-546. ISBN: 978-0-471-48404-2

[MANU09] Manuel, A. M.: Field dependent aberrations for misaligned reflective optical systems. Diss. University of Arizona, 2009.

[MATT13] Matting, M.: Die faszinierende Welt der Quanten. München: AO Edition, 2013. ISBN: 978-3-845008844

[MESC08] Meschede, D.: Optik, Licht und Laser. 3. Aufl., Wiesbaden: Vieweg + Teubner, 2008. ISBN: 978-3-8348-9288-1

[MMJP09] Maltoni, D.; Maio, D.; Jain, A. K.; Prabhakar, S.: Handbook of Fingerprint Recognition. 2. Aufl., London: Springer, 2009. ISBN: 978-1-84882-254-2

[MTMN09] Miesner, J.; Timmermann, A.; Meinschien, J.; Neumann, B.; Wright, S.; Tekin, T.; Schröder, S.; Westphalen, T.; Frischkorn, F.: Automated Assembly of Fast

Axis Collimation (FAC) Lenses for Diode Laser Bar Modules. High-Power Diode Laser Technology and Applications VII 2009. In: Proc. SPIE 7198, 71980G; DOI:10.1117/12.809190

[MWOP16] Möller-Wedel Optical GmbH: Kollimatoren – Einleitung. Wedel, 2016. Firmenschrift

[MWOP13] Möller-Wedel Optical GmbH: Beispiele zur Anwendung von Kollimatoren, Fernrohren, visuellen und elektronischen Autokollimatoren. Wedel, 2013. Firmenschrift

[NOLL76] Noll R. J.: Zernike polynomials and atmospheric turbulence. In: Optical Society of America; Vol. 66, 1976, No. 3, S. 207-211.

[NSLM14] Naumann, H.; Schröder, G.; Löffler-Mang, M.: Handbuch Bauelemente der Optik – Grundlagen, Werkstoffe, Geräte, Messtechnik. 7. Aufl., München, Carl Hanser, 2014. ISBN: 978-3-446-42625-2

[OPST15] Zemax LLC: OpticStudio 15.5 Help Files. Stanstead, 2015. Firmenschrift

[OPTE15] OptoTech Optikmaschinen GmbH: JDM 200 CNC – Ultrapräzise Fassungsdreh- und Messmaschine. Wettenberg, 2015. Firmenschrift

[OPTO13] Optocraft GmbH: SHSCam – standard sensor head overview. Erlangen, 2013. Firmenschrift

[OPTO14] Optocraft GmbH: SHSCam BR GE – technical specification. Erlangen, 2014. Firmenschrift

[OPTO15] Optocraft GmbH: SHSCam – standard sensor head overview. Erlangen, 2015. Firmenschrift

[OPTO16] Optocraft GmbH: SHSlab – Technologiehandbuch V05. Aufgabe 8. Januar 2016. Erlangen, 2016. Firmenschrift

[OGUN16] Ogundare, J. O.: Precision Surveying – The Principle and Geomatic Practice. Hoboken: Wiley 2016. ISBN 978-1-119-10251-9

[PEDR05] Pedrotti, F.; Pedrotti, L.; Bausch, W.; Schmidt, H.: Optik für Ingenieure – Grundlagen. 3. Aufl., Berlin, Heidelberg, New York: Springer, 2005. ISBN: 978-3540228134

[PFBE02] Pfund, J.; Beyerlein, M. - Shack-Hartmann-Sensoren für Qualitätskontrolle in klassischer und Laser-Optik. In: Photonik 4/2002, S. 6-8

[PFDB16] Pfund, J.; Dorn, R.; Brock, C. - Wavefront Sensing Under Unique Lighting Conditions. In: Photonics Spectra 12/2016, S. 42-47

[PFEI01] Pfeifer, T.: Fertigungsmeßtechnik. 2. Aufl., München, Wien, Oldenburg: Oldenburg Wissenschaftsverlag, 2001. ISBN. 3-486-25712-9

[PFUN17] Pfund, J.: Wellenfrontmesstechnik für die industrielle Massenproduktion. Vortrag auf der 1. OptecNet Jahrestagung am 23.03.2017

[PLAT01] Platt, B. C.; Shack R. - History And Principles Of Shack-Hartmann Wavefront-Sensing. Journal of Refractive Surgery, Vol. 17, September/October 2001, S. 573 – 577

[PLGD11] Pierer, J.; Lützelschwab, M.; Grossmann, S.; Spinola Durante G.; Bosshard Ch.; Valk, B.; Brunner, Bättig, R.; Lichtenstein, N.: Automated assembly processes of high power single emitter diode lasers for 100W in 105 µm / NA 0.15 fiber module. High-Power Diode Laser Technology and Applications IX 2011. In: Proc. SPIE Vol. 7918, 79180I. DOI: 10.1117/12.875360

[REIN02] Reiner, J.: Grundlagen der ophthalmologischen Optik. Berlin, Books on Demand, 2002. ISBN: 978-3831127672

[RIMM72] Rimmer, M.P., King, C.M.; Fox: Computer Program for the Analysis of Interferometric Test Data. In: Applied Optics, Vol. 11, 1972, Issue 12, S. 2790-2796

[SCHÄ16] Schädlich, R.: Ansteuerung und Charakterisierung eines prototypischen Laboraufbaus zur hochgenauen wellenfrontbasierten Justage (mikro-)optischer Systeme. Bachelorarbeit an der Falkultät für Maschinenwesen, Lehrstuhl für Fertigungsmesstechnik und Qualitätsmanagement der RWTH Aachen 2016.

[SCPF10] Schmitt, R.; Pfeifer, T.: Qualitätsmanagement: Strategien – Methoden – Techniken. 4. Aufl., München, Wien: Carl Hanser, 2010. ISBN: 978-3446412774

[SCHW05] Schwiegerling, J.; Neal, D. R.: Historical Development of the Shack-Hartmann Wavefront Sensor. In: Harvey, J. E.; Hooker, R. B.: Robert Shannon and Roland Shack: legends in applied optics. Bellingham: SPIE Press, 2005, S. 132-139

[SCHM10] Schmid, T.: Misalignment induced nodal aberration fields and their use in the alignment of astronomical telescopes. Diss. University of Florida, 2010

[SIKO91] Sihori, R. S.; Kothiyal, M. P.: Optical Components, Systems and Measurement Techniques. New York: Marcel Dekker Inc., 1991. ISBN: 0-8247-8395-6

[SPOP15] Spectaris e.V. & Optecnet Deutschland: Photonik – Technische Anwendungen des Lichts. 1. Aufl., Berlin: Spectaris, 2015. ISBN: 978-3-9817205-0-1

[STUE15] Stürwald, S. Wave front sensor based on digital mirror matrix for functional characterization of freeform ophthalmic optics. Diss. RWTH Aachen, 2015. ISBN: 978-3-86359-322-3

[SURO14] Süße H.; Rodner E.: Bildverarbeitung und Objekterkennung. Wiesbaden: Springer, 2014. ISBN: 978-3-8348-2606-0

[SVZB13] Photonik – Branchenreport 2013. Herausgegeben von den Verbänden SPECTARIS, VDMA, ZVEI und dem Bundesministerium für Bildung und Forschung BMBF. Frankfurt a. M.: Haasmüller, 2013

[SWBM15] Schubach, J.; Wlodarski, A.; Buß, C.; Mohr, S.: Justierdrehen – schnelle Fertigung von Hochleistungsobjektiven. In: Photonik 6/2015, S. 66-67

[TESS03] Tessieres, R.: Analysis for Alignment of Optical Systems. Diss. University of Arizona, 2003.

[THOM80] Thompson, K.: Aberration Fields In Tilted And Decentered Optical Systems. Diss. University of Arizona, 1980.

[TRAT14] Trioptics GmbH: ATS-200-Alignment Turning Machine with Fully Integrated Measurement Technology. Wedel, 2014. Firmenschrift

[TRCE16] Trioptics GmbH: OptiCentric: OptiCentric 100 – Hochpräzise Zentrierprüfgeräte, Kitt- und Richtklebsysteme. Wedel, 2016. Firmenschrift

[TREY03] Treyer, O. A. G.: Business-Statistik – Anwendungsorientierte Theorie mit Beispielen, Aufgaben mit kommentierten Lösungen, Glossar, Formelsammlung und Fachwörter Deutsch-Englisch-Deutsch. 1. Aufl., Zürich: Compendio, 2003. ISBN: 978-3715591049

[TRIM13] Trioptics GmbH: ImageMaster PRO9. MTF Testing with Outstanding Speed and Performance. Wedel, 2013. Firmenschrift

[TRPC14] Trioptics GmbH: ProCam Align Smart – Active Alignment, Assembly and Testing of Camera Modules for R&D Applications and Low to Mid Volume Production. Wedel, 2014. Firmenschrift

[TRSP06] Trioptics GmbH: OptiSpheric: OptiSpheric – The Industry´s Standard for Lens Testing. Wedel, 2006. Firmenschrift

[TRKB16] Trioptics GmbH: Knowledge Base – Optisches Zentriermessen und Ausrichten. URL: http://www.trioptics.com/de/knowledge-base/optisches-zentriermessen-und-ausrichten/ [Stand: 31.03.2017]

[TRTR16] Trioptics GmbH: Triangle – Elektronischer Autokollimator für präzise Winkelmessung. Wedel, 2016. Firmenschrift.

[ULLR81] Ullrich, H.: Die Betriebswirtschaftslehre als anwendungsorientierte Sozialwissenschaft. In: Geist, M. N. (Hrsg.); Köhler, R. (Hrsg.): Die Führung des Betriebes. Stuttgart: Schäffer-Poeschel, 1981. ISBN: 3791003089

[VBDW11] Velghe, S.; Boucher, W.; Delage, P., Wattellier, B.: Highly Dynamic Wavefront Sensing - Optical Systems Characterization With High Dynamic, Resolution and Precision. In: Laser+Photonik 3/2011, S. 64-67

[VIEL11] Vielhaber, K.: Wellenfrontsensor nach dem Shack-Hartmann Prinzip auf Basis einer digitalen Mikrospiegel-Matrix. Diss. RWTH Aachen, 2011. ISBN: 978-3-86359-047-5

[VOCR11] Vohnsen, B.; Castillo, S.; Rativa, D. - Wavefront Sensing With An Axicon. In: Optics Letters, Vol. 36, No. 6, S. 846-848

[WALK98] Walker, B. H.: Optical Engineering Fundamentals. 1. Aufl., Bellingham: SPIE – The International Society for Optical Engineering, 1998. ISBN: 978-0819427649

[WALT04] Walther, T.; Walther, H.: Was ist Licht? Von der klassischen Optik zur Quantenoptik. 2. Aufl., München: C.H. Beck, 2004. ISBN: 3406447228

[WEBE13] Weber, N.: Highly flexible micro-bench systems for endoscopic micro-probes. Diss. Albert-Ludwigs-Universität Freiburg im Breisgau, 2013

[WEBU12] Wenzel, C.; Buß, C.: Zentrierdrehen gefasster Linsen durch Unrundbearbeitung. Fraunhofer-Institut für Produktionstechnologie IPT und Innolite GmbH. Aachen, 2012. Firmenschrift

[WEIN07] Weinheim, O.: Über das Vermessen tubulärer Strukturen in der Computertomographie. Diss. Johannes Gutenberg-Universität Mainz, 2007

[WENZ15] Wenzel, C.: Exact Lens Positioning Is Key to High-Performance Optics Production. In: Europhotonics 2/2015, Seite 30-31. ISSN 1091-6083

[WILD16] Wilde, C.: Gefasste Linsen hochgenau fertigen – Justierdrehen und Richtkleben. Vortrag auf der 6. Wetzlarer Herbsttagung »Moderne Optikfertigung« in Wetzlar am 28.09.2016

[WINN12] Winner, H.: Handbuch Fahrerassistenzsysteme – Grundlagen, Komponenten und Systeme für aktive Sicherheit und Komfort. 2. Aufl., Wiesbaden: Springer, 2012. ISBN: 978-3-8348-1457-9

[WINT14a] Winters, D.: Aktives Ausrichten und Testen für optimale Bildqualität von Kameramodulen. In: Photonik 2/2014, S. 26-29

[WINT14b] Winters, D.: Image Quality Testing Improves as Cameras Advance. In: Photonics Spectra 1/2014, S. 66-68

[WEWE11] Wewel, M. C.: Statistik im Bachelor-Studium der BWL und VWL – Methoden, Anwendungen, Interpretationen. 2. Aufl., München: Pearson Studium, 2011. ISBN 978-3-86894-054-1

[WKGB07] Wildenhain, M.; Knobbe, J.; Gehner, A.; Beyerlein, M.; Pfund, J.: Adaptiv-optische Abbildungskorrektur mit Wellenfrontsensoren für Mikrospiegelarrays. In: Photonik 3/2007, S. 72-75

[YODE08] Yoder, P. R.:Mounting Optics in Optical Instruments. 2. Aufl., Bellingham: SPIE – The International Society for Optical Engineering, 2008. ISBN: 978-0-8194-7129-1

[YOUN97] Young, M.: Optik, Laser, Wellenleiter. Berlin: Springer, 1997. ISBN 978-3-540-60358-0

[ZEIL05] Zeiler, A.: Einsteins Schleier. Die neue Welt der Quantenphysik. 3. Aufl., München: Goldmann: 2005. ISBN: 978-3442153022

IV Abbildungsverzeichnis

Abbildung 2.1: Übersicht der Zernike Koeffizienten in pyramidenförmiger Darstellung bis zur 6. radialen Ordnung 11

Abbildung 2.2: Berechnung der Zernike Koeffizienten aus Höhe, Winkel und Radius der Wellenfrontdaten 14

Abbildung 2.3: Johannes Hartmann [SCHW05, S 1] und erste Veröffentlichungen zum Hartmann Test für die Justage optischer Instrumente [HART04, S.97 & 110] 15

Abbildung 2.4: Detektorprinzip des Shack-Hartmann-Wellenfrontsensors [PFDB, S. 42] 17

Abbildung 3.1: Beispiel zur kamerabasierten Justage und der Ausrichtung mittels Alignment-Markierungen (Quelle: eigene Darstellung) 22

Abbildung 3.2: Geometrische Verhältnisse (links & Mitte) an einem elektronischen Autokollimationsfernrohr zur Erfassung der optischen Achse von gekrümmten Oberflächen [KREY10, S. 11] und gerätetechnische Umsetzung (rechts) der Fa. Trioptics [TRTR16, S. 1] 23

Abbildung 3.3: Beispielhafter Justageablauf an einem Doppel-Kalotten-Werkzeug [GEBH10, S. 13-15] 25

Abbildung 3.4: Konfiguration (links) [BEIE12, S. 18], Messdaten (Mitte) [BEGT12, S. 444] und gerätetechnische Umsetzung (rechts) [BUSS15, S. 10] der autokollimationsbasierten Justage asphärischer Komponenten 26

Abbildung 3.5: Herleitung der MTF aus der Abbildung eines Hell-Dunkel-Musters [KREY10, S. 24] 28

Abbildung 3.6: Gerätetechnische (links) [WINT14b, S. 67] und softwareseitige (rechts) [TRPC14, S. 2] Umsetzung eines Prüfstands zur automatisierten MTF Prüfung bzw. Justage 28

Abbildung 3.7: Intensitätsbasierte Ausrichtung von Strahlformungselementen für Laserdioden [LBSH17, S. 71] 29

Abbildung 4.1: Verfahrensabschnitte der wellenfrontbasierten Justage 33

Abbildung 4.2: Austrittspupille und Bildebene in optischen Systemen [MANU09, S. 60] 35

Abbildung 4.3: Struktur und Zwischenschritte der Korrekturberechnung 39

Abbildung 4.4: Schema der Anordnung und Auszug eines Beispiels zur Darstellung der Sensitivitätsmatrix 40

Abbildung 4.5: Einflussfaktoren auf die Ermittlungsdauer der Sensitivitätsmatrix in der Simulation 41

Abbildung 4.6: Schritt 0.1 – Systemcharakterisierung durch gemessene bzw. simulierte Zernike Koeffizienten (Sensitivitätsmatrix inkl. Nominalvektor) 42

Abbildung 4.7: Schritt 0.2 – Ermittlung der Feldinformationen 43

Abbildung 4.8: Schritt 0.3 – Ermittlung der berechneten Zernike Koeffizienten 44

Abbildung 4.9: Schritt 2.1 – Doppeltes Orthogonalisieren der Koeffizienten des Nominalzustands 46

Abbildung 4.10: Schritt 3 – Auswahl linearer Koeffizienten aus den doppelt orthogonalisierten Koeffizienten 47

Abbildung 4.11: Schritt 4.1 – Singulärwertzerlegung und Bestimmen der invertierten linearisierten doppelt orthogonalisierten Sensitivitätsmatrix »InvMsens« 48

Abbildung 4.12: Schritt 2.2 – Doppeltes Orthogonalisieren der Koeffizienten des aktuellen Systemzustands 49

Abbildung 4.13: Schritt 4.2 – Berechnung der Korrekturanweisung 50

Abbildung 4.14: Umstellung zur Berechnung aller Feldpunkte 52

Abbildung 4.15: Resultierende Änderungen durch Optimierung des Aperturdurchmessers auf die berechneten Zernike Koeffizienten 52

Abbildung 4.16: Resultierende Änderungen durch Optimierung des Aperturdurchmessers auf die Werte der doppelten Orthogonalisierung 53

Abbildung 4.17: Korrelation zwischen Freiheitsgraden eines optischen Systems und seinen Zernike Koeffizienten 54

Abbildung 4.18: Übersicht der typischen Verläufe für die einfachen (grau) und doppelt orthogonalisierten (farbig) Zernike Koeffizienten am Beispiel einer Dezentrierung von ±1 mm 57

Abbildung 4.19: Illustration und Vergleich der Kriterien auf Linearität anhand 2 ähnlicher Koeffizientenverläufe 58

Abbildung 5.1: Qualitative Illustration der Anforderungen hinsichtlich Präzision und Geschwindigkeit in der Justage optischer Systeme für unterschiedliche Applikationen 61

Abbildung 5.2: Beispiele der Wellenfronten im Feld in Abhängigkeit der Elementpositionen 63

Abbildung 5.3: Zusammenhang zwischen den RMS Werten von Wellenfront und Position 64

Abbildung 5.4: Abfolge der nach Einfluss auf die Wellenfront sortierten Perturbationen 65

Abbildung 5.5: Kepler-Teleskop als Demonstratorsystem und seine optische Funktion im optimal ausgerichteten Zustand 66

Abbildung 5.6: Illustration der definierten Parameter der wellenfrontbasierten Justage 68

Abbildung 5.7: Abfolge der nach Einfluss auf die Wellenfront sortierten, extremalen Perturbationen und Anzahl an notwendigen Iterationen zu ihrer Korrektur 68

Abbildung 5.8: Symmetrie der Wellenfronten im Feld mit quasi gleichem durchschnittlichen RMS Wert 69

Abbildung 5.9: Vergleich dreier Korrekturverläufe mit unterschiedlichen Eigenschaften der Feldpunktenetze 71

Abbildung 5.10: Einfluss der Eigenschaften des Feldpunktenetzes auf Präzision und Effizienz der Korrekturberechnung 72

Abbildung 5.11: Beispiel zur Begrenzung der erzielbaren Justagegüte bei zu geringen Feldwinkeln 73

Abbildung 5.12: Quantifizierung des Einflusses des maximalen Feldwinkels und der Anzahl der Feldpunkte 74

Abbildung 5.13: Gegenüberstellung der Korrekturverläufe mit 10 und 21 Zernike Koeffizienten für die Berechnung eines Datenpunktes des 3. Falls aus Abbildung 5.10 76

Abbildung 5.14: Einfluss der Anzahl an Zernike Koeffizienten auf die Anzahl der erforderlichen Iterationen 76

Abbildung 5.15: Einfluss der Größe der Auslenkung der Sensitivitätsmatrix auf die Anzahl der erforderlichen Iterationen 78

Abbildung 5.16: Maximal korrigierbare Perturbation für den Freiheitsgrad X1 79

Abbildung 5.17: Einfluss der Variation der Freiheitsgrade auf die Effizienz der Korrekturberechnung 80

Abbildung 5.18: Einfluss der Größe der Perturbation auf die Effizienz der Korrekturberechnung 80

Abbildung 5.19: Durchschnittlicher RMS der Wellenfront aller möglichen Systemzustände für 1-8 Freiheitsgrade 82

Abbildung 5.20: Einfluss der Anzahl der Freiheitsgrade auf die Effizienz der Korrekturberechnung 83

Abbildung 5.21: Erweiterung des Demonstratorsystems zum Labordemonstrator inkl. Umsetzung im LDE 85

Abbildung 5.22: Abfolge der nach Einfluss auf die Wellenfront sortierten extremalen Perturbationen und die Anzahl an notwendigen Iterationen zu ihrer Korrektur 88

Abbildung 5.23: Einfluss der Eigenschaften des Feldpunktenetzes auf die Anzahl der erforderlichen Iterationen 89

Abbildung 5.24: Erscheinungsbild und Strahlverlauf am Teleskop der Euclid Mission [BODE16, S.1 bzw. S. 16] 90

Abbildung 5.25: Prüfaufbau zur Erfassung der Abbildungseigenschaften des Euclid Teleskops (in Orientierung des späteren Einsatzes) [BBGP16, S. 3] 90

Abbildung 5.26: Design des Strahlengangs am Testaufbau des Euclid Teleskops (in umgekehrter Orientierung zur messtechnischen Charakterisierung) [BBGP16, S. 22] 91

Abbildung 5.27: Anordnung der Fasern auf der Quellplatte (© Dr. Christof Bodendorf, MPE) 91

Abbildung 5.28: Darstellung der zentralen Wellenfront der 3 systematischen Fälle für das Euclid Teleskop 94

Abbildung 5.29: Korrekturverlauf bei 16 DOF und einer Perturbation von ±40 µm bzw. mgrad für den Fall 3 ... 94

Abbildung 5.30: Korrekturverlauf bei 16 DOF und einer Perturbation von ±1000 µm bzw. mgrad für den Fall 3 ... 96

Abbildung 5.31: Korrekturverlauf bei 20 DOF und einer Perturbation von ±250 µm bzw. mgrad für den Fall 3 ... 97

Abbildung 5.32: Änderung zur Umkehr der Berechnungsmethode (vgl. Abbildung 4.3, S. 39) ... 98

Abbildung 5.33: Umgekehrter Korrekturverlauf am Euclid Teleskop bei 16 DOF und einer Zielperturbation von ±40 (oben), ±450 (Mitte) und ±500 µm bzw. mgrad (unten) jeweils für den Fall 3 ... 99

Abbildung 5.34: Umgekehrter Korrekturverlauf bei 16 DOF und einer Zielperturbation von ±450 µm bzw. mgrad des Falls 3 in logarithmischer Darstellung ... 100

Abbildung 5.35: Umgekehrter Korrekturverlauf bei 20 DOF und einer Zielperturbation von 50 µm bzw. mgrad des Falls 3 ... 101

Abbildung 5.36: Übersicht zu den erzielten Ergebnissen mit der bisherigen Berechnungsmethode ... 102

Abbildung 5.37: Parallele Berücksichtigung von 3 Gruppen an Freiheitsgraden mit individuellen, linearisierten Sensitivitätsmatrizen ... 103

Abbildung 5.38: Verbesserung der umgekehrten Korrektur mit optimierter Berechnungsmethode für Fall 1 in 20 DOF von ±50 µm bzw. mgrad ... 103

Abbildung 5.39: Übersicht zu den erzielten Ergebnissen mit der bisherigen und optimierten Berechnungsmethode ... 104

Abbildung 5.40: Anzahl gleicher Koeffizienten in Abhängigkeit eines Schwellwertes für 1200 Perturbationen von max. ±50 µm bzw. mgrad in 16 DOF ... 106

Abbildung 5.41: Anzahl gleicher Koeffizienten in Abhängigkeit eines Schwellwertes für 1000 Perturbationen von max. ±5 µm bzw. mgrad in 20 DOF ... 106

Abbildung 5.42: Aufzeichnung von Zernike Koeffizienten einer Dauermessung zur Abschätzung ihrer Streuung ... 107

Abbildung 5.43: Histogramme der Koeffizienten der Messwertreihe zur Beurteilung der Verteilungsfunktion ... 108

Abbildung 5.44: Umgekehrte Korrekturberechnung ±0.1 mm bzw. Grad bei 20 DOF mit Rauschen und Mittelung ... 109

Abbildung 5.45: Umgekehrte Korrekturberechnung mit verrauschten Daten (oben), deutlich geringerer Standardabweichung (Mitte) und starker Mittelung (unten) ... 110

Abbildung 5.46: Einfluss von Standardabweichung und Mittelung verrauschter Sensordaten auf die erzielbare Justagegüte für die 3 systematischen Fälle ... 111

Abbildung 6.1: Rauschen der Sensorwerte in einer Dauermessung (links) und ihre Verteilung (rechts) ... 115

Abbildung 6.2: Normalverteilung in Abhängigkeit von Standardabweichung σ und Erwartungswert µ ... 116

Abbildung 6.3: Wahrscheinlichkeitsnetz am Beispiel von 2 Koeffizienten zur Überprüfung der Normalverteilung ... 117

Abbildung 6.4: Erstellung des teilfaktoriellen Versuchsplans in Minitab ... 119

Abbildung 6.5: Einflussfaktoren Störlicht, Aperturdurchmesser und Messfrequenz auf die Wiederholpräzision der Sensordaten ... 120

Abbildung 6.6: Ausgewählte Beispiele von Herstellern und konkreten Wellenfrontsensoren ... 122

Abbildung 6.7: Standardabweichungen unterschiedlicher Sensoren für relevante Zernike Koeffizienten ... 124

Abbildung 7.1: Prinzipieller Aufbau, verfügbare Freiheitsgrade, eingesetzte Komponenten und praktische Umsetzung des Labordemonstrators ... 128

Abbildung 7.2: Aktuatoren zur Kollimation und Positionierung der Lichtquelle (Bild © Thorlabs) ... 129

Abbildung 7.3: Aktuatoren zur Positionierung der zu justierenden Elemente (Bilder © PI und Thorlabs) ... 130

Abbildung 7.4: Aktuatoren zur Positionierung des Wellenfrontsensors (Bilder © Thorlabs und Jenny Science) ... 131

Abbildung 7.5: Übersicht der benötigten Schnittstellen aller Prüfstandskomponenten [SCHÄ16, S. 33] ... 132

Abbildung 7.6: Prinzipskizze der umgesetzten Programmstruktur in LabVIEW ... 133

Abbildung 7.7: Fälle zur Verknüpfung gemessener und simulierter Daten im Programmablauf ... 134

Abbildung 7.8: Grundstruktur des ereignisgesteuerten Zustandsautomaten ... 135

Abbildung 7.9: Übersicht der GUI zur zentralen Ansteuerung aller Prüfstandsfunktionen ... 136

Abbildung 7.10: Zwischenstatus im Laufe der Vorjustage des Aufbaus am Beispiel der Hexapod-Ebene ... 139

Abbildung 7.11: Korrekturverlauf einer Dezentrierung X1 um 100 µm am Labordemonstrator ... 140

Abbildung 7.12: Korrekturverlauf der Freiheitsgrade Y1, RX1, RY1, X2 und Y2 am Labordemonstrator ... 141

Abbildung 7.13: 10 Wiederholungen des Korrekturverlaufs einer Perturbation von X1 = 100 µm ... 142

Abbildung 7.14: Langzeitmessung des Korrekturverlaufs von X1 und Y1 bei einer Perturbation von je 300 µm 143

Abbildung 7.15: Einfluss der Anzahl der Feldpunkte auf die Korrekturberechnung mit gemessenen Daten 144

Abbildung 7.16: Einfluss der max. Feldwinkel auf die Korrekturberechnung mit gemessenen Daten 145

Abbildung 7.17: Einfluss der Anzahl an Einzelmessungen auf die Korrekturberechnung mit gemessenen Daten 146

Abbildung 7.18: Einfluss der Größe der Perturbationen auf die Korrekturberechnung mit gemessenen Daten (vgl. Abbildung 7.13) 147

Abbildung 7.19: Einfluss der Anzahl der Freiheitsgrade auf die Korrekturberechnung mit gemessenen Daten 148

Abbildung A.2.1: Brechung an einer sphärischen Grenzfläche [HECH09, S. 261] xlii

Abbildung A.2.2: Brechung an einer bikonvexen Linse [HECH09, S. 267] xliii

V Tabellenverzeichnis

Tabelle 2.1: Beispiele zur unterschiedlichen Nomenklatur von Zernike Polynomen nach [NOLL76] und [ANSI10] 12

Tabelle 4.1: Übersicht der Berechnungen zum doppelten Orthogonalisieren der Koeffizienten 45

Tabelle 4.2: Verbesserung der Korrekturanweisungen mit optimierter Apertur 53

Tabelle 4.3: Vergleich der Auswahl doppelt orthogonalisierter Koeffizienten 59

Tabelle 4.4: Verbesserung der Korrekturanweisungen mit optimierten Koeffizienten 59

Tabelle 5.1: Spezifikationen der Elemente des Demonstratorsystems 66

Tabelle 5.2: Auswahl der betrachteten Fälle des Grundzustands zur Charakterisierung der Parameter der wellenfrontbasierten Justage 70

Tabelle 5.3: Übersicht zu den optimalen Parametern bzgl. der Eigenschaften des Feldpunktenetzes 74

Tabelle 5.4: Anzahl der Freiheitsgrade und Systemzustände in Abhängigkeit der Anzahl der Elemente 81

Tabelle 5.5: Anzahl der Systemzustände in Abhängigkeit der Anzahl der berücksichtigten Freiheitsgrade und der Verteilung der Perturbationen für das Demonstratorsystem 81

Tabelle 5.6: Zusammenfassung von Betrachtungsbereich und Signifikanz der untersuchten Einflussfaktoren 84

Tabelle 5.7: Übersicht der 3 systematisch definierten Fälle zur Untersuchung des Euclid Teleskops 93

Tabelle 5.8: Übersicht der 20 zufälligen Fälle zur Untersuchung des Euclid Teleskops 95

Tabelle 6.1: Überblick der Änderungen der Zernike Koeffizienten infolge kleiner Perturbationen am einfachen Demonstratorsystem 114

Tabelle 6.2: Übersicht zu den Spezifikationen der eingesetzten Wellenfrontsensoren 123

Tabelle 7.1: Übersicht zu den realen Messzeiten in Abhängigkeit der Zahl der Feldpunkte und Einzelmessungen 137

Tabelle 7.2: Übersicht der Parameter zur Charakterisierung des Labordemonstrators 138

Tabelle A.3.1: Übersicht extremaler Perturbationen für 6 Freiheitsgrade xlv

Tabelle A.4.2: Teilfaktorieller Versuchsplan zur Charakterisierung der Sensoreigenschaften xlvii

VI Eigene Publikationen

Zum Thema der Dissertationsschrift

Krappig, R.; Schmitt, R.: Development and Verification of a Wafer Adjustment Process via Wavefront-Analysis. Poster auf der 2nd EOS Conference on Manufacturing of Optical Components EOCMOC im Mai 2011.

Hünten, M.; Hollstegge, D.; Wang, Y.; Krappig, R.; Dambon, O.; Klocke, F.: WaferLevelOptics – Enabling Ever-Smaller Micro-Optics. In: EuroPhotonics, Oktober 2011, S. 26-28

Hünten, M.; Krappig, R.: WaferLevelOptics – Herstellung mikrooptischer Komponenten aus Glas. In: Tools 1 2012, S. 2-7

Krappig, R.; Schmitt, R.: Wavefront-based active alignment of multi-element optical systems. In: Optical Measurement Techniques for Systems & Structures III, S. 127-136. Maastricht: Shaker-Publishing, 2016. ISBN 978-90-423-0439-0

Krappig, R.; Schmitt, R.: Wellenfrontbasierte aktive Justage mehrkomponentiger optischer Systeme. In: XXIX. Messtechnisches Symposium 2015, S. 1-9. ISBN 978-3-11-040852-2

Krappig, R.; Schmitt, R.: Präzision und Sensorspezifikationen der wellenfrontbasierten Justage kleinaperturiger optischer Systeme. In: tm – Technisches Messen, Jahrgang 86, Ausgabe 4, S. 182-191. ISSN 0171-8096.

Krappig, R.; Schmitt, R.: Parameters and properties of the wavefront-based alignment approach. Vortrag auf der Konferenz Industrial Dimensional Metrology Metromeet vom 25. Februar 2016 in Bilbao.

Krappig, R.; Schmitt, R.: Capabilities and performance of the wavefront-based alignment in multi element optical systems. Proc. SPIE 10009, Third European Seminar on Precision Optics Manufacturing, 100090C (June 30, 2016); DOI:10.1117/12.2236196

Krappig, R.: Eigenschaften und Präzision wellenfrontbasierter Justage. In: Photonik 3 / 2016, S. 46-49. ISSN 1432-9778

Krappig, R.; Schmitt, R.: Capabilities and challenges in transferring the wavefront based alignment approach to small aperture multi-element optical systems. Invited paper SPIE 10110, Photonic Instrumentation Engineering IV, 10110-9 (January 31, 2017); DOI: 10.1117/12.2252297

Krappig, R.; Schmitt, R.: Properties and Precision of the wavefront-based alignment. In: Laser+Photonics 1/2017. S. 40-43. ISSN 1865-6633

Zu weiteren Themen

Krappig, R.; Schmitt, R.: Messtechnik und Messdatenverarbeitung bei Oberflächenfehlern an optischen Bauteilen. Vortrag auf dem VDI Wissensforum „Fehler in optischen Bauteilen erkennen und vermeiden“ vom 10. November 2011 in Baden-Baden.

Krappig, R.; Schnetter, L.: Automatisierte Defekterkennung in transparenten Materialien. In: Photonik, 3/2012, S. 50-52

Krappig, R.; Schmitt, R.: Knowledge-based optimization by extensive control and data acquisition in milling processes. Vortrag auf der Konferenz Industrial Dimensional Metrology Metromeet vom 08. März 2013 in Bilbao

Niendorf, L.; Krappig, R.: Je mehr desto besser? – Wie Qualitätsmanagement und Daten-Know-how zukünftig korrelieren müssen. In: Qualitätsmethoden im Diskurs zwischen Wissenschaft und Praxis – Bericht zur GQW-Jahrestagung 2015 in Wuppertal, S. ISBN 978-3-8440-3351-9

König, N.; Krappig, R.: Maschinenintegrierte, optische Messung von Honprofilen in Kühlschmierstoff. Vortrag auf der 4. VDI Fachtagung „Optische Messung von Funktionsflächen in der Praxis" vom 21. Oktober 2014 in Nürtingen

Große Böckmann, M.; Krappig, R.; Stolorz, M.; Schmitt, R.: Data-Mining in der Produktion – Neue Methoden für eine robuste Prozessentwicklung. wt-online – Ausgabe 11/12-2013, S. 921-925

Krappig, R.: Ungetrübter Durchblick - Wiederholpräzise Defekterkennung in transparenten Materialien. In: inspect 3/2015, S. 16-18

Krappig, R.; Schmitt, R.: Systematisch zum Ziel – Von der individuellen Messaufgabe zum optimalen Prüfkonzept. In: QZ Jahrgang 60 (2015) 4, S. 48-51

Meiers, B.; De Simone, D.; Krappig, R.; Baum, C.; Brecher, C.: Optische Kunststoffkomponenten für die LED-Beleuchtung. In: Elektronik Praxis Sonderheft LED-/OLED-Beleuchtungstechnik I 2015, S. 40-42. ISSN 0341-5589

Meiers, B.; De Simone, D.; Krappig, R.; Baum, C.; Brecher, C.: Kunststoffkomponenten für LED-Beleuchtungsanwendungen – Werkzeugtechnik, Replikation und Metrologie. Springer Essential ISBN 978-3-658-12249-2.

Krappig, R.; Schmitt, R.: Einfluss der Eigenschaften von Kühlschmierstoffen auf die optische Messung gehonter Strukturen an Zylinderlaufflächen. Vortrag auf der Fachtagung „Bohren trifft Messen" vom 23. November 2016 in Mannheim.

VII Studentische Arbeiten

Im Rahmen der vorliegenden Dissertation entstanden am Lehrstuhl für Qualitätsmanagement und Fertigungsmesstechnik der RWTH Aachen unter wesentlicher wissenschaftlicher, fachlicher und inhaltlicher Anleitung des Autors die im Folgenden aufgelisteten studentischen Arbeiten. Ziel der Arbeiten waren unterschiedliche Fragestellungen im Kontext der wellenfrontbasierten Justage in den Bereichen Konstruktion, Ansteuerung und Simulation, die z. T. in die vorliegende Arbeit eingegangen sind.

- Studienarbeit von Waldemar Bullinger 2013: „Evaluation des wellenfrontbasierten Ansatzes zur hochgenauen Justage mikrooptischer Systeme“
- Projektarbeit von Daniel Bogdoll, Mario Koretz und Arne Maqua 2014: „Entwicklung, Konstruktion und Realisierung eines prototypischen Laboraufbaus zur hochgenauen wellenfrontbasierten Justage mikrooptischer Systeme“
- Praktikum von Masoumeh Ghanbarpour Mamaghani 2015: „Highly accurate wavefront-based alignment of multi-element optical systems“
- Bachelorarbeit von Felix Adam 2015: „Entwicklung und Realisierung eines mathematischen Modells zur hochgenauen wellenfrontbasierten Justage mikrooptischer Systeme“
- Bachelorarbeit von Hao Zhou 2015: „Realization of a prototypical laboratory setup for highly accurate wavefront-based alignment of multi element optical systems”
- Bachelorarbeit von Robert Schädlich 2016: „Ansteuerung und Charakterisierung eines prototypischen Laboraufbaus zur hochgenauen wellenfrontbasierten Justage (mikro-)optischer Systeme“

VIII Anhang

A.1. Vektoranalytische Beziehung

In der Herleitung der Wellengleichung aus den Maxwell-Gleichungen wird eine vektoranalytische Beziehung genutzt, die an dieser Stelle begründet werden soll. Folgende Gleichung entspricht dabei (Gl. 2.3)

$$\nabla \times (\nabla \times \vec{E}) = \nabla \cdot (\nabla \cdot \vec{E}) - \nabla^2 \vec{E}, \qquad \text{(Gl. A.1.1)}$$

deren linker Teil geschrieben werden kann zu

$$\nabla \times (\nabla \times \vec{E}) = \nabla \times \left(\begin{pmatrix} \frac{\partial}{\partial x} \\ \frac{\partial}{\partial y} \\ \frac{\partial}{\partial z} \end{pmatrix} \times \begin{pmatrix} E_x \\ E_y \\ E_z \end{pmatrix} \right) = \nabla \times \begin{pmatrix} \frac{\partial E_Z}{\partial y} - \frac{\partial E_y}{\partial z} \\ \frac{\partial E_x}{\partial z} - \frac{\partial E_z}{\partial x} \\ \frac{\partial E_y}{\partial x} - \frac{\partial E_x}{\partial y} \end{pmatrix} \qquad \text{(Gl. A.1.2)}$$

bzw. mit Verrechnung des zweiten Differentialoperators

$$= \begin{pmatrix} \frac{\frac{\partial E_y}{\partial x} - \frac{\partial E_x}{\partial y}}{\partial y} - \frac{\frac{\partial E_x}{\partial z} - \frac{\partial E_z}{\partial x}}{\partial z} \\ \frac{\frac{\partial E_z}{\partial y} - \frac{\partial E_y}{\partial z}}{\partial z} - \frac{\frac{\partial E_y}{\partial x} - \frac{\partial E_x}{\partial y}}{\partial x} \\ \frac{\frac{\partial E_x}{\partial z} - \frac{\partial E_z}{\partial x}}{\partial x} - \frac{\frac{\partial E_z}{\partial y} - \frac{\partial E_y}{\partial z}}{\partial y} \end{pmatrix} = \begin{pmatrix} \frac{\partial E_y}{\partial x \partial y} - \frac{\partial E_x}{\partial y \partial y} - \frac{\partial E_x}{\partial z \partial z} + \frac{\partial E_z}{\partial x \partial z} \\ \frac{\partial E_z}{\partial y \partial z} - \frac{\partial E_y}{\partial z \partial z} - \frac{\partial E_y}{\partial x \partial x} + \frac{\partial E_x}{\partial y \partial x} \\ \frac{\partial E_x}{\partial z \partial x} - \frac{\partial E_z}{\partial x \partial x} - \frac{\partial E_z}{\partial y \partial y} + \frac{\partial E_y}{\partial z \partial y} \end{pmatrix}. \qquad \text{(Gl. A.1.3)}$$

Der Minuend des rechten Teils ist

$$\nabla \cdot (\nabla \cdot \vec{E}) = \nabla \cdot \left(\frac{\partial E_x}{\partial x} + \frac{\partial E_y}{\partial y} + \frac{\partial E_z}{\partial z} \right) = \begin{pmatrix} \frac{\partial E_x}{\partial x \partial x} + \frac{\partial E_y}{\partial y \partial x} + \frac{\partial E_z}{\partial z \partial x} \\ \frac{\partial E_x}{\partial x \partial y} + \frac{\partial E_y}{\partial y \partial y} + \frac{\partial E_z}{\partial z \partial y} \\ \frac{\partial E_x}{\partial x \partial z} + \frac{\partial E_y}{\partial y \partial z} + \frac{\partial E_z}{\partial z \partial z} \end{pmatrix} \qquad \text{(Gl. A.1.4)}$$

sowie der Subtrahend

$$\nabla^2 \vec{E} = \begin{pmatrix} \frac{\partial E_x}{\partial y \partial y} + \frac{\partial E_x}{\partial z \partial z} + \frac{\partial E_x}{\partial x \partial x} \\ \frac{\partial E_y}{\partial z \partial z} + \frac{\partial E_y}{\partial x \partial x} + \frac{\partial E_y}{\partial y \partial y} \\ \frac{\partial E_z}{\partial x \partial x} + \frac{\partial E_z}{\partial y \partial y} + \frac{\partial E_z}{\partial z \partial z} \end{pmatrix}, \qquad \text{(Gl. A.1.5)}$$

wodurch die Subtraktion ergibt

$$\begin{pmatrix} \frac{\partial E_x}{\partial x \partial x} + \frac{\partial E_y}{\partial y \partial x} + \frac{\partial E_z}{\partial z \partial x} \\ \frac{\partial E_x}{\partial x \partial y} + \frac{\partial E_y}{\partial y \partial y} + \frac{\partial E_z}{\partial z \partial y} \\ \frac{\partial E_x}{\partial x \partial z} + \frac{\partial E_y}{\partial y \partial z} + \frac{\partial E_z}{\partial z \partial z} \end{pmatrix} - \begin{pmatrix} \frac{\partial E_x}{\partial y \partial y} + \frac{\partial E_x}{\partial z \partial z} + \frac{\partial E_x}{\partial x \partial x} \\ \frac{\partial E_y}{\partial z \partial z} + \frac{\partial E_y}{\partial x \partial x} + \frac{\partial E_y}{\partial y \partial y} \\ \frac{\partial E_z}{\partial x \partial x} + \frac{\partial E_z}{\partial y \partial y} + \frac{\partial E_z}{\partial z \partial z} \end{pmatrix} = \begin{pmatrix} \frac{\partial E_y}{\partial x \partial y} - \frac{\partial E_x}{\partial y \partial y} - \frac{\partial E_x}{\partial z \partial z} + \frac{\partial E_z}{\partial x \partial z} \\ \frac{\partial E_z}{\partial y \partial z} - \frac{\partial E_y}{\partial z \partial z} - \frac{\partial E_y}{\partial x \partial x} + \frac{\partial E_x}{\partial y \partial x} \\ \frac{\partial E_x}{\partial z \partial x} - \frac{\partial E_z}{\partial x \partial x} - \frac{\partial E_z}{\partial y \partial y} + \frac{\partial E_y}{\partial z \partial y} \end{pmatrix}. \quad \text{(Gl. A.1.6)}$$

Das Ergebnis entspricht (Gl. A.1.3), womit die Beziehung aus (Gl. 2.3) nachgewiesen ist.

A.2. Prinzipien der geometrischen Optik

Die Modellierung der Ausbreitung von Licht im Rahmen der geometrischen Optik basiert auf wenigen Gesetzmäßigkeiten, die im Folgenden kurz hergeleitet und formeltechnisch beschrieben werden sollen. In Ergänzung zu den Darstellungen in Form einer Welle aus Abschnitt 2.2 kann auch mit ihnen das Verhalten von Licht in optischen Systemen berechnet werden, was sich Programme zur Strahlverfolgung zu Nutze machen.

Die erste dieser Gesetzmäßigkeiten ist das *Fermatsche Prinzip*. Nach ihm erfolgt die Ausbreitung eines Lichtstrahls zwischen zwei Punkten des Raumes auf demjenigen Weg, dessen optische Weglänge im Vergleich zu den Nachbarwegen einen Extremalwert darstellt. Die optische Weglänge L ist dabei das Produkt aus der geometrischen Weglänge l und dem Brechungsindex n des durchschrittenen Materials

$$L = l \cdot n. \quad \text{(Gl. A.2.7)}$$

Der Brechungsindex eines Werkstoffs entspricht gleichsam einer Dämpfungskonstante für die Geschwindigkeit, mit welcher der Lichtstrahl das Medium durchdringen kann. Mathematisch lässt er sich daher als Quotient aus der Lichtgeschwindigkeit im Vakuum c_0 bzw. im Medium c_{Med} beschreiben

$$n = \frac{c_0}{c_{Med}}. \quad \text{(Gl. A.2.8)}$$

Mit steigendem (bzw. fallendem) Wert des Brechungsindexes wird ein Material als optisch dichter (bzw. dünner) bezeichnet. Allerdings sind die Brechungsindizes von Medien nicht immer homogen, sondern können unter Umständen zwischen zwei Punkten S und P nur lokal bzw. stückweise konstant sein. Gemäß oben getroffener Formulierung entspricht der dann vom Licht eingeschlagene Weg dem Extremalwert der aufintegrierten optischen Weglänge [DANI98; S. 23]

$$L = \int_S^P n(l)dl \Rightarrow Extremalwert. \quad \text{(Gl. A.2.9)}$$

Mit Hilfe dieser Formel werden lokale Variationen der Brechzahl und deren Einfluss auf die Ausbreitung des Lichts berücksichtigt. In der Regel entspricht der geforderte Extremalwert einem Minimum der Zeit, was durch folgendes Beispiel des Rettungsschwimmers veranschaulich und illustriert werden kann.

Ein zum Ertrinkenden eilender Rettungsschwimmer verhält sich ähnlich wie der Lichtstrahl in optisch heterogenen Medien. Im Wissen darum, dass seine Geschwindigkeit im Wasser deutlich geringer als an Land ist, wird er nicht den direkten Weg zum Ertrinkenden einschlagen, sondern vielmehr versuchen, eine größere Strecke zunächst an Land zurückzulegen, um nur einen kleinen Teil durchschwimmen zu müssen. Obschon die Gesamtstrecke dadurch länger wird, minimiert er auf diese Weise entscheidend die erforderliche Gesamtzeit bis zum Ertrinkenden.

Das Fermatsche Prinzip wiederum ist theoretische Grundlage für die Herleitung eines weiteren fundamentalen Gesetzes der geometrischen Optik, dem *Snelliusschen Brechungsgesetz*. Dieses Gesetz konkretisiert das Fermatsche Prinzip für den Fall *einer* Phasengrenze zweier Medien mit unterschiedlichen Brechungsindizes, an welcher der Lichtstrahl einer Richtungsänderung unterliegt [HECH09; S. 174]. Die Richtungsänderung $\Delta\theta$ ergibt sich dabei aus den beteiligten Brechungsindizes n_i und dem Winkel des einfallenden Strahls zum Einfallslot θ_1

$$n_1 \cdot \sin(\theta_1) = n_2 \cdot \sin(\theta_2). \qquad \text{(Gl. A.2.10)}$$

Wird beim Übergang von einem optisch dichteren in ein optisch dünneres Medium der Einfallswinkel stetig vergrößert, ergibt sich der Fall, dass der ausfallende Strahl nicht mehr in das optisch dünnere Medium gebrochen wird, sondern direkt entlang der Phasengrenze verläuft. Der zugehörige Winkel wird Grenzwinkel der Totalreflexion genannt. Eine weitere Vergrößerung des Winkels führt schließlich zur Totalreflexion des Strahls zurück in das optisch dichtere Medium und zwar unter dem gleichen Winkel wie der einfallende Strahl

$$\theta_1 = -\theta_2. \qquad \text{(Gl. A.2.11)}$$

Das durch diese Gleichung beschriebene *Reflexionsgesetz* ist ein zweites fundamentales Gesetz der geometrischen Optik und kann rein formal als Spezialfall des Brechungsgesetzes für $n_2 = -1$ betrachtet werden [HAFE03; S. 45]. Natürlich trifft das Reflexionsgesetz über den oben genannten und z. B. bei Lichtwellenleitern genutzten Spezialfall hinaus stets auch auf spiegelnde Phasengrenzen zu.

Trotz ihrer Einfachheit sind beide Gesetze mächtige Werkzeuge, mit denen sich auch komplexe optische Systeme im Rahmen der geometrischen Optik berechnen lassen. Im nachfolgenden Beispiel aus Abbildung A.2.1 soll dies anhand einer einfachen Kugeloberfläche mit dem Radius R illustriert werden, durch die ein Strahl die Strecke $\overline{SAP}$ zurücklegt.

Entsprechend (Gl. A.2.7) ergibt sich für den betreffenden Strahl die optische Weglänge zu

$$L = n_1 \cdot l + n_2 \cdot l'. \qquad \text{(Gl. A.2.12)}$$

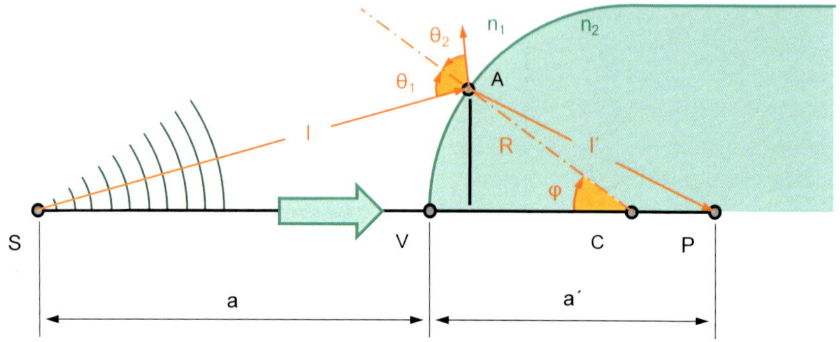

Abbildung A.2.1: Brechung an einer sphärischen Grenzfläche [HECH09, S. 261]

Mit Hilfe der geometrischen Randbedingungen und dem Additionstheorem der trigonometrischen Funktionen können die Strecken l und l´ in Abhängigkeit der Konstanten R und a bzw. a´ sowie der Ortsvariablen φ ausgedrückt werden

$$L = n_1[R^2 + (a+R)^2 - 2R(a+R)\cos\varphi]^{\frac{1}{2}} + n_2[R^2 + (a'-R)^2 - 2R(a'-R)\cos\varphi]^{\frac{1}{2}}. \quad \text{(Gl. A.2.13)}$$

Da sich nach dem Fermatschen Prinzip der Weg des Strahls durch einen Extremwert auszeichnet, bringt die Ableitung von L nach der verbleibenden Variablen φ

$$\frac{dL}{d\varphi} = \frac{n_1 \cdot R \cdot (a+R) \cdot \sin\varphi}{2 \cdot l} - \frac{n_2 \cdot R \cdot (a' - R) \cdot \sin\varphi}{2 \cdot l'}. \quad \text{(Gl. A.2.14)}$$

Der Extremalwert kann nun durch Nullsetzen der Ableitung berechnet werden, wodurch sich ergibt

$$\frac{n_1}{l} + \frac{n_2}{l'} = \frac{1}{R}\left(\frac{n_2 \cdot a'}{l'} - \frac{n_2 \cdot a}{l}\right). \quad \text{(Gl. A.2.15)}$$

Diese den Strahlverlauf von S über A nach P exakt beschreibende Gleichung kann unter der Bedingung vereinfacht werden, dass sich der Punkt A zur optischen Achse hin verschiebt und damit den Winkel φ verkleinert. Die in l bzw. l´ enthaltene Winkelfunktion

$$cos\varphi = \sum_{k=0}^{\infty}\left[(-1)^k \cdot \frac{\varphi^{2k}}{(2k)!}\right] = 1 - \frac{\varphi^2}{2!} + \frac{\varphi^4}{4!} - \frac{\varphi^6}{6!} + \cdots. \quad \text{(Gl. A.2.16)}$$

ergibt in diesem paraxialen Fall gemäß der Kleinwinkelnäherung $\cos\varphi \approx 1$, da die Terme höherer Potenz vernachlässigbar klein werden. Dementsprechend liefern die Ausdrücke für l und l´ die Näherungen $l \approx a$ und $l' \approx a'$, was zu folgender Vereinfachung von (Gl. A.2.15) führt

$$\frac{n_1}{a} + \frac{n_2}{a'} = \frac{n_2 - n_1}{R}. \quad \text{(Gl. A.2.17)}$$

Dieser Zusammenhang kann aus Abbildung A.2.1 auch ohne Differenzialrechnung mit Hilfe des Brechungsgesetzes hergeleitet werden, da die Winkel $\theta_1(\varphi)$ und $\theta_2(\varphi)$ in der Näherung durch die Strecken ihrer rechtwinkligen Dreiecke zu ersetzen sind. Eine solche Vereinfachung ist ausschließlich gültig für kleine Winkel von φ, also im paraxialen Bereich nahe der optischen Achse.

Werden entgegen Abbildung A.2.1 die Punkte S oder P im Unendlichen abgebildet, entspricht das einer Änderung der zugehörigen Strecken a´ bzw. a zum Unendlichen. Im Fall von S und a´ ergibt sich die sogenannte Objektbrennweite f, wohingegen im Fall von P und a die Bildbrennweite f´ resultiert

$$\frac{n_1}{a}+\frac{n_2}{a'}=\frac{n_2-n_1}{R} \overset{a'=0}{\Rightarrow} \frac{n_1}{a}+\frac{n_2}{\infty}=\frac{n_2-n_1}{R} \Rightarrow a=f=\frac{n_1}{n_2-n_1}R$$
$$\frac{n_1}{a}+\frac{n_2}{a'}=\frac{n_2-n_1}{R} \overset{a=0}{\Rightarrow} \frac{n_1}{\infty}+\frac{n_2}{a'}=\frac{n_2-n_1}{R} \Rightarrow a'=f'=\frac{n_2}{n_2-n_1}R. \quad \text{(Gl. A.2.18)}$$

Aus (Gl. A.2.17) resultiert ferner für ein bestimmtes Verhältnis der systemcharakteristischen Konstanten n_1, n_2, und R die erforderliche Bedingung für die Strecken a und a'. So muss bei sich verkleinerndem a, also im Falle eines an V heranrückenden Punktes S, die Strecke a' größer werden, damit die Summe der Brüche unverändert bleibt. Auf diese Weise rückt der Punkt P stetig weiter weg von V, bis schließlich bei a = f die Strecke a' unendlich ist. Verkleinert sich die Distanz zwischen S und V weiter, muss a' negativ werden, um (Gl. A.2.17) erfüllen zu können. Der Punkt P erscheint dann als virtuelles Bild links von S [HECH09, S. 266].

Mit Blick auf die Praxis optischer Komponenten verfügen die eingesetzten Elemente jedoch nicht nur über eine, sondern zwei für den Lichtdurchgang relevante Grenzflächen. In Abhängigkeit der individuellen Ausprägung der einzelnen Grenzflächen können unterschiedliche Linsentypen definiert werden [NSLM14, S. 133 ff]. Deren einfachste Form stellt die bikonvexe Linse dar, welche sich aus einer Kombination zweier der bislang betrachteten sphärischen Grenzflächen ergibt.

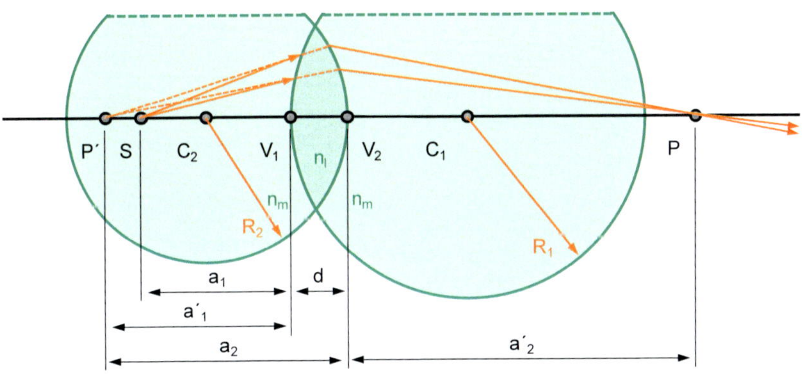

Abbildung A.2.2: Brechung an einer bikonvexen Linse [HECH09, S. 267]

Die Betrachtung des Strahlwegs von S nach P kann gemäß der beiden zu berücksichtigenden Grenzflächen in zwei Schritten unternommen werden. An der ersten Grenzfläche berechnet sich die Abbildung des virtuellen Punktes P´ nach (Gl. A.2.17) und den in Abbildung A.2.2 bezeichneten Brechungsindizes und Krümmungsradien zu

$$\frac{n_m}{a_1} + \frac{n_l}{a'_1} = \frac{n_l - n_m}{R_1}. \qquad \text{(Gl. A.2.19)}$$

Analog werden die Werte für die auf der zweiten Grenzfläche von P´ eintreffenden Strahlen eingesetzt. Darüber hinaus kann die Strecke a_2 von P´ zu V_2 noch durch die Summe aus Linsendicke d und $a´_1$ ersetzt werden. Entsprechend der Vorzeichenkonventionen für brechende Flächen ist das linksstehende $a´_1$ negativ

$$\frac{n_1}{(-a'_1 + d)} + \frac{n_m}{a'_2} = \frac{n_m - n_l}{R_2}. \qquad \text{(Gl. A.2.20)}$$

Die Addition beider Gleichungen ergibt den vollständigen Weg des Strahls

$$\frac{n_m}{a_1} + \frac{n_m}{a'_2} = (n_l - n_m) \cdot \left(\frac{1}{R_1} - \frac{1}{R_2}\right) + \frac{n_1 \cdot d}{(a'_1 - d) \cdot a'_1}. \qquad \text{(Gl. A.2.21)}$$

Wird neben der paraxialen Näherung zusätzlich davon ausgegangen, dass die betrachtete Linse sehr dünn ist (d → 0) und das $n_m \approx 1$ ist, vereinfacht sich die gefundene Formel zu

$$\frac{1}{a_1} + \frac{1}{a'_2} = (n_1 - 1) \cdot \left(\frac{1}{R_1} - \frac{1}{R_2}\right). \qquad \text{(Gl. A.2.22)}$$

Da nun im Gegensatz zu (Gl. A.2.17) die links stehende Summe der Brüche keine unterschiedlichen Brechungsindizes mehr enthält, sind für dünne Linsen die Objektbrennweite f und die Bildbrennweite f´ identisch. Demnach kann die Brennweite f einer dünnen Linse mathematisch lediglich über die Linseneigenschaften n, R_1 und R_2 beschrieben werden

$$\frac{1}{f} = (n - 1) \cdot \left(\frac{1}{R_1} - \frac{1}{R_2}\right). \qquad \text{(Gl. A.2.23)}$$

Im praktischen Anwendungsfall lässt sich so die Brennweite einer Linse zügig bestimmen, was insbesondere vor dem Zeitalter der computergestützten Berechnungen von großer Bedeutung war. Für eine plankonvexe Linse mit einem Krümmungsradius von 50 mm und einem Brechungsindex von n = 1.5 ergibt sich ein Wert von f = 100 mm. Dieser Wert ist aufgrund der Vorzeichenkonvention für die Radien unabhängig von der Einfallsrichtung des Lichts

$$\frac{1}{f} = (1.5 - 1) \cdot \left(\frac{1}{\infty} - \frac{1}{-50}\right) = (1.5 - 1) \cdot \left(\frac{1}{50} - \frac{1}{\infty}\right) = 100\ mm. \qquad \text{(Gl. A.2.24)}$$

Wie in der Herleitung von (Gl. A.2.23) beschrieben, liegen ihrer Übersichtlichkeit zwei wesentliche Vereinfachungen zu Grunde:

i. Die paraxiale Näherung für achsnahe Strahlen bzw. kleine Winkel, im Rahmen derer die Reihenentwicklung des Cosinus nach dem ersten Glied abgebrochen wird.
ii. Die Näherung für die Linsendicke, nach welcher der zugehörige Term vernachlässigt werden kann.

Im Vergleich zur exakten Strahlbestimmung liefert der vereinfachte Zusammenhang mit seinen idealisierten Ausgangsvoraussetzungen naturgemäß ungenauere Resultate. Besonders in mehrteiligen komplexen optischen Systemen können sich diese Fehler allerdings bis zur Unbrauchbarkeit des Systems aufsummieren, weshalb in der Auslegung und Fertigung solcher

Systeme der Fehleranalyse, -quantifizierung und -kompensation eine außerordentliche Bedeutung zukommt. Durch ein geschicktes Design und eine geeignete Wahl der physikalischen Parameter (Brechungsindizes, Radien, Dicken etc.) können etwaig unerwünschte Einflüsse im Gesamtdurchlauf des Systems ausgeglichen werden.

A.3. Übersicht der extremalen Perturbationen

Folgende Tabelle A.3.1 zeigt die Übersicht aller 64 Systemzustände, die bei einer Verteilung extremaler Perturbationen für 6 Freiheitsgrade berechnet werden können. Für die Nummerierung wurden die Systemzustände nach aufsteigender durchschnittlicher Wellenfront im Feld sortiert und zur besseren Verdeutlichung farblich hinterlegt. Die Gruppen identischer bzw. quasi identischer Systemzustände sind dabei durch Doppelstriche in der Tabelle voneinander getrennt. Die Erkennung etwaiger Muster wird durch die quasi identischen Systemzustände erschwert, sodass die Reihenfolge in einer Gruppe nicht immer gleich ist. Trotzdem ist für die einzelnen Gruppen schnell zu erkennen, dass es sich um je 2 Systemzustände handelt, deren Perturbationen exakt entgegengesetzt verteilt sind.

Tabelle A.3.1: Übersicht extremaler Perturbationen für 6 Freiheitsgrade

Nr.	X1	Y1	RX1	RY1	X2	Y2	Ø WF im Feld [λ]
1	+	-	-	-	+	-	0.127398441
2	+	+	+	-	+	+	0.127398441
3	-	+	+	+	-	+	0.127398441
4	-	-	-	+	-	-	0.127398441
5	+	-	-	+	+	-	0.215101895
6	-	-	-	-	-	-	0.215101895
7	+	+	+	+	+	+	0.215102214
8	-	+	+	-	-	+	0.215102214
9	-	-	+	+	-	-	0.215154368
10	+	+	-	-	+	+	0.215154368
11	-	+	-	+	-	+	0.215154368
12	+	-	+	-	+	-	0.215154368
13	-	-	+	-	-	-	0.356833063
14	+	+	-	+	+	+	0.356833063
15	+	-	+	+	+	-	0.356833063
16	-	+	-	-	-	+	0.356833063
17	-	-	-	-	+	-	1.098989941
18	+	-	-	+	-	-	1.098989941
19	+	+	+	+	-	+	1.098989959
20	-	+	+	-	+	+	1.098989959
21	-	+	-	+	-	-	1.099375910
22	+	+	-	-	+	-	1.099375910
23	+	-	+	-	+	+	1.099375910

24	-	-	+	+	-	+	1.099375910
25	+	-	+	+	-	-	1.232393766
26	-	-	+	-	+	-	1.232393766
27	+	+	-	+	-	+	1.232393766
28	-	+	-	-	+	+	1.232393766
29	-	-	+	-	-	+	1.233104687
30	+	-	+	+	+	+	1.233104687
31	-	+	-	-	-	-	1.233104687
32	+	+	-	+	+	-	1.233104687
33	+	+	-	+	-	-	1.967619489
34	-	+	-	-	+	-	1.967619489
35	+	-	+	+	-	+	1.967619584
36	-	-	+	-	+	+	1.967619584
37	-	-	-	+	+	-	2.342615643
38	+	-	-	-	-	-	2.342615643
39	+	+	+	-	-	+	2.342625009
40	-	+	+	+	+	+	2.342625009
41	-	+	+	+	-	-	2.347358215
42	+	+	+	-	+	-	2.347358215
43	-	-	-	+	-	+	2.347358237
44	+	-	-	-	+	+	2.347358237
45	+	-	+	-	-	-	2.498585459
46	-	-	+	+	+	-	2.498585459
47	+	+	-	-	-	+	2.498585510
48	-	+	-	+	+	+	2.498585510
49	-	+	+	-	-	-	2.503831646
50	+	+	+	+	+	-	2.503831646
51	+	-	-	+	+	+	2.503831702
52	-	-	-	-	-	+	2.503831702
53	-	-	+	+	+	+	3.206051200
54	+	-	+	-	-	+	3.206051200
55	+	+	-	-	-	-	3.206053229
56	-	+	-	+	+	-	3.206053229
57	-	+	+	-	+	-	3.211408141
58	+	+	+	+	-	-	3.211408141
59	-	-	-	-	+	+	3.211408388
60	+	-	-	+	-	+	3.211408388
61	+	+	+	-	-	-	4.522945461
62	-	+	+	+	+	-	4.522945461
63	+	-	-	-	-	+	4.522945507
64	-	-	-	+	+	+	4.522945507

A.4. Versuchsplan

Der teilfaktorielle Versuchsplan zur Charakterisierung der Sensoreigenschaften beinhaltete insgesamt 32 Versuchsreihen in zufälliger Reihenfolge. Als Lichtquelle standen Modelle der Firmen Schäfter+Kirchhoff (S+H) und Trioptics WaveMaster (WM) zur Verfügung.

Tabelle A.4.2: Teilfaktorieller Versuchsplan zur Charakterisierung der Sensoreigenschaften

Nr.	Reihen-folge	Apertur Ø [mm]	Licht-quelle	Streulicht	Anzahl Koeffizienten	Frequenz [Hz]	Form der Wellenfront
1	14	1	S+H	mit	10	1	stark konvex
2	26	7	S+H	mit	10	1	eben
3	19	1	WM	mit	10	1	eben
4	17	7	WM	mit	10	1	stark konvex
5	18	1	S+H	ohne	10	1	eben
6	16	7	S+H	ohne	10	1	stark konvex
7	31	1	WM	ohne	10	1	stark konvex
8	10	7	WM	ohne	10	1	eben
9	21	1	S+H	mit	21	1	eben
10	9	7	S+H	mit	21	1	stark konvex
11	12	1	WM	mit	21	1	stark konvex
12	32	7	WM	mit	21	1	eben
13	11	1	S+H	ohne	21	1	stark konvex
14	5	7	S+H	ohne	21	1	eben
15	8	1	WM	ohne	21	1	eben
16	29	7	WM	ohne	21	1	stark konvex
17	23	1	S+H	mit	10	5	eben
18	27	7	S+H	mit	10	5	stark konvex
19	1	1	WM	mit	10	5	stark konvex
20	22	7	WM	mit	10	5	eben
21	15	1	S+H	ohne	10	5	stark konvex
22	13	7	S+H	ohne	10	5	eben
23	3	1	WM	ohne	10	5	eben
24	20	7	WM	ohne	10	5	stark konvex
25	28	1	S+H	mit	21	5	stark konvex
26	25	7	S+H	mit	21	5	eben
27	6	1	WM	mit	21	5	eben
28	2	7	WM	mit	21	5	stark konvex
29	24	1	S+H	ohne	21	5	eben
30	7	7	S+H	ohne	21	5	stark konvex
31	4	1	WM	ohne	21	5	stark konvex
32	30	7	WM	ohne	21	5	eben

In der Reihe **Ergebnisse aus der Produktionstechnik** zuletzt erschienen:

Wirtz, Christian:
Zerspanverhalten von WC-Co Hartmetallen bei der Schleifbearbeitung
ISBN: 978-3-86359-624-8
Erscheinungsdatum: 27.04.2018

Hempel, Thomas:
Bedarfsgerechte Informationsbereitstellung zur hochauflösenden Produktionsplanung und -regelung
ISBN: 978-3-86359-613-2
Erscheinungsdatum: 13.04.2018

Karrer-Müller, Eva-Maria:
Prozessmodell für die frühe Phase der Entwicklung mechatronischer Systeme von Nutzfahrzeugen
ISBN: 978-3-86359-599-9
Erscheinungsdatum: 20.03.2018

Prote, Jan-Philipp:
Verursachungsgerechte Bewertung von Standortalternativen in Produktionsnetzwerken
ISBN: 978-3-86359-598-2
Erscheinungsdatum: 20.03.2018

Barg, Sebastian Julian:
Kontextbezogene Auslegung von Produktbaukästen
ISBN: 978-3-86359-607-1
Erscheinungsdatum: 15.03.2018

Voet, Hanno Arnd:
Baukastensysteme für die Fabrikplanung in kleinen und mittleren Unternehmen
ISBN: 978-3-86359-605-7
Erscheinungsdatum: 09.03.2018

Begovic, Advan:
Datenbasiertes Wissensmanagement für Smart Services im Werkzeugbau
ISBN: 978-3-86359-604-0
Erscheinungsdatum: 28.02.2018

Zhang, Huchen:
Fertigungsintegriertes Messsystem zur Qualitätsprüfung und -regelung in der Serienproduktion von Kegelradgetrieben
ISBN: 978-3-86359-590-6
Erscheinungsdatum: 27.02.2018

Ellinghaus, Jan Moritz:
UP-Zerspanung großflächiger optischer Strukturen durch Mehrschneidenflycutting
ISBN: 978-3-86359-591-3
Erscheinungsdatum: 27.02.2018

Schönberg, Alexander:
Steigerung der Prozessfähigkeit gewandelter Montagezellen durch Selbstreferenz
ISBN: 978-3-86359-588-3
Erscheinungsdatum: 21.02.2018

Wennemer, Matthias:
Methode zur messtechnischen Analyse und Charakterisierung volumetrischer thermo-elastischer Verlagerungen von Werkzeugmaschinen
ISBN: 978-3-86359-592-0
Erscheinungsdatum: 15.02.2018

Dölle, Christian:
Projektsteuerung in der Produktentwicklung mittels Predictive Analytics
ISBN: 978-3-86359-585-2
Erscheinungsdatum: 14.02.2018

Edition Wissenschaft
Apprimus

Diels, Frederic:
Indikatoren für die Ermittlung agil zu entwickelnder Produktumfänge
ISBN: 978-3-86359-586-9
Erscheinungsdatum: 14.02.2018

Graw, Myron:
Instrument zur Steigerung des branchenübergreifenden Verwertungspotenzials von Fertigungstechnologien
ISBN: 978-3-86359-584-5
Erscheinungsdatum: 14.02.2018

Müller: Johannes:
Integrative Gestaltung von Fertigungsprozess- und Prüffolgen für sicherheitskritische Bauteile
ISBN: 978-3-86359-589-0
Erscheinungsdatum: 14.02.2018

Kampka, Marco:
Lokal aufgelöste Zerspankraft beim Verzahnungshonen
ISBN: 978-3-86359-576-0
Erscheinungsdatum: 14.02.2018

Köhler, Markus:
Kansei Engineering zur Strukturierung objektiv erfasster Informationen über die visuelle Wahrnehmung für die kundenorientierte Produktgestaltung
ISBN: 978-3-86359-559-3
Erscheinungsdatum: 22.01.2018

Epple, Alexander:
Prozessstabilität von parallelen Drehprozessen
ISBN: 978-3-86359-574-6
Erscheinungsdatum: 11.01.2018

Schrey, Elisabeth:
Lebenszyklusübergreifende Informationsstrukturierung für Produktbaukästen
ISBN: 978-3-86359-578-4
Erscheinungsdatum: 11.01.2018

Cayli, Tolga:
Surface Anomalies in Turning of Difficult-to-Cut Materials with High-Pressure Coolant Supply
ISBN: 978-3-86359-577-7
Erscheinungsdatum: 08.01.2018

Baum, Christoph:
Prozess- und Maschinenentwicklung für das mehrschrittige Mikroheißprägen
ISBN: 978-3-86359-550-0
Erscheinungsdatum: 08.01.2018

Wächter, Daniel:
Wirkweise des Poliermittelträgers beim Polieren optischer Gläser
ISBN: 978-3-86359-570-8
Erscheinungsdatum: 08.01.2018

Bohr, Sebastian:
Integrierte Produkt- und Justageprozessplanung im Karosseriebau
ISBN: 978-3-86359-565-4
Erscheinungsdatum: 08.01.2018

Quinders, Stefan:
Virtueller Prototyp zur Optimierung und Absicherung der Konfiguration messtechnisch gestützter und roboterbasierter Montagesysteme
ISBN: 978-3-86359-569-2
Erscheinungsdatum: 08.01.2018

Edition Wissenschaft
Apprimus

FSC
www.fsc.org
MIX
Papier | Fördert gute Waldnutzung
FSC® C083411

Kolibri 360 GmbH
Ferdinand-Jühlke-Straße 7
99095 Erfurt, Deutschland
produktsicherheit@kolibri360.de